改變讀書的順序 從歷年試題開始

U0068880

總編輯/建築師

前言　考試不是做學問　搞懂考古題才有機會

建築師考試自民國 90 年改為分科及格制，又在民國 108 年改為滾動式款建築師考試改採「滾動式」科別及格制，各及格科目成績均可保留三年。看起來是拉長考試作戰時間，不如應該盡快考上。盡快取得建築師門票，因此考驗者每一位建築考生如何將過往所累積的知識與經驗有效的融會在考試中。

正確的考試態度應該是全力以赴、速戰速決，切莫拖泥帶水，以免夜長夢多。從古自今，考試範圍只有增加、沒有減少，而且六科考試各科環環相扣，缺一不可。尤其是設計一科，更該視為建築綜合評量的具體表現。因此，正確的準備方式，更能事半功倍、畢其功於一役！

一、將所有書單建立主次順序

每一個科目應該以一本書為主，進行熟讀精讀，在搭配一本其他作者的觀點書寫的書籍作為補充，以一本書為主的讀書方式，一開始比較不會太過慌張，而隨著那一本書的逐漸融會貫通，也會對自己逐漸有信心。

二、搭配讀書進度記錄，研擬讀書計畫並隨時調整讀書計畫

讀書計畫是時間和讀書內容的分配計畫。一方面要量力而為，另一方面要有具體目標依循。

三、研讀理解計算熟練

對於考試內容的研讀與理解，讀書過程中，務必釐清所有的「不確定」、「不清楚」、「不明白」，熟悉到「宛如講師授課一般的清楚明白」。所有的盲點與障礙，在進入考場前，務必全部排除！

四、整理筆記

好的筆記書寫架構應該是：條列式、樹狀式，流程式，以及 30 字以內的文字論述。原因有二，原因一是：以上架構通常是考試的時候的答題架構。原因二是：通常超過這個架構的字數或格式我們不容易記住，背不起來的筆記，或不易讀的筆記絕對不是好筆記。

五、背誦記憶

常見幫助記憶的方法有：標題或關鍵字的口訣畫、圖像化。

幫助記憶的過程還是多次地默唸或大聲朗讀。

六、考古題練習

將所有收集得到的考古題，依據考試規定時間，不多不少地親手自行解答，找出自己沒有準備到的弱項，加強這一部份的準備。直到熟能生巧滾瓜爛熟。

七、進場考試：重現沙盤推演

親自動作做，多參加考試累積經驗，112 年度題解出版，還是老話一句，不要光看解答，自己一定要動手親自做過每一題，東西才會是你的！

考試跟人生的每件事一樣，是經驗的累績。每次考試，都是一次進步的過程，經驗累積到一定的程度，你就會上。所以並不是說你不認真不努力，求神拜佛就會上。多參加考試。事後檢討修正再進步，你不上也難。

多做考古題，你就會知道考試重點在哪裡。九華年度題解、題型系列的書是你不可或缺最好的參考書。

總編輯/建築師

感　謝

※　本考試相關題解，感謝諸位老師編撰與提供解答。

陳俊安　老師

陳雲專　老師

李奇謀　老師

李彥輝　老師

曾大器　老師

曾大妍　老師

莊銘憲　老師

黃詣迪　老師

郭子文　老師

※　由於每年考試次數甚多，整理資料的時間有限，題解內容如有疏漏，煩請傳真指證。我們將有專門的服務人員，儘速為您提供優質的諮詢。

※　本題解提供為參考使用，如欲詳知真正的考場答題技巧與專業知識的重點。仍請您接受我們誠摯的邀請，歡迎前來各班親身體驗現場的課程。

單元 1－公務人員高考三級

單元 2－公務人員普考

單元 3－建築師專技高考

學員心得分享

學員姓名：鄭國宏

考名／類別：建築師

經過三年的磨礪，終究是將建築師考試及格拿到手，先恭喜同樣於今年度上榜的戰友們，另外感謝九華的教師群及同學們，在我準備考試的初期願意花時間互相切磋指教，作為回饋，接下來我想分享我的備考心路歷程。

故事要拉回到3年前，身為一個從建築系畢業的人，我和大多數人一樣，最終目標是取得建築師牌照，另外基於我的生涯規劃，我首先想選擇公部門作為職涯起點，於是我報名了九華的課程，同時準備公務高考及建築師，但由於我是個非常討厭花時間在考試準備的人，所以我只給自己一年的準備時間，在這段時間全心投入作為一個全職考生，力求同年上雙榜。

有問題就要「勇於發問」，另外在與老師討論時，要能夠提出自己對於內容有什麼疑義，才能更有效率的找出痛點並釐清，修正自己的觀念及邏輯；每個周末的大圖練習課程，我則是作為當周平日學科課程的小小總複習，將我認為有趣的學理知識，想辦法運用在設計中，以此更好歸納我所吸收到的成果

在110年，我有幸上了高考及地特雙榜，但建築師還是缺了敷地、法規及構造，這第一年給我的教訓就是，面對建築師考試，刷考古題是必不可免且非常有用的準備，兩個學科之所以沒過就是卡在缺乏練習，此後兩年因工作關係，我則是在考前三個月，利用下班時間狂刷考題，並將重複提出的問題解答牢記於心，至於敷地的部分，則是另外報名線上班，透過課堂練習 ，及利用空閒時間，用A3紙練習解題及配置，來回不斷摸索及檢討，而在111、112陸續將剩餘學科取得及格。

另外我想分享一個觀念，其實建築師考試不過就是一個考取證照的測驗，所以不要把它當成升學考試、需要跟人競爭，只要找出自己的不足、精進自己，「先求有，再求好」，準備考試的日子裡維持好生活步調，保持充足的體力和精神更是根本。而在班上的同學及老師、職場中同為考生的同事、已經考取證照的前輩，大家都是戰友，請 敞開心胸去交流，對於自己的備考日子會更愉快，說不定會得到特別的經驗，或有意想不到的際遇～

最後，再次感謝九華教師群的悉心指導，也感謝在九華認識的一群好戰友們，感謝 你們的陪伴及交流，祝福各位「準建築師」能早日上岸，邁向自己所嚮往的目標！

學員姓名：李宗倫

考名／類別：建築師

羅馬不是一天造成的，同樣的，想要考上建築師，如果不是天才，或是運氣絕佳，想必也要儲備三至四年。所以，這絕對是一場長期硬戰。

開始備考的時間是2020年，從此開啟了全職考生生活，除了自我期許外，也背負著社會及光宗耀祖的期盼。

建築師特考是一項國家考試，對我來說，只要是考試，一定會有相對應的考試方法，而獲取這些考試小撇步，最快的方式就是加入補習班，由補習班的帶領下一同前進。因此，進而尋找到九華文教機構，於是我二話不說，馬上加入了建築師的衝刺班。

除了扎實的課程，對我最大的影響是，每天到課堂上都會有無數的同學陪著你一同進步，在這裡總會莫名感到「今天不好好念書、不好好進步，明天則會被這群認真的夥伴追上」，這股競爭壓力無形之中也成為考上的動力之一。

皇天不負苦心人，在第一年考試，成功及格4科（小設計、結構、法規、構造），同時也證明了九華的教程，是多麼的受用。接下來的三年內，也陸陸續續將大設計以及環控考過，成為了一個建築師。

有關備考的過程，結構、法規、構造，基本上只要靠九華的課程，按部就班的學習，勤練考古題，要及格不會太過困難；環控包山包海，最好的方法就是入職建築師事務所，三年的工作經驗可以直接抵掉考試；大小設計，建議找四至五位同儕成立讀書會，大家互相砥礪切磋，同時也建議找一至兩位考過建 築師特考的朋友或老師來幫忙檢討圖面，畫圖最忌諱的就是閉門造車，畫完一張圖沒什麼大不了的，把圖面持續檢討更新（像審執照圖一般）不斷修正，能夠透過彼此的圖面檢討才是進步的不二法則，最後希望大家都可以堅持下去。

學員姓名：陳泓宇

考名／類別：建築師

努力考試是為了早點不用考試，這是我在考試這幾年想放棄的時候會在心裡 默念的句子，也是支撐我能繼續讀下去的信念。

我從 2019 年踏上考試之旅，花了五年時間才考上建築師，考試的過程起起落落，有認真準備、順利通過的科目，但也有我怎麼讀都考不過的構造與施工，因為這個稍微有點與眾不同的短板，平常找不到有鑽研這科的同學，網路上查資料也是參差不齊，讓我讀得非常絕望，很感謝去年狠下心決定不要省錢，硬著頭皮報名單科補習班的自己，也很感謝九華老師最後一年的幫助，讓我通過這個大魔王。

關於備考的過程，因為我是很愛寫字和畫圖的人，因此我把寫題做筆記兩件事情融合，寫考古題訂正筆記就像是在完成一件作品，幻想自己的筆記以後可以拿去蝦皮賣錢的心態，雖然大大降低了我讀書的效率，但也讓學科準備的過程不那麼無聊，對於畫過寫過的內容也更深刻。而大小設計的準備，則是找了一群考試的同學，在考前三個月每週一起畫圖一起討論，並把每張圖拿給所有能想到的人問問題，同學、老闆、學弟妹（不恥下問）都是能給你意見的人；雖然大家會覺得大小設計通過與否多少帶有幸運的成分，但我相信只要能維持每年都是準備充足的去考試，這四年中一定會有輪到你幸運的一年，反之，如果在放榜沒過之後，只認為自己運氣不佳而不願意調整更精進，可能會讓你不停在原地踏步。

最後希望還在考試路上準備的同學們繼續堅持下去，考試過程很苦，但要想像自己放榜那天在電腦前面歡呼的畫面，祝大家早日脫離苦海！

學員姓名：費文元

考名／類別：建築師

終於上岸了！

從畢業到考上建築師經歷了 4 年的洗禮，看到同屆考上的同學，心裡總有一種無法輸的心情，本來設定的目標是 30 歲前考上建築師，現在提早了 3 年完成目標，也感謝自己的毅力和決心，也非常感謝公司給我的資源和學習環境，讓我在上班時沒有做好壓力的感覺。

前兩年，我視結構計算與環境控制為大魔王，這也是我在九華主攻的兩個科學科，每天下班就是算結構，補習班帶子也是再看了兩遍，也多虧了土木系的女朋友耳提面命，讓我能順利考過。

第三年，相對比較幸運的一年，思考準備大設計就好了，殊不知哪天思考睡覺不一起準備，所幸假日畫了敷地，這才發現真正的大魔王是它。

每天上班前一小時（7：00）起床讀圖、看網路考試相關資料、資料，晚上下班回家練大圖，每週一定要練習失眠，零零總的練習了大約 15 張大圖吧！還有數十張 A3，當然也不能一直悶著頭畫，同時抓著公司建築師及同學一起討論，就這樣幸運的在同一年考過 2 科術科及構造。

第四年對我來說是辛苦的一年，每天的惡夢洗禮，最害怕的就此重來，壓力大到早上有聲音告訴我該起床讀書，而在公司把握每一次執照法規的檢討，下載歷年考古題練習，呼～終於考過了！

感謝一路上有幫助我及叫我讀書的人，在職考試不是一件簡單的事情，但相對的能吸收到更多靠死背硬記才能在腦海裡的問題上，再次希望大家都能上岸！

學員姓名：蔡仲韋

考名／類別：建築師

大學畢業後的第二年，我踏入了考試生活。一開始，對於選擇補習班感到非常煩惱，而經過了一番比較與試聽後還是選擇了九華作為接下來三年間陪伴我考試的補習班。

在第一年，大約從五月開始，我開始準備結構、法規、構造、大設計四科。每天下班後，我都會準時報到九華，但對於結構科一直感到有些吃力，而在大設計方面也無法有效地進步。第一次考試中，只有法規順利通過，其他科目都不盡理想。

經歷了第一年的挫折後，我在第二年四月再次決心挑戰，辭掉工作成為了四個月的全職考生。在這段全職考生的時期，我每天都到九華報到，從中午到晚上。終於，在這段時間裡，我對結構和環控有了一些領悟。或許是因為我偏向圖像記憶的學習方式，每次下課後我都會製作圖文並茂的筆記，而筆記上的這些小圖也都可以成為大小設計的練習和養分。另外，在準備大設計科目時，除了參加補習班的課程外，我還會自己每週畫一張大圖，保持每週兩張的進度。

第二年，我成功通過了構造、結構、環控、大設計四科。來到第三年，因工作規劃的原因，我離開了台北，不過小設計的準備則是和身邊的好朋友共同組成讀書會。從九月開始，我們每週一起畫一張大圖，並進行互相討論和評圖。這些討論不僅提供了各種意見，也讓我對前兩次低分的小設計有了一些信心，掌握了一些訣竅。到了考試前，我認為自己已經準備充分，但也面臨前所未有的緊張，深怕自己一年的努力就此白費。

幸運的是，二月放榜後，我成功通過了最後一科，成為了新科建築師。但我想通過考試只是職涯的起點。感謝這三年來鼓勵過激勵過我的人，也讓我有動力能夠撐過備考期間的壓力和迷惘。

學員姓名：林家羽

考取名稱／類別：建築工程高考

離開建築園十幾年沒碰相關內容，因想考建築師報名了全修班，利用小孩上學的空檔上課（看帶），和在家復習及練習考古題，也有北上至台北班練習畫圈評國及上抄作課、不論是學科內容或術科老師的教授及指導都十分受用！除了考試技巧的的傳授、應考心態的預備也經常提點，再加上上榜者分享會可以說非常全面的受到照顧。抱著練習的心態參與今年的公務高考，沒想到竟然上榜！可見只要願意投入時間上課跟回家複習就會有所收獲！也超級感謝宜蘭班的櫃台大姐經常給予鼓勵及關心！推薦九華給時間有限又想報考的人！

學員姓名：林育如

考名／類別：建築工程高考

首先，我要學毛毛的經典台詞：「不敢相信～」

回想在準備考試的日子我到底做了什麼：

一是讀書原則，以大方向為主不要迷失在細節裡，本身就是兼職考生，大部分時間奉獻給工作了，所以讀書時強迫自己不能花太多時間研究細節，也必須善用零碎片的時間（例如通勤時邊背公式）。加上實務與補習班所學結合加深印象，找到一套自己的讀書方式。

二是心態調整的部分，除了用功學習外，自己也努力克服不想念書的情緒，因為我比較被動，主要是在補習班念書，需要身旁的環境刺激，給我壓力，所以當大家都在努力的時候讀書時，那種氣氛跟壓力會讓我更專注。

考試是條不歸路，需要破釜沉舟的決心，打起精神，好好調整自己，祝各位金榜題名！！！

學員姓名：張哲瑜

考名／類別：建築工程普考

自己一直以來對公務員穩定的生活十分嚮往，原本碩班畢業後就有考公職的打算，當時是自己讀書準備，但沒有來九華上課這麼的踏實。來九華這一年努力的上法規課程，回去讀時較能系統性整合資料，當然力學是我的弱項，打算來年再努力的補足力學，再拼高考！

1 單元 公務人員高考三級

公務人員高等考試三級考試試題／建築結構系統

一、如圖所繪是一支梁在編號 3 的地方加了一條懸索（點 1-3）支撐，1 跟 2 兩個支承點可視為鉸接端。試回答下列問題：

（一）試求點 1 的反力大小。（10 分）

（二）不計自重影響，試繪出梁（點 2-4）的剪力圖、彎矩圖、軸力圖。（15 分）

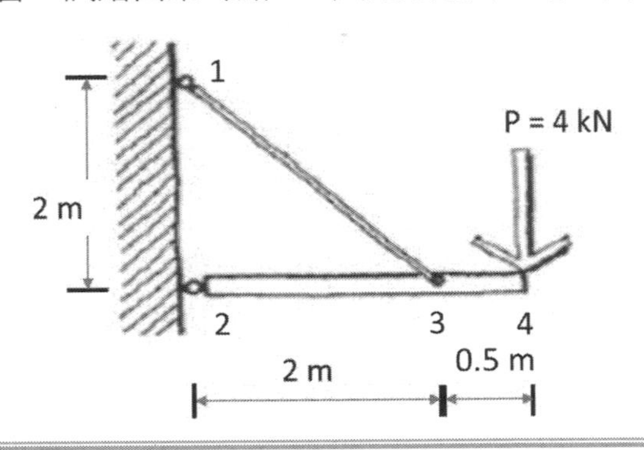

參考題解

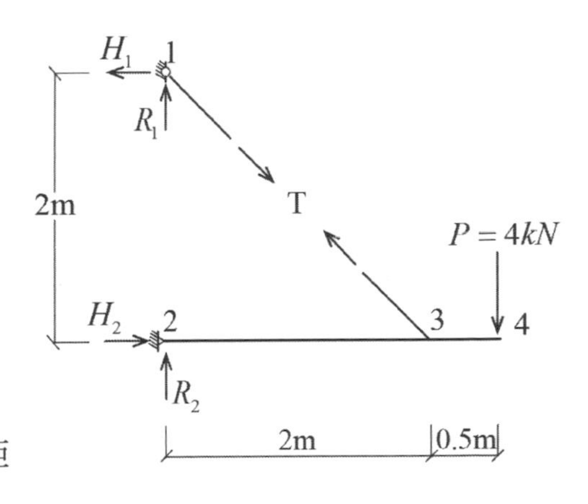

（一）點 1-3 為懸索，設其拉力為T，

取梁分離體，取點 2 彎矩平衡

$$T\times\frac{1}{\sqrt{2}}\times 2=4\times 2.5$$

得 $T=5\sqrt{2}$ kN（拉力）

取點 1 力平衡，可得支承點 1 反力

垂直向 $R_1 = 5$ kN(↑)，水平向 $H_1 = 5$ kN(←)

（二）依題（一）計算資料繪軸力圖、剪力圖及彎矩圖如下

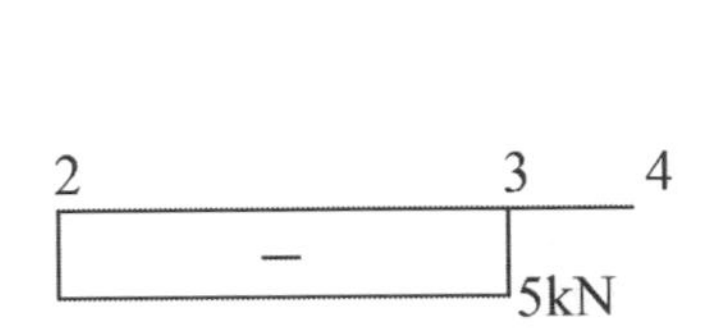

軸力圖（拉力為正，單位kN）

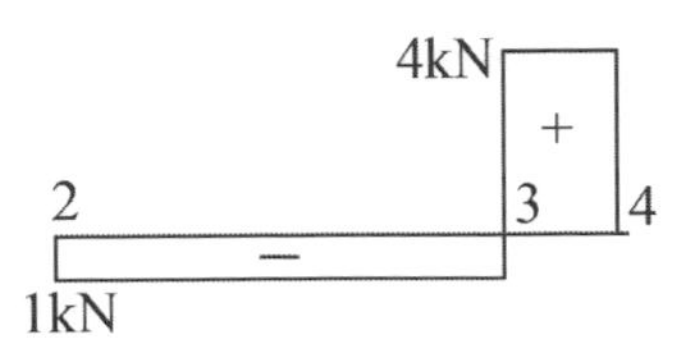

剪力圖（順時為正，單位kN）

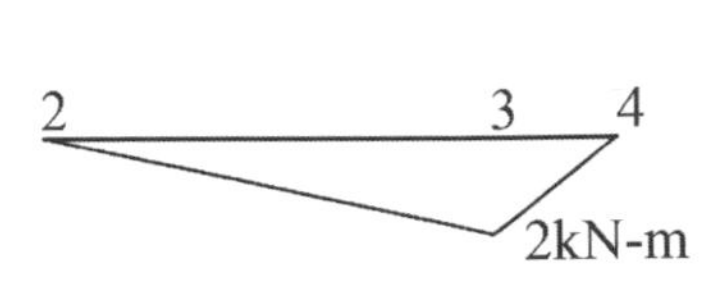

彎矩圖（壓力側，單位kN-m）

二、圖示桁架受到右端一個集中載重 P 作用，試回答下列問題：

（一）找出所有的張力桿件。（15 分）

（二）找出所有的零桿。（10 分）

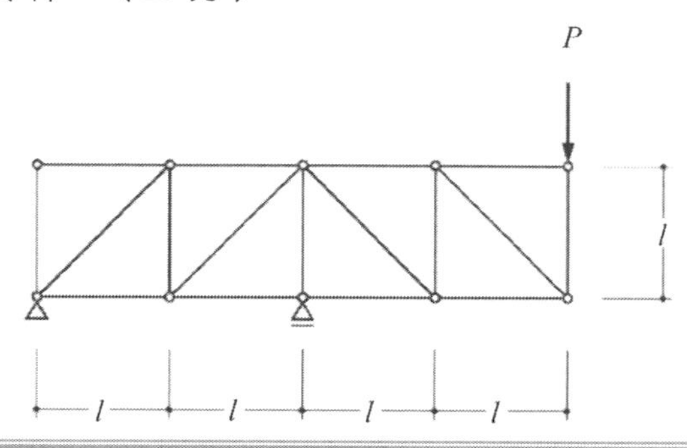

參考題解

$N = b + r - 2j = 17 + 3 - 2 \times 10 = 0$，桁架為靜定結構物。

將各點編號，

並設 a 點支承力為 R_a、H_a，

e 點支承力為 R_e，如圖

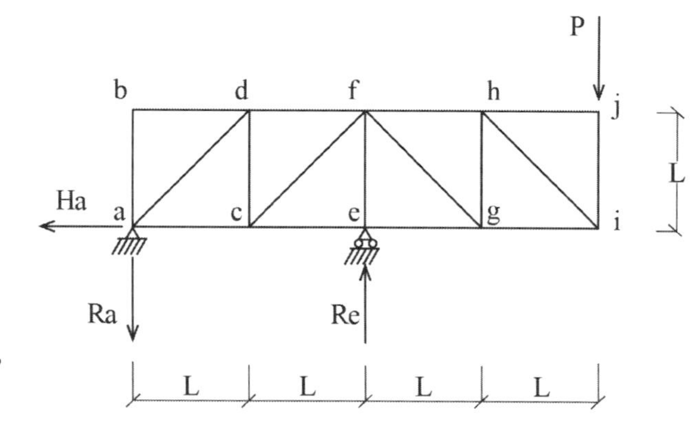

取支承 a 處彎矩平衡，$R_e \times 2l = P \times 4l$，

得 $R_e = 2P(\uparrow)$

整體垂直力平衡，得 $R_a = P(\downarrow)$，整體水平力平衡，得 $H_a = 0$

靜定簡單桁架以結點法或剖面法可求得各桿受力

結點法如取 j 結點，

垂直力平衡，得 $S_{ij} = P$（壓力）；水平力平衡得 $S_{hj} = 0$

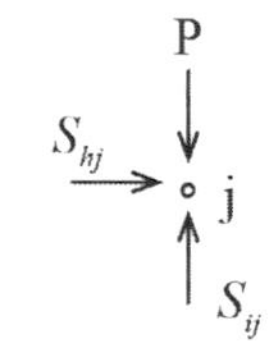

剖面法（求斜桿較佳）如取結構自由體如圖，

垂直力平衡，$S_{fg}\frac{1}{\sqrt{2}} = P$，

得 $S_{fg} = \sqrt{2}P$（拉力）

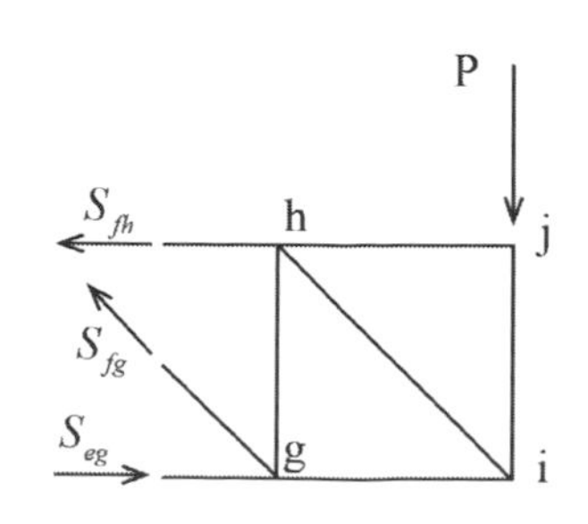

可計算得各桿受力如下圖（**拉力為正，壓力為負**）

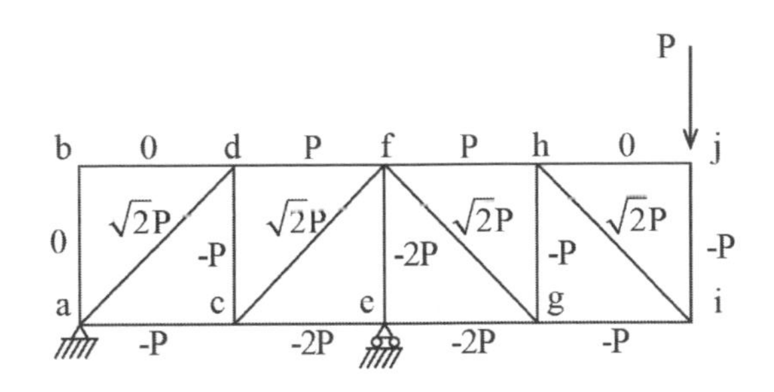

（一）張力桿件為 df、fh、ad、cf、fg、hi 桿（編號如圖）

（二）零桿為 ab、bd、hj（編號如圖）

三、某山邊別墅擬設計成圖(a)的 RC 懸臂式平版建築，根據現場條件，可以將結構模型簡化成圖(b)的形式。設若只考慮垂直載重 ω 的影響，不考慮其他形式的載重。試說明此結構的：（每小題 10 分，共 30 分）

（一）水平桿件 ABC 的彎矩圖約略為何？

（二）C、F、G 三個點的反力方向為何？

（三）水平桿件 DEF 配筋時，主要拉力鋼筋會在何處？（請用簡圖繪出）

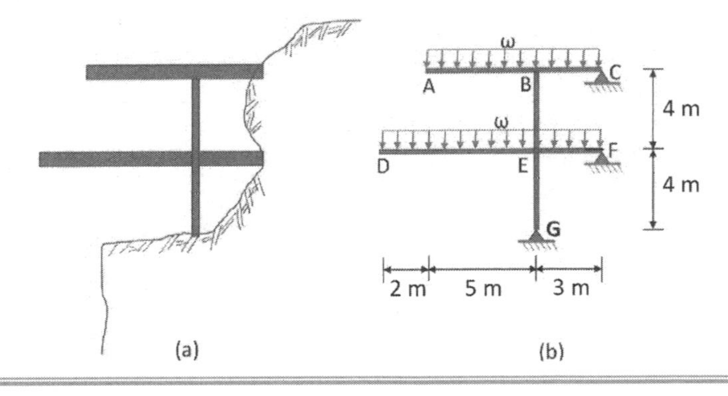

參考題解

（一）各桿件 EI 值未知，假設水平桿 EI 相同，垂直桿 EI 相同

單以水平桿件 ABC 來看，AB 為懸臂桿受均布載，彎矩方向及分布可確知，

鄰 B 點桿端彎矩大小及方向，可概略取分離體如下（除彎矩方向可確認外，其餘力量方向為假設）

$$M_{BA} = 5 \times w \times \frac{5}{2} = 12.5\,w$$

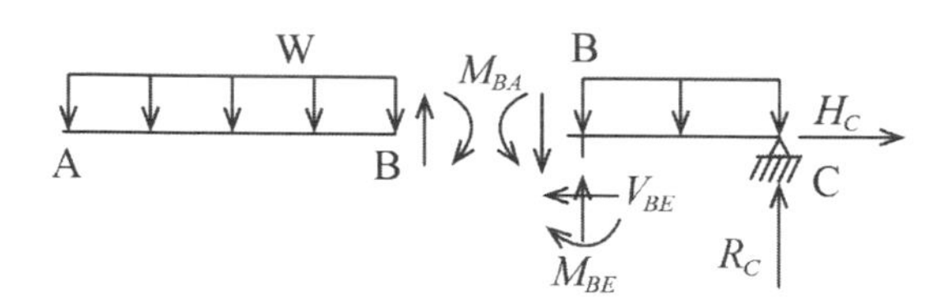

BC 桿為一固端一端鉸支承，僅考量其受均布載時，固端彎矩 M_{BC}^{F} 方向及大小亦可知，

$M_{BC}^{F}=\frac{3}{2}\times\frac{1}{12}\times 3^2 w=1.125w$

以 B 點彎矩平衡來看，$M_{BA}+M_{BC}+M_{BE}=0$

M_{BA} 已知，又 $M_{BA}>M_{BC}^{F}$，

即可確認 M_{BC} 和 M_{BE} 彎矩方向如圖，

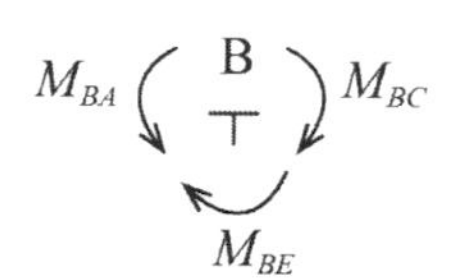

即由 M_{BC} 和 M_{BE} 共同抵抗 M_{BA}，分配大小依桿件相對旋轉勁度分配（實際值需整體結構考量），可確認 M_{BA} 大小和方向，M_{BC} 及 M_{BE} 僅確認方向，因桿件勁度會影響結構受力行為，故桿件 ABC 之彎矩圖可能有不同形式，繪出可能約略彎矩圖如下（繪於壓力側，若水平桿 EI 與垂直桿 EI 接近或較小，M_{BC} 值較小，較可能為左圖，若水平桿 EI 較垂直桿 EI 大很多，則較可能是右圖）

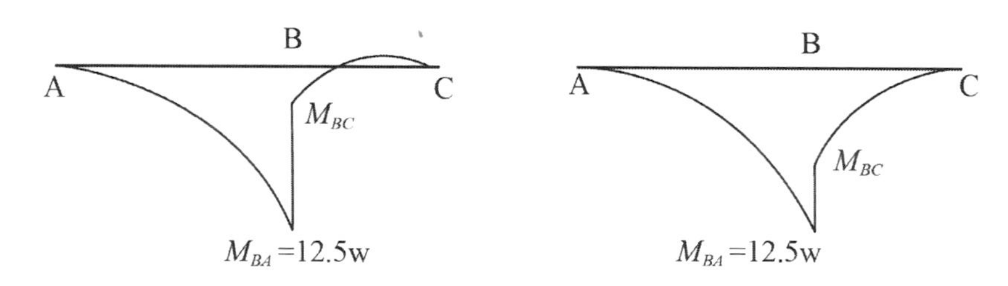

水平桿件 ABC 可能彎矩圖（繪於壓力側）

（二）依據（一）的方式分析 DEF 桿件，

M_{ED} 大小及方小已知，$M_{ED}=7\times w\times\frac{7}{2}=24.5w$

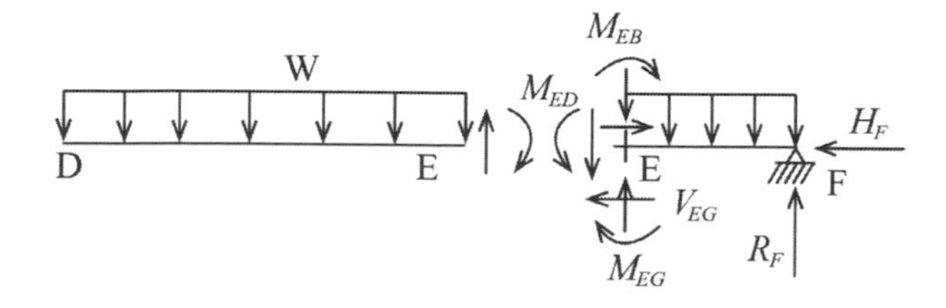

以 E 點彎矩平衡來看，$M_{ED}+M_{EB}+M_{EF}+M_{EG}=0$

可確認 M_{EB}、M_{EF} 和 M_{EG} 彎矩方向如右圖

另取 BE 桿及 EG 桿分離體及概略分析如下圖

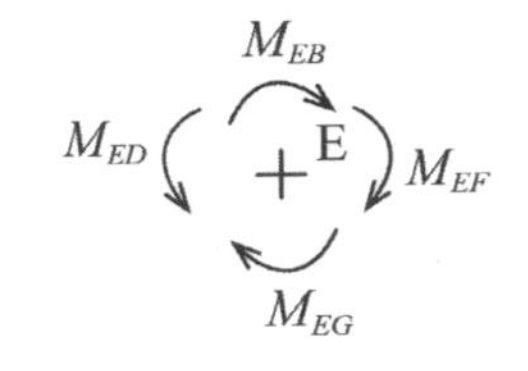

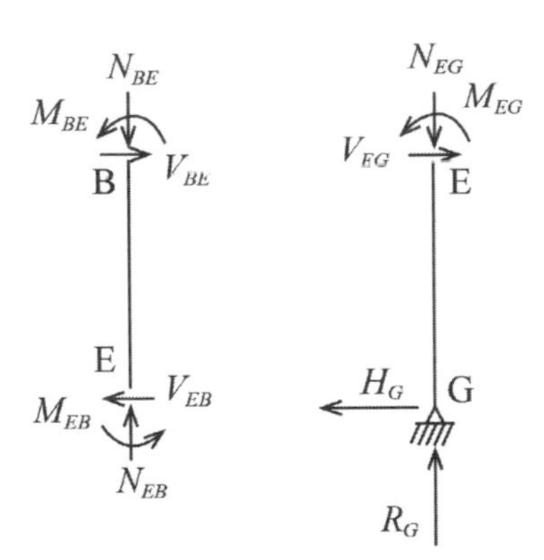

C 支承處，垂直向反力 R_C 方向與 M_{BC} 值大小相關，可能↑（當 M_{BC} 較小）

可能↓（當 M_{BC} 較大）

另以 M_{EB} 及 M_{BE} 方向可得 V_{BE} 方向，可判斷水平向反力 H_C 方向為→

F 支承處，垂直向反力 R_F 方向與 M_{EF} 值大小相關，可能↑（當 M_{EF} 較小）

可能↓（當 M_{EF} 較大）

另以 M_{BE} 及 M_{EB} 方向可得 V_{EB} 方向，M_{EG} 方向可得 V_{EG} 方向且和 V_{EB} 相反

以受力狀況，可判斷 $V_{EB} > V_{EG}$，可判斷水平向反力 H_F 方向為 ←

G 支承處，垂直向反力 R_G 方向為↑

以 M_{EG} 方向可得水平向反力 H_G 方向為 ←

C、F、G 三個點的反力方向整理如下：

$\mathbf{R_C}$：↑或↓，$\mathbf{H_C}$： →；$\mathbf{R_F}$：↑或↓，$\mathbf{H_C}$： ←；$\mathbf{R_G}$：↑，$\mathbf{H_C}$： ←

（三）水平桿件DEF配筋之主要拉力鋼筋位置需配合彎矩方向

繪出可能約略彎矩圖（壓力側）及相對應拉力鋼筋概略配置如下

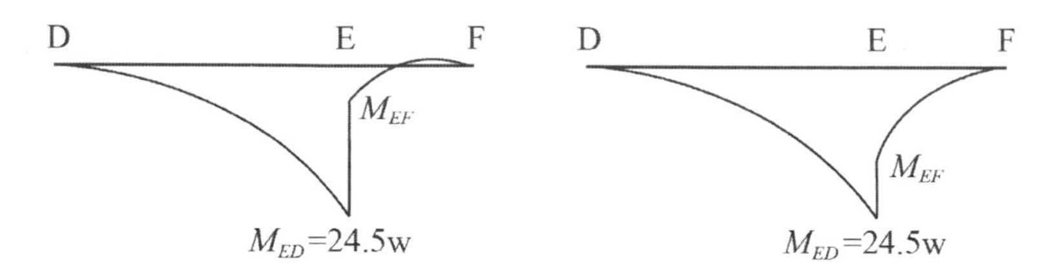

水平桿件 DEF 可能彎矩圖（繪於壓力側）

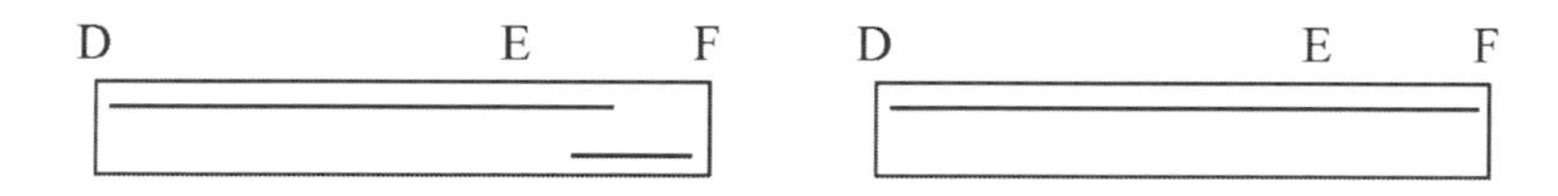

水平桿件 DEF 可能主要拉力鋼筋（粗線）配置

四、近年來在地震安全領域有一個新技術稱為「隔震建築」（Base-isolated Buildings），試說明下列相關議題：（每小題 10 分，共 20 分）

（一）自結構力學角度（如結構自振頻率與地震頻率的關係）說明隔震建築為何可以降低建築物受到的地震力？

（二）自歷年地震造成隔震建築損壞的經驗中，說明要設計一棟隔震建築時，在建築設計、機電設備設計、隔震器施工方面需要注意那些事項，才能讓隔震建築在地震時發揮它的功能？

參考題解

（一）以結構動力振態分析來看，建築物自然振動週期主要與勁度及質量相關，通常樓層越高、質量越大者週期越大，勁度越高者週期越小。

另建築物所在場域通常具明顯之卓越週期（顯著週期），從過往地震的記錄可以看出，一個場地的地面運動，一般存在著破壞性最強的主震週期（反應譜主峰位置所對應的週期），其為該場域地面震動強度的重要因素，取決於地震震源特性、傳播介質及該地區場地條件，雖每一次的地震特性不同的，對於未來可能發生的地震，要準確預測其波形確有困難，然而某一工程場址的地震卓越週期，儘管隨地震規模及震源遠近等因素而有所變化，卻與場址的場地條件存在高度相關性，是可以大致估計。

而建築隔震原理即在建築物內設置側向勁度很低的隔震元件（隔震層，通常裝置在建築物的基礎或低樓層處），如國內常用鉛心橡膠隔震元件（LRB），讓建築物自然振動週期大幅拉長，可遠離場域卓越週期，避免共振，以地震加速度反應譜(或設計譜)來看，可知能藉此降低加速度，隔離地表水平震動，減輕地震對建築物的擾動，即減少輸入至隔震層上主結構之地震力，惟週期增加後位移變大，再配合消能元件，提高系統阻尼比，降低位移量，基本原理示意如右圖。由隔震原理可知，隔震層相對於上部結構勁度降低許多，故當建築物受水平力作用時，主要相對位移集中在隔震層，上部結構相對位移則變小很多，有別於一般建築物，另亦可知隔震主要用於中低樓層建築，較高層建築並不適用（不需要）。

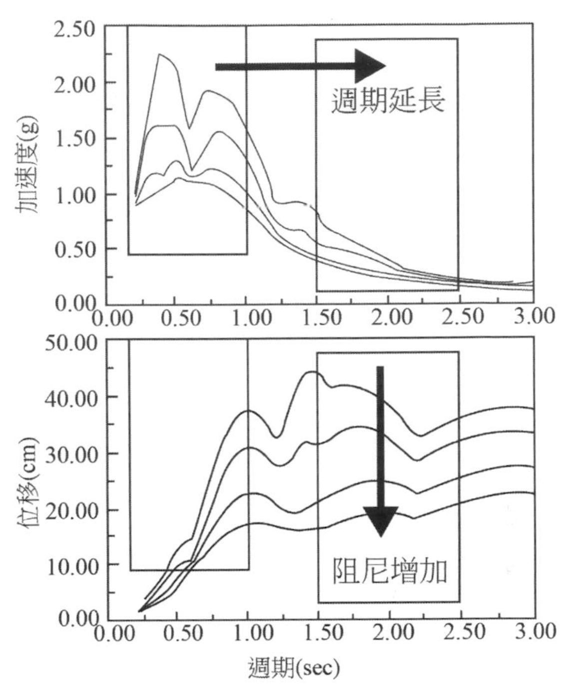

隔震設計基本原理示意

參考來源：建築物隔震設計與施工，蔡益超、詹添全，科技圖書

上述鉛心橡膠隔震元件（LRB）主要基本構造如下圖，其利用橡膠受水平作用時的低勁度來拉長週期，橡膠層間之鋼板用來防止橡膠側向膨脹，提升其承受垂直載重能力，主要相對變形（地震能量）集中於隔震層，利用鉛心的受剪力變形安定的穩定高韌性消能機制，再配合消能裝置（如增設阻尼器），吸收消耗地震能，及提高阻尼比，降低隔震層位移量。

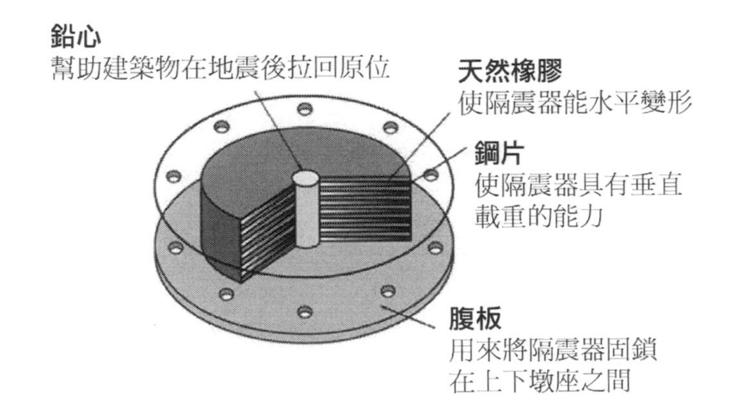

鉛心支承隔震器的構造

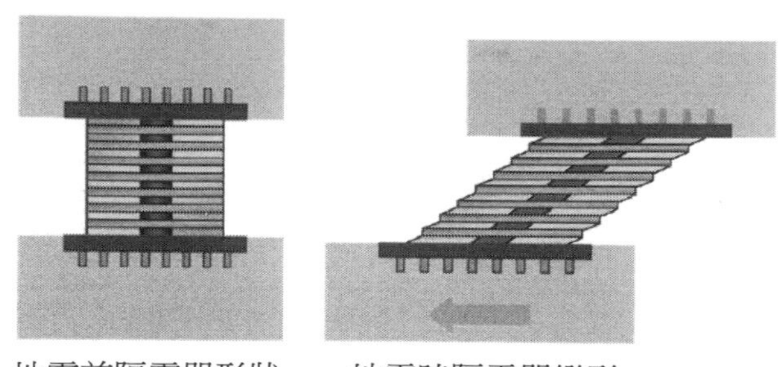

LRB 元件及地震時變形作用示意圖（參考來源：國震中心）

設置方式示意如下圖，圖中建築物下方為隔震層，較大地震時該層 LRB 降伏，位移集中於該層，上部結構層間位移較小，各桿件並可能得保持彈性。

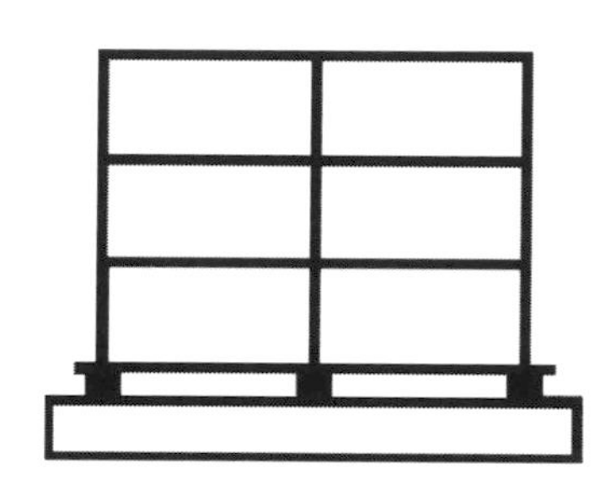

LRB 隔震層設置示意圖（參考來源：國震中心）

【補充】

彰化縣第三級古蹟興賢書院隔震修復案例資料來看隔震效果

	非隔震	非隔震
自然振動週期	0.234 sec	1.707 sec
最小水平總橫力（地震力）	2869.48 kN	946.93 kN

參考來源：建築物隔震設計與施工，蔡益超、詹添全，科技圖書。

（二）設計一棟隔震建築時要發揮它的功能，在建築設計、機電設備設計、隔震器施工方面需要注意事項整合以下面兩項進行說明

1. 隔震系統必須具有性能：

（1）垂直方向可承受上部結構重量。

（2）水平方向具有足夠柔性可延長結構週期，隔離地震波。

（3）具有消能裝置控制可能的位移增加。

（4）具有足夠水平勁度抵抗風力及中小型地震。

（5）具有回復勁度在經過地震後可回到原位。

（6）需考量第二道防制系統：隔震系統可能因過大變位失去功能，需設置第二道防線，以提供意外時之保護。

2. 隔震設計原則：

（1）建築物四周需預留空間。

（2）留設隔震元件檢查口及更換孔。

（3）隔震層水電、給排水、衛生管線及電梯大位移之設計考量。

（4）與其他建築物相通部分之隔離。

（5）設計隔震層時應使剛心與質心不致偏離太遠：因隔震層水平勁度較小，受到扭轉效應明顯。

（6）考量隔震元件防火披覆及隔震層防火區劃。

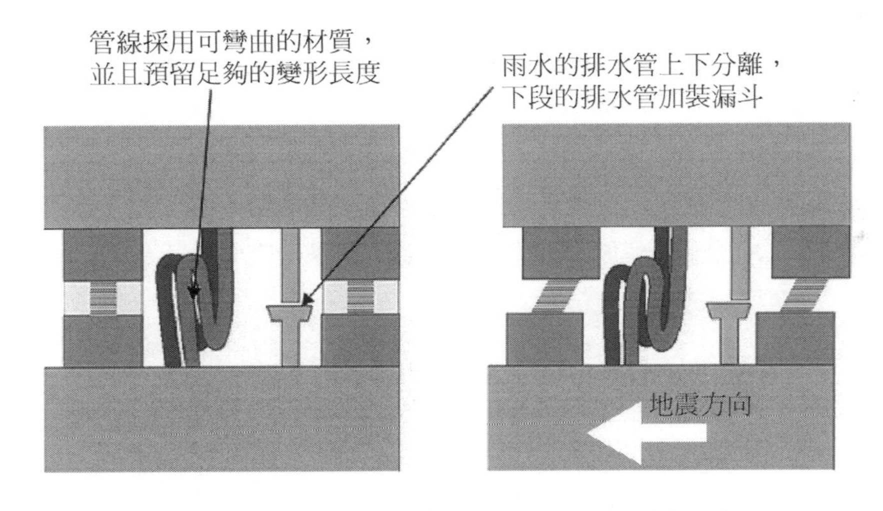

隔震層管線設計示意圖（圖片來源：國震中心）

112年 公務人員高等考試三級考試試題／營建法規

一、請依建築法及建築技術規則規定，說明建築行為人就掏空工地周遭路基致道路塌陷可能應負之責任為何？並請說明建築基地有那些情形時，應特別考量增加地基調查內容？（25 分）

參考題解

建築技術規則建築構造編§64

建築基地應依據建築物之規劃及設計辦理地基調查，並提出調查報告，以取得與建築物基礎設計及施工相關之資料。地基調查方式包括資料蒐集、現地踏勘或地下探勘等方法，其地下探勘方法包含鑽孔、圓錐貫入孔、探查坑及基礎構造設計規範中所規定之方法。

五層以上或供公眾使用建築物之地基調查，應進行地下探勘。

四層以下非供公眾使用建築物之基地，且基礎開挖深度為五公尺以內者，得引用鄰地既有可靠之地下探勘資料設計基礎。無可靠地下探勘資料可資引用之基地仍應依第一項規定進行調查。但建築面積六百平方公尺以上者，應進行地下探勘。

基礎施工期間，實際地層狀況與原設計條件不一致或有基礎安全性不足之虞，應依實際情形辦理補充調查作業，並採取適當對策。

建築基地有左列情形之一者，應分別增加調查內容：

（一）五層以上建築物或供公眾使用之建築物位於砂土層有土壤液化之虞者，應辦理基地地層之液化潛能分析。

（二）位於坡地之基地，應配合整地計畫，辦理基地之穩定性調查。位於坡腳平地之基地，應視需要調查基地地層之不均勻性。

（三）位於谷地堆積地形之基地，應調查地下水文、山洪或土石流對基地之影響。

（四）位於其他特殊地質構造區之基地，應辦理特殊地層條件影響之調查。

建築技術規則建築構造編§65

地基調查得依據建築計畫作業階段分期實施。

地基調查計畫之地下探勘調查點之數量、位置及深度，應依據既有資料之可用性、地層之複雜性、建築物之種類、規模及重要性訂定之。其調查點數應依左列規定：

（一）基地面積每六百平方公尺或建築物基礎所涵蓋面積每三百平方公尺者，應設一調查點。但基地面積超過六千平方公尺及建築物基礎所涵蓋面積超過三千平方公尺之部分，得視基地之地形、地層複雜性及建築物結構設計之需求，決定其調查點數。

（二）同一基地之調查點數不得少於二點，當二處探查結果明顯差異時，應視需要增設調查點。

調查深度至少應達到可據以確認基地之地層狀況，以符合基礎構造設計規範所定有關基礎設計及施工所需要之深度。

同一基地之調查點，至少應有半數且不得少於二處，其調度深度應符合前項規定。

二、請依建築物公共安全檢查簽證及申報辦法規定，回答以下問題：（每小題 5 分，共 25 分）

（一）建築物公共安全檢查申報範圍為何？

（二）建築物公共安全檢查申報人之規定為何？

（三）何謂專業機構？

（四）何謂檢查員？

（五）耐震能力評估檢查報告書初步評估判定結果有那三種情形？

參考題解

建築物公共安全檢查申報人及範圍：（公安檢查-3、4）

（一）建築物公共安全檢查申報範圍如下：

1. 防火避難設施及設備安全標準檢查。
2. 耐震能力評估檢查。

（二）建築物公共安全檢查申報人（以下簡稱申報人）規定如下：

1. 防火避難設施及設備安全標準檢查，為建築物所有權人或使用人。
2. 耐震能力評估，為建築物所有權人。

前項建築物為公寓大廈者，得由其管理委員會主任委員或管理負責人代為申報。建築物同屬一使用人使用者，該使用人得代為申報耐震能力評估檢查。

（三）當地主管建築機關查核建築物公共安全檢查申報文件，應就下列規定項目為之：（公安檢查-12）

指依建築法第 77 條第 3 項規定由中央主管建築機關認可，得受託辦理建築物公共安全檢查業務之技術團體。

（四）建築物公共安全檢查專業機構及人員認可要點，專業機構分類如下：

檢查員分類如下：

1. 標準檢查員：指防火避難設施類及設備安全類等二類檢查員。

2. 評估檢查員：指耐震能力評估檢查員。
   專業人員：指防火避難設施類及設備安全類等二類專業人員。

（五）耐震能力評估檢查（公安檢查-10）

1. 經初步評估判定結果為尚無疑慮者，得免進行詳細評估。
2. 經初步評估判定結果為有疑慮者，應辦理詳細評估。
3. 經初步評估判定結果為確有疑慮，且未逕行辦理補強或拆除者，應辦理詳細評估。

三、請依建築技術規則規定，說明高層建築物之定義為何？高層建築物之防火避難設施有何特殊規定？（25 分）

參考題解

第 227 條

本章所稱高層建築物，係指高度在 50 公尺或樓層在 16 層以上之建築物。

第 241 條

高層建築物應設置二座以上之特別安全梯並應符合二方向避難原則。二座特別安全梯應在不同平面位置，其排煙室並不得共用。

高層建築物連接特別安全梯間之走廊應以具有 1 小時以上防火時效之牆壁、防火門窗等防火設備及該樓層防火構造之樓地板自成一個獨立之防火區劃。

高層建築物通達地板面高度 50 公尺以上或 16 層以上樓層之直通樓梯，均應為特別安全梯，且通達地面以上樓層與通達地面以下樓層之梯間不得直通。

第 242 條

高層建築物昇降機道併同昇降機間應以具有 1 小時以上防火時效之牆壁、防火門窗等防火設備及該處防火構造之樓地板自成一個獨立之防火區劃。昇降機間出入口裝設之防火設備應具有遮煙性能。連接昇降機間之走廊，應以具有 1 小時以上防火時效之牆壁、防火門窗等防火設備及該層防火構造之樓地板自成一個獨立之防火區劃。

第 243 條

高層建築物地板面高度在 50 公尺或樓層在 16 層以上部分，除住宅、餐廳等係建築物機能之必要時外，不得使用燃氣設備。

高層建築物設有燃氣設備時，應將燃氣設備集中設置，並設置瓦斯漏氣自動警報設備，且與其他部分應以具 1 小時以上防火時效之牆壁、防火門窗等防火設備及該層防火構造之樓地板予以區劃分隔。

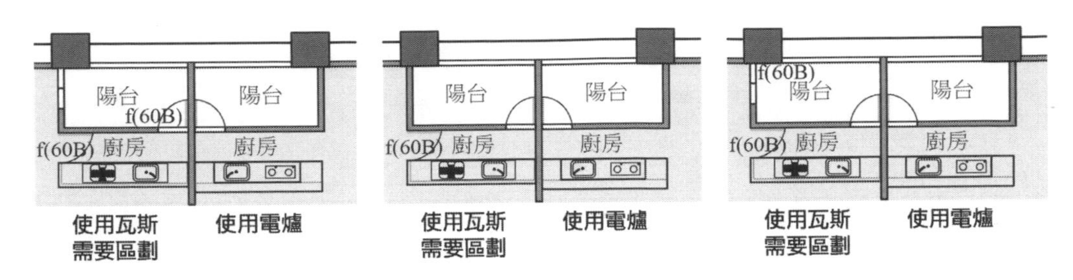

第 244 條

高層建築物地板面高度在 50 公尺以上或 16 層以上之樓層應設置緊急昇降機間，緊急用昇降機載重能力應達 17 人（1150 公斤）以上，其速度不得小於每分鐘 60 公尺，且自避難層至最上層應在 1 分鐘內抵達為限。

四、請說明建築法第 56 條之勘驗、政府採購法第 70 條第 2 項之查驗與政府採購法第 70 條第 3 項之施工查核，其目的與執行程序有何差異？（25 分）

參考題解

建築法§56

建築工程中必須勘驗部分，應由直轄市、縣（市）（局）主管建築機關於核定建築計畫時，指定由承造人會同監造人按時申報後，方得繼續施工，主管建築機關得隨時勘驗之。

採購法§70

1. 機關辦理工程採購，應明訂廠商執行品質管理、環境保護、施工安全衛生之責任，並對重點項目訂定檢查程序及檢驗標準。
2. 機關於廠商履約過程，得辦理分段查驗，其結果並得供驗收之用。
3. 中央及直轄市、縣（市）政府應成立工程施工查核小組，定期查核所屬（轄）機關工程品質及進度等事宜。
4. 工程施工查核小組之組織準則，由主管機關擬訂，報請行政院核定後發布之。其作業辦法，由主管機關定之。
5. 財物或勞務採購需經一定履約過程，而非以現成財物或勞務供應者，準用第一項及第二項之規定。

建築法§56 與採購法§70 之施工查核，其目的與執行程序差異如下：

	建築法§56	採購法§70
目的	依建築法§56 施工查核主要目的為勘查是否按圖施工及是否有先行動工之情事，必須定期申報勘驗等。	依採購法§70 施工查核的目的主要針對工程品質進行驗收，查核是否如期如質完工。
執行程序	施工管理 建築工程勘驗：(北建管自治條例-19、建築法-58) （一）定期勘驗： 1. 放樣勘驗：在建築物放樣後，開始挖掘基礎土方一日以前申報。 2. 基擋土安全維護措施勘驗：經主管建築機關指定地質特殊地區及一定開挖規模之挖土或整地工程，在工程進行期間應分別申報。 3. 主要構造施工勘驗：在建築物主要構造各部分鋼筋、鋼骨或屋架裝置完畢，澆置混凝土或敷設屋面設施之前申報。 4. 主要設備勘驗：建築物各主要設備於設置完成後申請使用執照之前或同時申報。 5. 竣工勘驗：在建築工程主要構造及室內隔間施工完竣，申請使用執照之前或同時申報。 （二）非定期勘驗。	營造業法§41 工程主管或主辦機關於勘驗、查驗或驗收工程時，營造業之專任工程人員及工地主任應在現場說明，並由專任工程人員於勘驗、查驗或驗收文件上簽名或蓋章。

112年 公務人員高等考試三級考試試題／建管行政

一、建築法第 77 條之 2 已規範建築物室內裝修應遵守之規定。請說明其內容與重點為何？（25 分）

參考題解

應否辦理室內裝修審查許可：（建築法-77-2）

H-2 組若屬五層以上之集合住宅（公寓）則屬非供公眾使用建築物，無需申請室內裝修；H-1 組符合供公眾使用建築物則需要。

建築物室內裝修應遵守下列規定：

（一）供公眾使用建築物之室內裝修應申請審查許可，非供公眾使用建築物，經內政部認有必要時，亦同。但中央主管機關得授權建築師公會或其他相關專業技術團體審查。

（二）裝修材料應合於建築技術規則之規定。

（三）不得妨害或破壞防火避難設施、消防設備、防火區劃及主要構造。

（四）不得妨害或破壞保護民眾隱私權設施。

（五）建築物室內裝修應由經內政部登記許可之室內裝修從業者辦理。

二、興建社會住宅是近年來政府主要的施政主軸之一，而社會住宅之興建，若欲申請非都市土地變更作為社會住宅及其必要附屬設施使用者，應向土地所在地直轄市、縣（市）住宅主管機關提出申請。請說明申請時應檢具之相關書件與重點為何？（25 分）

參考題解

有關申請非都市土地變更作為社會住宅及其必要附屬設施使用應檢具之相關書件規定如下：

非都市土地申請變更作為社會住宅使用興辦事業計畫審查作業要點

申請非都市土地變更作為社會住宅及其必要附屬設施使用者，應檢具下列書件一式十份，向土地所在地直轄市、縣（市）住宅主管機關提出申請：

（一）申請書（格式如附表一）（詳見原法條圖表附件）。

（二）社會住宅興辦事業計畫。

（三）依非都市土地變更編定執行要點第三點及附錄一之二規定，檢附興辦事業計畫應查詢項目及應加會有關機關（單位）之文件。申請地區位於第二級環境敏感地區者，並檢附徵詢各項環境敏感地區主管機關意見之文件。

（四）農地變更使用說明書。未涉及農地變更使用者，免附。

（五）非都市土地使用清冊。

（六）申請變更編定同意書並應註明同意作為社會住宅興辦事業計畫使用。另申請人為土地所有權人者，免附。

（七）計畫用地配置圖及位置圖，配置圖比例尺不得小於一千二百分之一，位置圖比例尺不得小於五千分之一，均著色標示。

（八）非都市土地興辦社會住宅需求評估說明書。

（九）其他經直轄市、縣（市）住宅主管機關規定之文件。

前項第二款興辦事業計畫之內容，除應依住宅法施行細則第五條第二項或依民間興辦社會住宅申請審查辦法第二條第二項規定辦理外，申請地區位於第二級環境敏感地區者，並應就所屬環境敏感地區特性載明具體防範及補救措施、土地使用種類及強度。

前項第八款非都市土地興辦社會住宅需求評估說明書，應評估非都市土地使用需求性，包括土地所在地直轄市、縣（市）內社會住宅分布、數量、目前與未來供需狀況及需求急迫性、鄰近都市土地選項限制。

三、請依建築師法規定，說明開業建築師之業務範圍為何？（25 分）

參考題解

建築師之業務：（建築師-16）

建築師受委託人之委託，辦理建築物及其實質環境之調查、測量、設計、監造、估價、檢查、鑑定等各項業務，並得代委託人辦理申請建築許可、招商投標、擬定施工契約及其他工程上之接洽事項。

建築師之責任：（建築師-17~27）

（一）受委託設計之圖樣、說明書及其他書件：

1. 應合於建築法及基於建築法所發布之建築技術規則、建築管理規則及其他有關法令之規定。
2. 設計內容應能使營造業及其他設備廠商，得以正確估價，按照施工。

（二）受委託辦理建築物監造時，應遵守下列各款之規定：

1. 監督營造業依照前條設計之圖說施工。
2. 遵守建築法令所規定監造人應辦事項。（配合申報開工、申報勘驗、申請使用執照）
3. 查核建築材料之規格及品質。
4. 其他約定之監造事項。

（三）建築師受委託辦理建築物之設計，應負該工程設計之責任；其受委託監造者，應負監督該工程施工之責任。但有關建築物結構與設備等專業工程部份，除五層以下非供公眾使用之建築物外，應由承辦建築師交由依法登記開業之專業技師負責辦理，建築師並負連帶責任。

（四）建築師受委託辦理各項業務，應遵守誠實信用之原則。

（五）建築師對於承辦業務所為之行為，應負法律責任。

（六）建築師對於公共安全、社會福利及預防災害等有關建築事項，經主管機關之指定，應襄助辦理。

（七）建築師不得兼任或兼營左列職業：

1. 依公務人員任用法任用之公務人員。
2. 營造業、營造業之主任技師或技師，或為營造業承攬工程之保證人。
3. 建築材料商。

（八）建築師不得允諾他人假借其名義執行業務。

（九）建築師對於因業務知悉他人之秘密，不得洩漏。

四、BIM（Building Information Modelling）技術是世界各國建築領域相當重視的先進技術，請試論 BIM 技術對於國內建築管理制度可能之影響及政府應如何因應？（25 分）

參考題解

BIM（Building information modeling）定義：指的是在各項營建設計（包括如建築物、橋梁、道路、隧道等）的生命週期中，創建與維護營建設施產品數位資訊及其工程應用的技術。（公共工程電子報第 38 期）

（一）在建築工程不同階段，導入 BIM 技術的任務與其應用如下：

項次	建築生命週期階段	BIM 技術的任務與應用
1	規劃階段	規劃、標準化和準備，數據定義一定基於實際的數據需求，從項目角度是甲方和乙方的需求才是最終數據需求；若基於企業效率和競爭力，則是各企業級需求。
2	設計階段	可執行性、可協調性與有效性是數據收集階段的要求，目前的 BIMer 絕大多工作在此階段，隨著科技與相關工具的不斷進化，此階段手段會越來越多，效率會越來越高。

項次	建築生命週期階段	BIM 技術的任務與應用
3	施工階段	主要指數據交互過程與技術，不同軟體工具、系統平台、各種控制系統等需要實用同一源數據需要交互接口才能識別和處理，這個階段需要很強的軟體開發，大量各層級標準，通常只需熟悉相關標準和知道交互邏輯就可以了，底層的東西都會被相關專業機構定義好，即使有大量個性化需求，只要能清晰描述與定義需求，也是委託相關專業機構進行結構開發就行，除非切入開發自主智慧財產權的軟體或軟硬體系的產品。
4	維護階段	持續不間斷的數據管理，設計數據的更新、補充、優化以及新應用的支持等等，某種程度包含上面三個階段。
5	回收階段	拆除到回收的流程透過數據更新與軟體模擬調整施工現場作業流程使流程最簡化並減少廢棄物與空氣汙染。

參考來源：https://kknews.cc/news/y35o55k.html

（二）BIM 技術是在電腦虛擬空間中模擬真實工程作為，利用這項科技可協助建築生命週期由規劃、設計、施工、營運、維護等工作中之各項管理與工程作業之技術、方法與工期的提升及數量準確（公共工程電子報第 38 期）。對於國內建築管理制度可能之影響及政府應如何因應試論如下：

1. 可能的影響：

   國內現階段 BIM 的運用以施工階段導入較多，設計階段導入的仍為少數，如若將其應用於建築管理制度將大幅增加設計階段導入的機會，如：用以法規檢測、提前於初步設計階段檢討結構與設備等層面。

2. 政府因應方式：

   未來若要推動將 BIM 技術於規劃~設計階段導入，政府部門的建築管理審查機制重點須放在加強數位化建築管理平台，雲端資訊系統建立以落實建造執照電腦輔助查核。

112年 公務人員高等考試三級考試試題／建築環境控制

一、我國 2050 淨零排放路徑及策略，以促進關鍵領域之技術研究與創新，引導產業綠色轉型帶動新一波經濟成長為目標。請闡述淨零轉型目標與建築環境控制計畫之關聯與重要性，並說明建築環境控制計畫具體可行之要項為何？（20 分）

參考題解

依據國家發展委員會設定 2050 減量 50%的目標，減碳路徑將會以「能源轉型」、「產業轉型」、「生活轉型」、「社會轉型」等四大轉型，及「科技研發」、「氣候法制」兩大治理基礎，輔以「十二項關鍵戰略」，就能源、產業、生活轉型政策預期增長的重要領域制定行動計畫，落實淨零轉型目標。

以建築部門來看，要在 2050 年所有新建築以及 85% 既有建築為近零碳建築，透過跨域整合「再生能源+建築能效+家電能效」共同推動，可以策略進行：

（一）新建築透過能效評估系統推導。

（二）既有建築由公有建築帶民間建築做到低碳轉型。

（三）從建築物生命週期的搖籃開始零碳設計。

以上第三點可以從設計階段將建築物理環境思維加入，從日常節能、建築綠化等進行零碳建築的設計，例如：

（一）日常節能：外殼、空調、照明節能

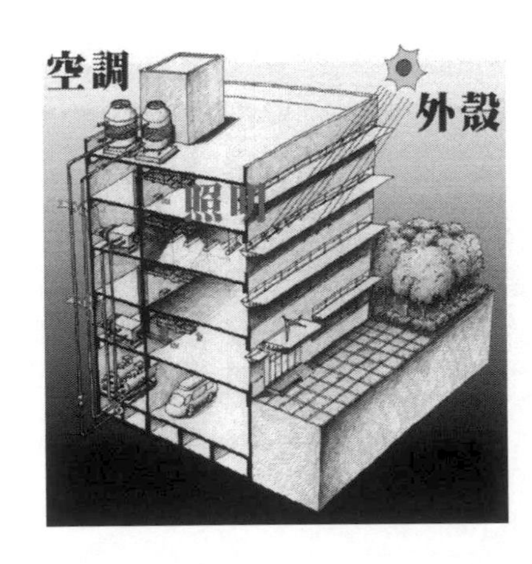

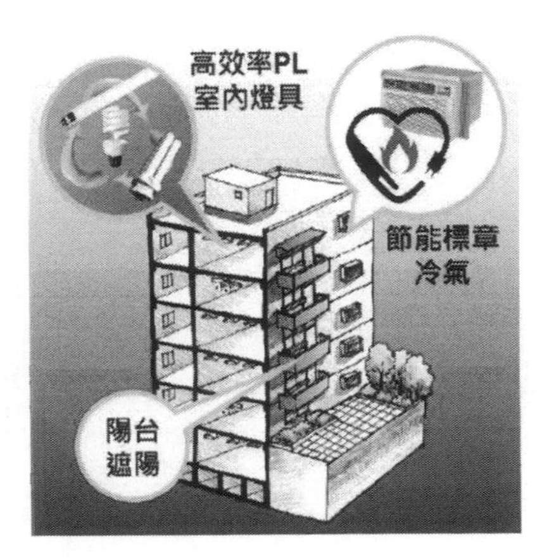

圖片來源：綠建築評估手冊-基本型，內政部建築研究所。2018 年新版綠建築設計與評估方法，國立成功大學建築系，林奉怡研究員。

（二）減少日射熱得，降低冷房能源消耗。

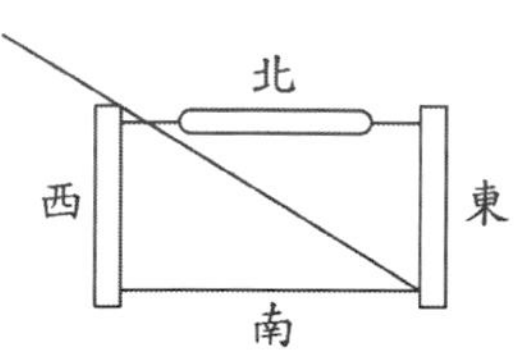

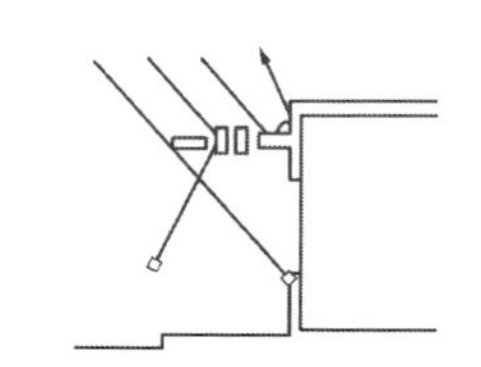

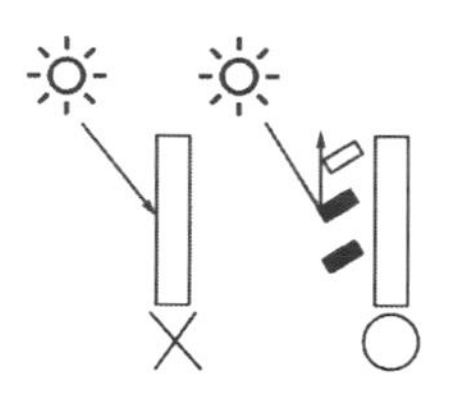

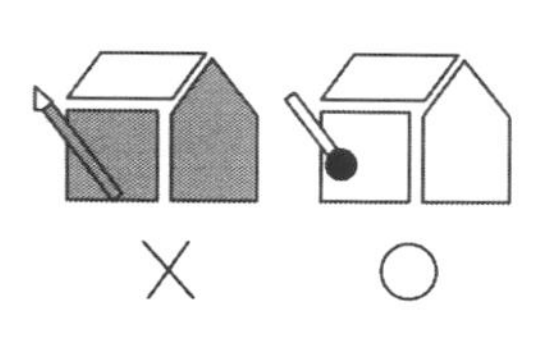

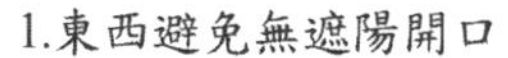
1.東西避免無遮陽開口　2.以遮陽減少開口日射得熱　3.提高壁體遮蔽性能　4.選用淺色外裝材料

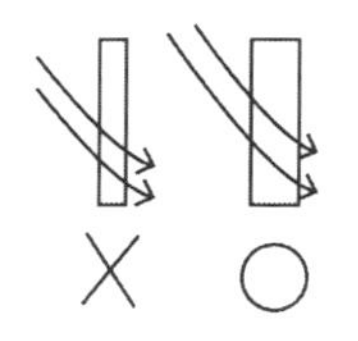

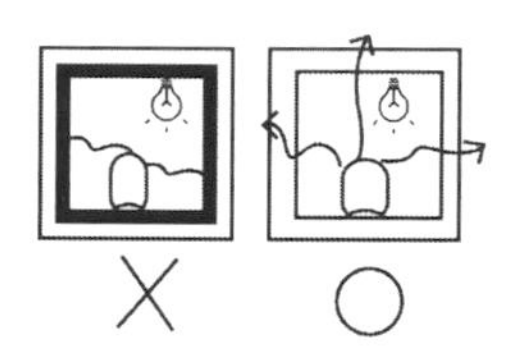

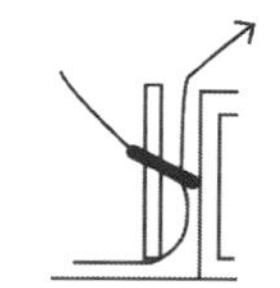

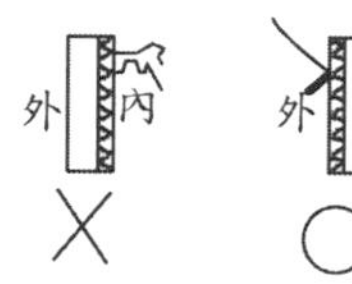

5.增加壁體厚度　6.辦公建築不過度隔熱　7.多採雙層外殼構造　8.隔熱層置於室外側

（三）善用季風導入室內，減少空調區。

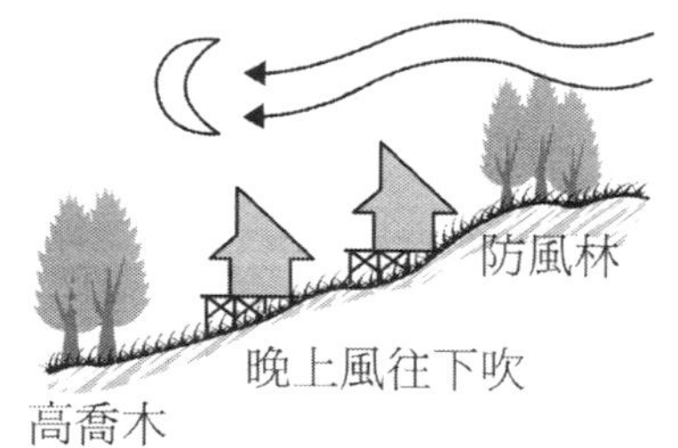

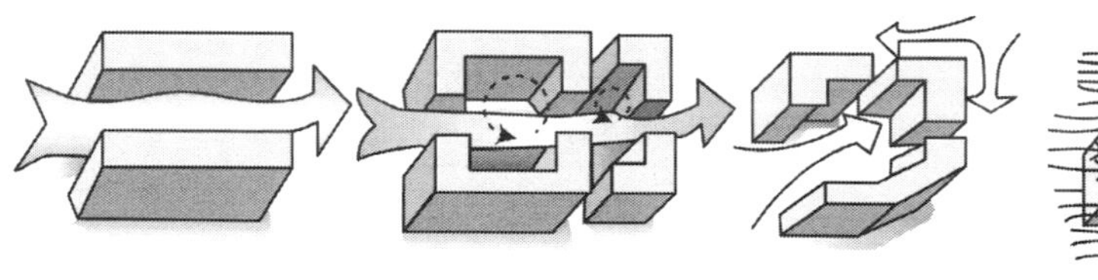

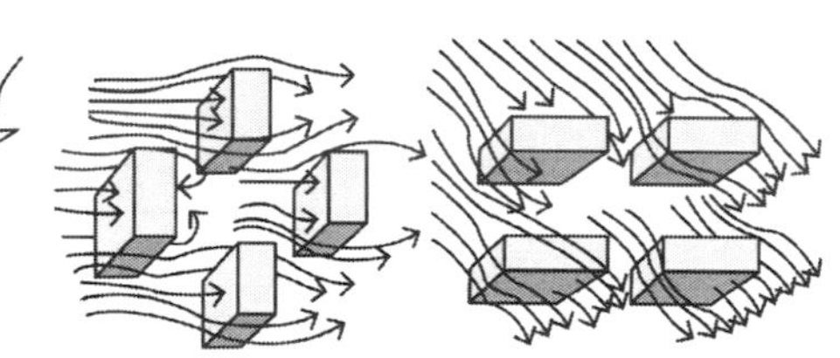

（四）基地綠化量綠化量、CO_2固定量減碳

生態複層的概念

（五）利用植栽進行微氣候調節

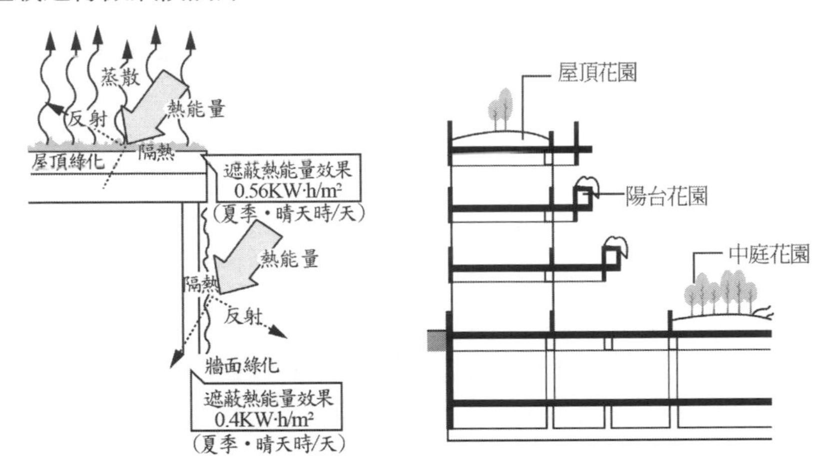

參考來源：國家發展委員會。

二、何謂建築自然通風潛力 VP（Ventilation Potential）？建築自然通風潛力與 節能效率如何評估？又建築自然通風規劃設計要項為何？（20 分）

參考題解

（一）自然通風潛力 VP（Ventilation Potential）指的是建築物可形成自然通風實效面積相對於室內自然通風檢討空間樓板面積之比例。

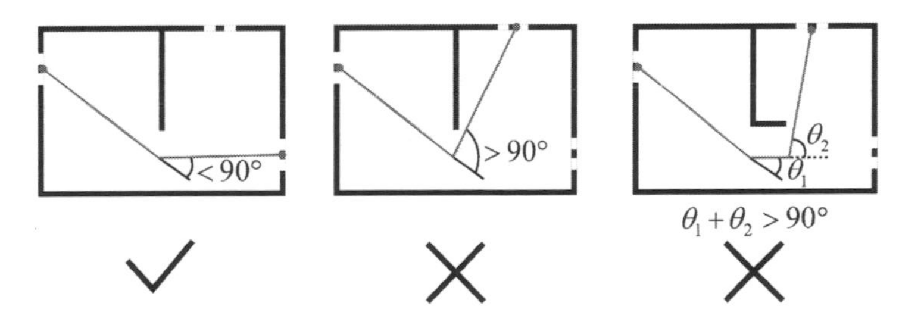

對流通風路徑轉角角度之和須小於 90°

（二）自然通風空調節能率當然受到建築體型與通風條件的影響，上述自然通風潛力 VP 的目的，在於進一步評估間歇型空調建築物之空調節能效益，間歇型空調之節能效率，乃是在評估因建築物自然通風性能使得冬季、春秋季可停止空調、打開窗戶通風，因而收到空調節能之效益。平均自然通風空調節能率約為 80%。

參考來源：內政部全球資訊網。

三、為何臺灣建築外殼遮陽設計在節能減碳上影響重要？建築外殼能耗評估外遮陽修正係數 Kc 如何決定？又建築構造上外遮陽主要有那些形式，節能減碳效益如何？請依序論述說明。（20 分）

參考題解

（一）建築外殼接受太陽輻射照射時，並非完全吸收所有的日射量，而是根據構造特性吸收其中的一部份，再將剩餘的部份加以反射，構造吸收日射量之後溫度升高，又再向兩側產生傳熱作用，此傳熱作用會造成室內熱得，造成空調負荷，空調、照明、動力盤為建築物號能三大主因，因此外殼遮陽設計在節能減碳上影響甚為重要。

建築物外殼的熱傳透作用，實際上由二個部份組成：「室內、室外氣溫的差值」以及「室外日射量的大小」。

影響室內、室外熱流的因素包括：

1. 室內外的溫差太陽的日射量。
2. 室內的換氣量。
3. 窗戶開口的大小。
4. 外牆的斷熱性。
5. 表面材料的日射吸收率。
6. 輻射率等。

（二）建築外殼能耗評估外遮陽修正係數 Kc

1. 建築外遮陽係數（SD）的定義：在相同太陽輻射條件下，有建築外遮陽的開窗（開口）所受到的太陽輻射照度的平均值與該開窗（開口）沒有建築外遮陽時受到的太陽輻射照度的平均值之比。
2. 外遮陽係數 Kc 包括立面遮陽板與鄰棟(幢)建築物二者對對開窗之綜合遮陽效果。同一開窗同時存在「立面遮陽版（Ksi）」與「鄰棟（幢）建築物對對窗之遮陽係數（Kbi）」之遮陽時，Kc 僅能採用二者間之較小值（即遮陽效益大者）。

（三）外部遮陽

對於建築物開口之外部遮陽，大致可分為活動及固定二大類，這其中又可分為水平、垂直及格子狀遮陽。

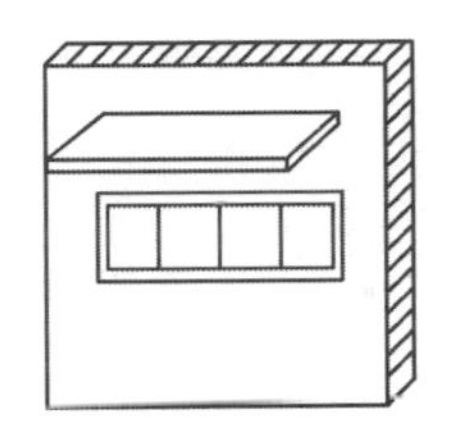
①水平遮陽（南向立面）

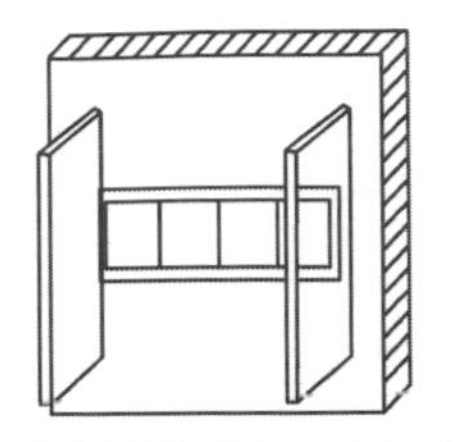
②垂直遮陽（東西向立面）

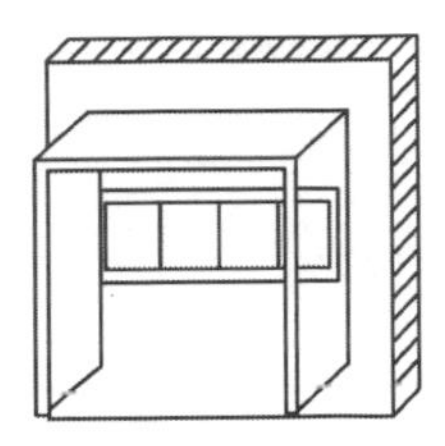
③格子遮陽

1. 水平遮陽板：平板之重疊數層者，採光效果佳，易獲得計劃效果，臺灣位於北緯 21.5～25.5 度之間，南方位置上非常有效，可以幫助減少南向開窗的日射熱得，減少空調負荷。
2. 垂直遮陽板　：　設於窗子前或兩邊之凸出板，可擋方位角斜射之日射，臺灣地區東西向射入室內的輻射角度很低（早晨及午後），水平遮陽較無效果，宜改用垂直式遮陽其遮陽隔熱效益較佳，減少東西向晨曬與西曬之日射熱得；但垂直遮陽對風向有引導及屏障兩種作用，可能宜小心處理避免引起通風不良以免影響節能效益。
3. 格子遮陽板：兼具水平及垂直遮陽之優缺點，各方位的斷熱效果相當，為一理想的遮陽形式節能效益較高，但造價高，且無法活動。

四、何謂明視？何謂照明眩光？何謂光源之色溫度？良好的建築照明條件為何？請條列說明之。（20 分）

參考題解

（一）明視：東西和文字的易見度稱為明視，明視四條件：
1. 對象物的明亮度。
2. 對象物的對比度（construct）。
3. 對象物的大小。
4. 看的時間長短（露光時間）。

（二）照明眩光：亮度對比太大容易產生眩光，一般人工照明環境評估必須針對照度品質與眩光公害進行評估，照度品質及眩光公害評估，影響照明眩光之因素有：
1. 光源輝度之大小。
2. 燈具與視線之角度。
3. 燈具與背景輝度對比。

（三）良好的建築照明條件
1. 自然開窗採光

   晝光利用，利用遮陽與建築角度巧妙避開直接日射，並引進漫射日光以增加室內照度來減低照明用電。應依照開窗型式及座向做適當之外遮陽處理，才能兼顧照明與斷熱，一般以北向日照之光源較為穩定，且日射熱得比其他座向低。

2. 照明眩光防止

可以格柵、燈罩或具有類似設施等照明燈具之眩光防護設施來作評估之依據，其目的在於確保視覺健康與舒適。例如使用有良好的眩光防護效果之高反射塗膜處理的格柵日光燈。

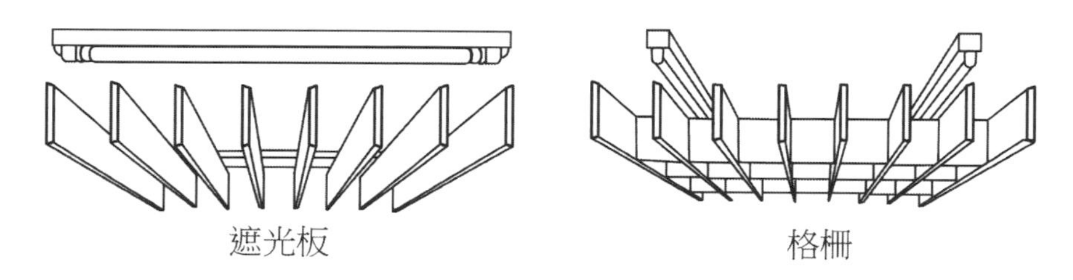

3. 合宜的照度設計

不要採用超過合理照度需求的超量燈具設計，室內可採用高明度的顏色，以提高照明效果。一般人工照明環境評估必須針對照度品質與眩光公害進行評估。

五、何謂存水彎？何謂同層排水？何謂整體衛浴 UB（Unit Bathroom）？建築排水通氣設備系統規劃設計的要領為何？請條列說明之。（20 分）

參考題解

【參考九華講義-設備 第 4 章 給排水設備】

（一）存水彎

於衛生器具設備下方留存封水之設備，其功能在於防止蚊蟲、臭氣進入室內，並將雜物阻積其中，藉由清潔口排除。

（二）同層排水

同層排水係將衛生設備排水方式由傳統排水管穿越當層樓板於直下層天花走排水橫支管，改變為於當層走相關排水支管進入管道間之排水立管，並可於當層支管統一裝設存水彎（封水）設備。

其重要性為管線位穿越樓板，相關設置、維護管理、維修等無涉產權避免爭議，減少下方樓層漏水問題修繕之困難，減少構造體內管線滲漏問題，降低噪音，並便於使用壁掛式設備。另外存水彎（封水）設備可統一裝設，可減少管線堵塞，便於管理統一清潔。

（三）整體衛浴 UB（UNIT BATHROOM，簡稱 UB）

將整體衛浴做工業化生產、整合，並於施工現場達到快速安裝之衛浴系統。可考量通風、照明、給排水、防水等功能，以工廠生產之優勢，達到高品質、降低成本的特點。

（四）建築排水通氣設備系統規劃設計的要領

排水通氣設備系統的設備裝設於排水管線系統，以通氣支管與通氣主管構成，並利用空氣與大氣連通原理使器具排水管兩端壓力平衡，以達到排水順暢，避免虹吸現象等功能。依建築物給水排水設備設計技術規範，其設置主要構成規範如下：

1. 每一衛生設備之存水彎皆須接裝個別通氣管，但利用濕通氣管、共同通氣管或環狀通氣管，及無法裝通氣管之櫃台水盆等者不在此限。
2. 個別通氣管管徑不得小於排水管徑之半數，並不得小於三十公厘。
3. 共同通氣管或環狀通氣管管徑不得小於排糞或排水橫管支管管徑之半，或小於主通氣管管徑。
4. 通氣管管徑，視其所連接之衛生設備數量及本身長度而定，管徑之決定應依左表規定：（略）
5. 凡裝設有衛生設備之建築物，應裝設一以上主氣管通屋頂，並伸出屋面十五公分以上。
6. 屋頂供遊憩或其他用途者，主通氣管伸出屋面高度不得小於一・五公尺，並不得兼作旗桿、電視天線等用途。
7. 通氣支管與通氣主管之接頭處，應高出最高溢水面十五公分，橫向通氣管亦應高出溢水面十五公分。
8. 除大便器外，通氣管與排水管之接合處，不得低於該設備存水彎堰口高度。
9. 存水彎與通氣管間距離，不得小於左表規定：

存水彎至通氣管距離（公分）	77	106	152	183	305
排水管管徑（公分）	32	38	50	75	100

10. 排水立管連接十支以上之排水支管時，應從頂層算起，每十個支管處接一補助通氣管，補助通氣管之下端應在排水支管之下連接排水立管；補助通氣管之上端接通氣立管，佔於地板面九十公分以上，補助通氣管之管徑應與通氣立管管徑相同。
11. 衛生設備中之水盆及地板落水，如因裝置地點關係，無法接裝通氣管時，得將其存水彎及排水管之管徑，照本編第三十二條第三款及第五款表列管徑放大兩級。

參考來源：建築物給水排水設備設計技術規範。

112年 公務人員高等考試三級考試試題／建築營造與估價

一、請說明何謂混凝土養護（curing），並說明三種混凝土養護的方法為何？（25 分）

參考題解

【參考九華講義-構造與施工 第 7 章 鋼筋混凝土】

混凝土材料與水結合產生水化作用，且其強度隨時間漸增並達到設計強度，為使混凝土品質符合設計需求，於該過程施以確保混凝土材料與水充分水化作用或加速該過程之作業，一般養護作業為濕治法、養護劑（護膜、液膜）、蒸氣養護等方法。

濕治法	採用滯水法進行養護作業，應使混凝土表面在規定之養護期間內保持浸於水中。採用噴水法進行養護作業，於養護期間內，應使用噴霧器於混凝土表面連續噴霧，使其經常保持在濕潤狀態。噴水作業進行時，應使水呈霧狀，不可形成水流，亦不得直接以水霧加壓於混凝土面。以免造成剝損。
養護劑（護膜、液膜）	包覆於混凝土表面，使其達到保持水份能力。液膜養護劑應在澆置之混凝土已硬化凝結足以抵抗使用養護劑作業之損傷，且不影響混凝土品質情況下，經工程司核可後方得使用。
蒸氣養護	使用高壓蒸氣、常壓蒸氣、加熱與溼治及其他加速達到強度之養護方法。

參考來源：施工規範。

二、請說明鋼筋分項工程之施工計畫應包含那些內容？（25 分）

參考題解

【參考九華講義-構造與施工 第 8 章 鋼筋】

（一）鋼筋分項工程之施工計畫應包含：

1. 分項工程內容
2. 作業方法及程序（依作業位置不同，常見內容如下）
    （1）鋼筋驗廠
    （2）鋼筋進場
    （3）取樣抽驗
    （4）相關試驗（強度）

（5）鋼筋綁紮（鋼筋籠）製作

（6）鋼筋籠吊放

（7）自主檢查

3. 作業組織（作業組織架構、職掌說明）
4. 使用機具及設施設置計畫（使用機具及設施、配置圖）
5. 作業期程計畫（網圖、甘特圖）
6. 職業安全衛生設施設置計畫

三、辦理估驗計價並給付廠商工程款乃為機關（業主）執行工程時之重要施工管理工作，請說明估驗計價之意義為何？並請列舉有那些做法可以縮短估驗計價作業之審查時間？（25 分）

參考題解

（一）估驗款係整體工程完工驗收前，按約定之施作比例或數量等，分次或分期估驗計價，給付承攬廠商報酬。使其承攬廠商無須承受過多的施工中代墊費用（貸款），使其可以繼續順利施作工程並持續推動工程進度。

（二）工程估驗金額常因製表單位採用 EXCEL 作業工具操作，然因該工具之公式運算設定較為彈性以致繳交之估驗詳細表文件資料，常會因些微數字錯誤而受主計單位要求調整與修改，多次之行政程序往返也因此影響廠商估驗請款期程，並同時造成工程預算執行延誤之情形發生。針對問題分析釐清後，即針對相關問題研擬對策以確實可建立加速工程估驗程序之資訊化作業方案：

1. 減少資料重複建置：

   推動建立 EXCEL 資料轉檔格式或者直接利用行政院公共工程委員會推動使用之 PCCESS 工具產製之契約詳細表 XML 格式檔案，由發包單位決標後直接轉入管理系統，建立契約明細資料提供製表單位下載使用而不需另行建檔，直接可供後續工程估驗直接使用。

2. 建立資料運算標準：

   如複價（估驗數量 x 契約單價）的取位標準、當期累計估驗金額與直接及間接工程費等之計算方式等，涉及資料運算部分均建立出一套標準，以作為後續資訊工具開發時之資料運算準則。

3. 開發估驗作業工具：

針對工程估驗計價文件編制開發採用 Windows 應用程式方案進行開發，工具可由承攬發包工程之施工廠商自行使用，結合「工程管理資訊整合系統」上儲存之契約明細資料透過網路下載後即可辦理估驗金額運算。

4. 尋求主計單位支持：

推動策略上，協調主計單位審查相關工程估驗金額明細文件資料時，要求工程承辦單位需由系統產製相關的文件進行繳交，系統則輸出如浮水印報表供審查人員參考，可做為判斷是由資訊系統產製之文件依據。

四、某辦公大樓（B 工程）於 105 年 1 月完工，該工程總樓地板面積為 9,500 平方公尺，總價 2 億 5 千萬元，當時的營建物價總指數為 99.38。現有另一新建 辦公大樓工程（A 工程），須概估其所需之工程經費，以利匡列預算。假設 A 工程所規劃之總樓地板面積為 11,000 平方公尺，且目前營建物價總指數為 109.21。由於擬新建 A 工程與 B 工程的特性極為類似（同樣是辦公大樓、鋼筋混凝土構造，且樓層數相近），故請以 B 工程之上述數據（總樓地板面積、總價與營建物價總指數），概估新建 A 工程所需之總經費為何？（25 分）

參考題解

（250,000,000／9,500）／（99.38／100）= 26,479.97

26,479.97 × 11,000 ×（109.21／100）= 318,106,527.61

新建 A 工程所需總經費約 3 億 1 仟 8 佰 1 拾萬 6 仟 5 佰 2 拾 7 元。

112年 公務人員高等考試三級考試試題／建築設計

一、設計題目：鄉鎮圖書館

二、設計題旨：

「鄉鎮」為我國最基層的地方政府，也是提供民眾各類最基本之公共服務的地方。其中的圖書館是與民眾最切身的公共設施之一；「鄉鎮圖書館」即是我國公共圖書館系統中最基層的圖書館，也是社區民眾經常使用的公共場所。

圖書館主要的功能在於蒐集、整理、保存及製作圖書資訊，藉以服務公眾。而作為鄉鎮圖書館更有著呈現地方特色、啟發民眾的知識、進行社會教育、傳承地方文化、凝聚地方意識的無形功能。由於鄉鎮圖書館為社區民眾重要的生活場域之一，其使用對象包含了社區的不同使用者族群。而隨著臺灣人口結構的改變，少子高齡社會現象在偏鄉十分明顯，因此在眾多的使用者族群中，高齡者、青少年、兒童等則成為了鄉鎮圖書館主要的關注對象。

某位處於偏鄉的某鄉鎮，利用該鄉內某小學校園的一角，計畫興建一棟鄉鎮圖書館，冀望達到鄉鎮圖書館之使用閱讀、教育推廣、社會服務及文化傳承之功效。

三、基地說明：

基地位處於社區的中心區域，且位於鄉內某小學校園內的西南角，基地與小學校園之間沒有圍牆，小學與社區之間也是以綠籬為主的開放式圍牆。基地東側為校園綠地，並與部分兩層樓教室相鄰。北側則與小學操場相鄰。另基地內的東南角現有一棵受保護的老樹。

基地南側臨 15 M 道路，隔著道路多為連棟式透天厝。西側臨 8 M 道路，隔著道路為全鄉的行政中心，包含鄉公所及衛生所等公共設施，以及一處公有停車場。

基地長寬各為 60 M 及 45 M，由於基地位於學校用地（文小用地）內，依據該地區都市計畫土地使用分區管制要點，建蔽率為 30%，容積率為 150%；但可與學校一併檢討（目前學校之建蔽率及容積率皆未用完）。

四、空間需求與使用機能：

1. 入口門廳，面積自訂—包含服務櫃台、借還書信箱、新書展示等。
2. 地方文史特色館藏專區，45 平方公尺—作為地方及社區相關文史資料、專書、調查研究報告、名人記述、旅行紀要等蒐集保存及展示的專屬空間；包含書架、展示架。
3. 報紙及雜誌區，面積自訂—包含書架及閱讀桌椅。

4. 資料檢索區，面積自訂—提供放置 6 部以上電腦之桌椅。
5. 開放式閱覽區，500 平方公尺—可分區或分樓層配置；包含開放式書架及閱讀桌椅。
6. 親子閱讀區，100 平方公尺—兒童的專屬閱讀空間；包含書架及閱讀桌椅。
7. 多功能學習空間，100 平方公尺—作為辦理相關研習活動、鄉土語言課程及社區大學上課之用；採平面式設計，包含講台、白板及課桌椅等。
8. 小型會議室，30 平方公尺—作為社區民眾或青少年聚會討論之用；含活動式桌椅。
9. 學生自修室，60 平方公尺—集中設置但非封閉式空間，可與開放式閱覽區相鄰；包含閱讀桌椅。
10. 辦公室，45 平方公尺—作為辦公、書籍整理與編目之用；包含辦公及工作桌椅。
11. 儲藏室，90 平方公尺。
12. 男女廁所、親子廁所及哺乳室。
13. 無障礙電梯、樓梯或斜坡、走道。
14. 機電設備空間，面積自訂。
15. 戶外閱讀空間，面積自訂。
16. 戶外景觀空間。
17. 停車場—無障礙停車位 1 輛、汽車 2 輛、機車 10 輛、自行車 10 輛。

註：未規定面積之空間，請自訂面積。另已訂面積之空間，可依據設計想法適度微調面積。

五、建築設計說明：（30 分）

依據前述的設計題旨、基地說明及空間需求與使用機能，請詳述下列主題：

1. 此鄉鎮圖書館之規劃設計目標。
2. 此鄉鎮圖書館與「社區」及「小學」，在基地與環境上之關聯性（例如與西側各公共設施、東側的校園綠地、北側的小學操場、基地內受保護的老樹，以及基地的各向邊界等）。
3. 此鄉鎮圖書館之「使用者類型」（例如高齡者、青少年、兒童、其他等）及其各自的使用需求與各式空間的關聯性（例如空間情境、空間尺度、材料與色彩、無障礙設計、家具設計、其他等）。

六、建築設計圖面：（70 分）

1. 基地配置圖（含戶外景觀設計，範圍需適度涵蓋至小學校園）：比例 1/200～1/400
2. 建築各層平面圖：比例 1/100～1/200，含家具
3. 建築主要立面圖：比例 1/100～1/200

4. 建築主要剖面圖：至少 2 向，比例 1/100～1/200
5. 室內閱讀空間透視圖：選擇至少 1 處的閱讀空間
6. 建築外觀透視圖

註：上述各圖面之比例可在圖紙範圍內，依據設計構想與內容，選擇適當之比例繪製圖面。

七、基地圖：

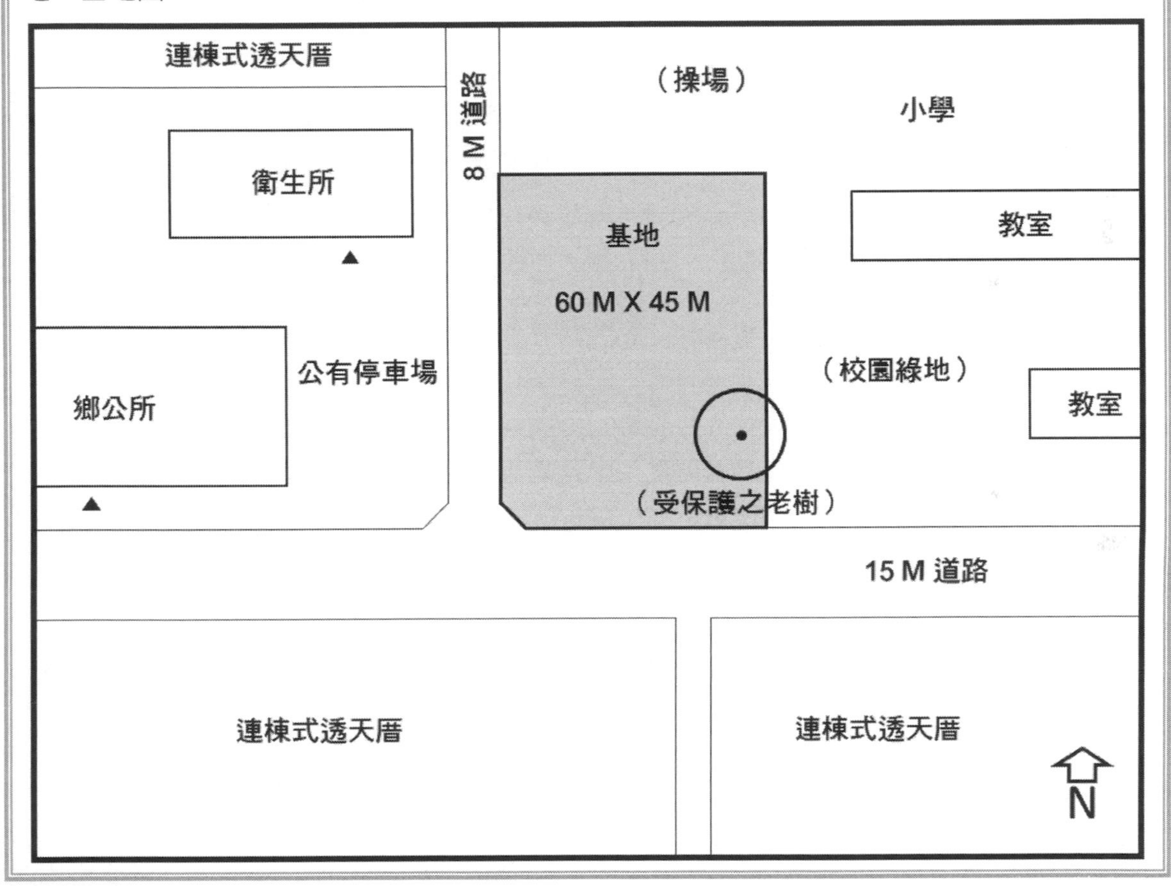

參考題解

請參見附件一 A、附件一 B、附件一 C。

112年 公務人員高等考試三級考試試題(公職)／建管行政

一、行政程序法中對於行政處分之失效有「撤銷」與「廢止」兩種，試比較兩者之差異。（25 分）

參考題解

（一）法務部（84）法律字第 16632 號有關撤銷及廢止解釋如下：

行政處分於作成當時已屬違法，經主管機關依職權撤銷者，溯及既往失其效力，但為維護公益或為避免受益人財產上之損失，為撤銷之機構得另定失其效力之日期。

基於維公益及保障人民之信賴利益，若作成行政處分當時本屬合法，因事後發生事實變更、法律變更或其他原因，而由原處分機關依法為全部或一部廢止者，自廢止時或自廢止機關所指定較後之日時起，失其效力，但受益人未履行負擔致行政處分受廢止者，得溯及既往失其效力。

（二）有關行政處分之撤銷與廢止，行政處分之撤銷係指就已發生效力之行政處分，因其具有撤銷原因，由相對人或利害關係人申請或依職權予以撤銷而使該處分失效。行政處分之廢止係指就原已成立生效之無瑕疵行政處分，因法律、政策或事實上之原因而予以廢棄，原處分機關使該處分失效。二者之區別如下：

1. 對象：

前者係針對違法之行政處分（不包括無效處分）；後者係針對合法無瑕疵之處分。

2. 宣告機關：

前者可由原處分機關、上級機關及行政法院為之；後者則由原處分機關為之。

3. 原因：

前者係行政處分本身具有瑕疵；後者係無瑕疵行政處分，因法律、政策或事實上之原因而予以廢棄。

4. 效力：

前者原則上溯及既往失其效力，但例外得另定失其效力之日期（行政程序法第 118 條）；後者原則上自廢止時或自廢止機關所指定較後之日時起，失其效力。但例外得溯及既往使其失效（同法第 125 條）。

參考來源：天秤座法律網 https://www.justlaw.com.tw/News01.php?id=3542

> 二、實施建築管理是落實土地使用分區管制的具體手段。請說明在您實務經驗裡接觸過的全國各地土地使用分區管制法規，有那些經常採用的管制項目是會直接影響到建築設計的實質內容？（25 分）

參考題解

【參考九華講義-營建法規 第 3 章 都市計畫法系】

落實土地使用分區管制的具體手段主要透過都市設計審議影響到建築設計的實質內容如下：

土地使用分區管制

一、土地使用分區管制內容：(都計-32、39)

（一）土地使用分區位置、性質及強度。

（二）土地及建築物之使用。

（三）基地面積或基地內應保留空地之比率。

（四）容積率。

（五）基地內前後側院之深度及寬度。

（六）停車場。

（七）建築物之高度。

（八）有關交通、景觀或防火等事項。

二、都市設計應表明內容：(通盤檢討-9)

（一）公共開放空間系統配置及其綠化、保水事項。

（二）人行空間、步道或自行車道系統動線配置事項。

（三）交通運輸系統、汽車、機車與自行車之停車空間及出入動線配置事項。

（四）建築基地細分規模及地下室開挖之限制事項。

（五）建築量體配置、高度、造型、色彩、風格、綠建材及水資源回收再利用之事項。

（六）環境保護設施及資源再利用設施配置事項。

（七）景觀計畫。

（八）防災、救災空間及設施配置事項。

（九）管理維護計畫。

各項管制相關規定整理如下：

土地使用分區	住宅區	商業區	工業區
建築高度管制	應符合當地土管規定		
建蔽率管制	應符合當地土管規定		
容積率管制	應符合當地土管規定		
建築退縮管制	道路退縮與側邊退縮寬度依當地土管要求		
建築立面管制	應以簡潔、樸素為原則	應以活潑、多樣為原則	應以簡潔、實用為原則
建築色彩管制	應以淺色系為主	可使用較為鮮豔的色彩	應以灰色系為主
建築材料管制	應使用耐久、防火的材料	應使用耐久、防火、隔音的材料	應使用耐久、防火、防腐的材料
建築景觀管制	應與周邊環境相協調	應與周邊環境相協調，並應符合商業活動的需求	應與周邊環境相協調，並應符合工業生產的需求
建築廣告管制	應符合相關規定		

三、建築師執行監造業務也是依據建築師法所定開業建築師之業務範圍。請論述建築師執行監造業務時應該遵守之規定為何？（25 分）

參考題解

建築師之責任：（建築師-17~27）

受委託辦理建築物監造時，應遵守下列各款之規定：

（一）監督營造業依照前條設計之圖說施工。

（二）遵守建築法令所規定監造人應辦事項。（配合申報開工、申報勘驗、申請使用執照）

（三）查核建築材料之規格及品質。

（四）其他約定之監造事項。

四、依據違章建築處理辦法規定，既存違章建築影響公共安全者，當地主管建築機關應訂定拆除計畫限期拆除，請說明影響公共安全之範圍為何？（25 分）

參考題解

（一）違章建築定義如下

附則：

1. 違章建築：（違章建築處理辦法、營建署）

（1）違章建築：為建築法適用地區內，依法應申請當地主管建築機關之審查許可並發給執照方能建築，而擅自建築之建築物。

（2）實質違章建築：建築物擅自建造經主管建築機關勘查認定其建築基地及建築物不符有關建築法令規定，構成拆除要件者必須拆除者。

①當建築物已達到基地容許興建的建蔽率、容積率與高度時，任何加蓋的建築均屬違建。

②違反土地使用分區容許的使用用途。

③在不得興建建築物的土地上興建。

（3）程序違章建築：建築物擅自建造經主管建築機關勘查認定其建築基地及建築物符合有關建築法令規定，尚未構成拆除要件者、或已開工而未申報開工或施工中各階段未依規定申報勘驗之建築物。得依相關規定補照。

①建築物的位置、高度、結構與建蔽率，皆不違反當地都市計劃的建築法令規定，且獲得土地使用權，只是因為程序疏失，未請領建照即擅自興工，這類程序違建可依法補辦執照並繳交相關稅款，成為合法的建物。

（二）影響公共安全之範圍

<u>違章建築處理辦法§11-1</u>

既存違章建築影響公共安全者，當地主管建築機關應訂定拆除計畫限期拆除；不影響公共安全者，由當地主管建築機關分類分期予以列管拆除。

前項影響公共安全之範圍如下：

1. 供營業使用之整幢違章建築。營業使用之對象由當地主管建築機關於查報及拆除計畫中定之。

2. 合法建築物垂直增建違章建築，有下列情形之一者：

（1）占用建築技術規則設計施工編第九十九條規定之屋頂避難平臺。

（2）違章建築樓層達二層以上。

3. 合法建築物水平增建違章建築，有下列情形之一者：
   （1）占用防火間隔。
   （2）占用防火巷。
   （3）占用騎樓。
   （4）占用法定空地供營業使用。營業使用之對象由當地主管建築機關於查報及拆除計畫中定之。
   （5）占用開放空間。
4. 其他經當地主管建築機關認有必要：
   既存違章建築之劃分日期由當地主管機關視轄區實際情形分區公告之，並以一次為限。

112 年 公務人員高等考試三級考試試題(公職)／營建法規與實務

一、甲領有「乙市政府居家式托育服務登記證」，以甲之住所為托育地。民國 112 年 4 月 10 日 12 時至 12 時 30 分，甲於客廳午餐，容任收托之 10 個月大兒童，丙於房間內獨處。甲用畢午餐後返回房間，於同日 12 時 40 分發現丙無意識，遂將其緊急送至醫院救治。

乙市政府受居家服務中心通報後開啟行政調查，審認甲獨留丙於房內，未對丙為適切之關注與照顧，並善盡保護丙生命安全，依據衛生福利部先前所訂頒之 A 函：「兒童及少年福利與權益保障法第 49 條第 1 項第 15 款所稱『其他為不正當之行為』，係指以行為人及兒童之年紀、主客觀身心狀態作對照，該行為人所為未合於經驗或論理法則之常規，逸脫於所應負之注意義務或故意為之，而對兒童之生命、身體、健康、自由、受國民教育、性自主、工作等權利造成相當之傷害或痛苦、或使其陷於遭受惡害之危險者，即當屬之，尚不以意外性、偶發性、反覆繼續性或故意之侵害為必要條件。」意旨，審認甲已該當兒童及少年福利與權益保障法第 49 條第 1 項第 15 款規定所稱之「不正當行為」，乃以 112 年 6 月 12 日 B 函，依同法第 26 條之 1 第 1 項第 3 款及第 4 項規定，廢止甲之居家式托育服務登記證、停止其托育服務、強制轉介其收托之兒童，及依同法第 97 條規定，處新臺幣 6 萬元罰鍰，並公布姓名。請問：

（一）甲主張乙市政府根據衛生福利部所訂頒的 A 函認定其有「不正當之行為」的違章情事，有違依法行政原則，有無理由？（10 分）

（二）甲主張 B 函包括「廢止居家式托育服務登記證」、「停止托育服務」、「強制轉介收托之兒童」、「處新臺幣 6 萬元罰鍰」，以及「公布姓名」5 項不利處置，違反一行為不二罰原則，有無理由？（20 分）

參考法條：

兒童及少年福利與權益保障法

第 49 條第 1 項：「任何人對於兒童及少年不得有下列行為：……十五、其他對兒童及少年或利用兒童及少年犯罪或為不正當之行為。」

第 26 條之 1：「（第 1 項）有下列情事之一，不得擔任居家式托育服務提供者：……三、有第四十九條各款所定行為之一，經有關機關查證屬實。（第 4 項）有第一項各款情事之一者，直轄市、縣（市）主管機關應命其停止服務，並強制轉介其收托之兒童。已完成登記者，廢止其登記。」

> 第 97 條：「違反第四十九條第一項各款規定之一者，處新臺幣六萬元以上六十萬元以下罰鍰，並得公布其姓名或名稱。」

參考題解

（一）依照行政程序法第 4 條，行政行為應受法律及一般法律原則之拘束。此稱為依法行政原則。

因此行政機關從事各種行政行為時，必須受到立法機關所制定的法令的拘束。依法行政原則有消極面與積極面兩個層次的內涵，消極的依法行政為法律優位原則，積極的依法行政為法律保留原則。

所謂「法律優位原則」，指的是行政機關在做成行政行為時不可以牴觸法律的規定。

所謂「法律保留原則」，指的是行政機關必須在有法律授權時，才能做成行政行為。

綜上，本案甲認為行政機關乙市政府擅自將「甲於客廳午餐，容任收托之 10 個月大兒童，丙於房間內獨處」認定為兒童及少年福利與權益保障法第 49 條第 1 項第 15 款規定所稱之「不正當行為」，符合法律優位原則及法律保留原則，故無違反依法行政原則。

（二）所謂「一行為不二罰原則」，指的是國家對於人民同一違反行政法上義務的行為，不得以相同或類似之措施多次地予以處罰。

依照行政罰法第 24 條第 1 項，一行為違反數個行政法上義務規定而應處罰鍰者，依法定罰鍰額最高之規定裁處。例如在防制區內之道路兩旁附近燃燒物品，產生明顯濃煙，足以妨礙行車視線者，除違反空氣污染防制法第 31 條第 1 項第 1 款規定，應依同法第 60 條第 1 項處以罰鍰外，同時亦符合道路交通管理處罰條例第 82 條第 1 項第 2 款或第 3 款應科處罰鍰之規定。因行為單一，且違反數個規定之效果均為罰鍰，處罰種類相同，從其一重處罰已經足以達成行政目的，故僅得裁處一個罰鍰。

綜上，本案依兒少法處以「廢止居家式托育服務登記證」、「停止托育服務」、「強制轉介收托之兒童」、「處新臺幣 6 萬元罰鍰」，以及「公布姓名」5 項不利處置非屬處罰種類相同，故無違反一行為不二罰。

參考來源：玉鼎法律。

二、參與都市更新公開評選之申請人對於申請及審核程序，認有違反都市更新條例及相關法令，致損害其權利或利益者，得在什麼期限內，以書面向主辦機關提出異議？（15分）

參考題解

公開評選（更新-14）

參與都市更新公開評選之申請人對於申請及審核程序，認有違反本條例及相關法令，致損害其權利或利益者，得於下列期限內，以書面向主辦機關提出異議：

（一）對公告徵求都市更新事業機構申請文件規定提出異議者，為自公告之次日起至截止申請日之三分之二；其尾數不足一日者，以一日計。但不得少於十日。

（二）對申請及審核之過程、決定或結果提出異議者，為接獲主辦機關通知或公告之次日起三十日；其過程、決定或結果未經通知或公告者，為知悉或可得知悉之次日起三十日。

（三）主辦機關應自收受異議之次日起十五日內為適當之處理，並將處理結果以書面通知異議人。異議處理結果涉及變更或補充公告徵求都市更新事業機構申請文件者，應另行公告，並視需要延長公開評選之申請期限。

（四）申請人對於異議處理結果不服，或主辦機關逾期不為處理者，得於收受異議處理結果或期限屆滿次日起十五日內，以書面向主管機關提出申訴，同時繕具副本連同相關文件送主辦機關。

（更新-18：申訴以書面審議為原則。都更評選申訴會得依職權或申請，通知申訴人、主辦機關到指定場所陳述意見。）

三、依國土計畫法規定，行政院、中央主管機關、直轄市、縣（市）主管機關等不同層級機關，應遴聘（派）學者、專家、民間團體及有關機關代表，各應召開國土計畫審議會，以合議方式辦理那些事項？（15 分）

參考題解

國土計畫法第 7 條

行政院應遴聘（派）學者、專家、民間團體及有關機關代表，召開國土計畫審議會，以合議方式辦理下列事項：

一、全國國土計畫核定之審議。

二、部門計畫與國土計畫競合之協調、決定。

中央主管機關應遴聘（派）學者、專家、民間團體及有關機關代表，召開國土計畫審議會，以合議方式辦理下列事項：

一、全國國土計畫擬訂或變更之審議。

二、直轄市、縣（市）國土計畫核定之審議。

三、直轄市、縣（市）國土計畫之復議。

四、國土保育地區及海洋資源地區之使用許可、許可變更及廢止之審議。

直轄市、縣（市）主管機關應遴聘（派）學者、專家、民間團體及有關機關代表，召開國土計畫審議會，以合議方式辦理下列事項：

一、直轄市、縣（市）國土計畫擬訂或變更之審議。

二、農業發展地區及城鄉發展地區之使用許可、許可變更及廢止之審議。

四、請依建築技術規則規定，詳細說明實施容積管制地區之建築物高度管制規定為何？（20分）

參考題解

建築技術規則設計施工篇

§166

本編第二條、第二條之一、第十四條第一項有關建築物高度限制部分，第十五條、第二十三條、第二十六條、第二十七條，不適用實施容積管制地區。

§166-1

實施容積管制前已申請或領有建造執照，在建造執照有效期限內，依申請變更設計時法令規定辦理變更設計時，以不增加原核准總樓地板面積及地下各層樓地板面積不移到地面以上樓層者，得依下列規定提高或增加建築物樓層高度或層數，並依本編第一百六十四條規定檢討建築物高度。

一、地面一層樓高度應不超過四點二公尺。

二、其餘各樓層之高度應不超過三點六公尺。

三、增加建築物層數者，應檢討該建築物在冬至日所造成之日照陰影，使鄰近基地有一小時以上之有效日照；臨接道路部分，自道路中心線起算十公尺範圍內，該部分建築物高度不得超過十五公尺。

前項建築基地位於須經各該直轄市、縣（市）政府都市設計審議委員會審議者，應先報經各該審議委員會審議通過。

五、請依建築技術規則規定，詳細説明下列問題：

（一）何謂基地內通路？（5分）

（二）基地內通路之寬度應符合之標準為何？（15分）

參考題解

建築技術規則設計施工篇§163

（一）基地內各幢建築物間及建築物至建築線間之通路，得計入法定空地面積。

（二）1. 基地內通路之寬度不得小於左列標準，但以基地內通路為進出道路之建築物，其總樓地板面積合計在一、○○○平方公尺以上者，通路寬度為六公尺。

（1）長度未滿十公尺者為二公尺。

（2）長度在十公尺以上未滿二十公尺者為三公尺。

（3）長度在二十公尺以上者為五公尺。

2. 基地內通路為連通建築線者，得穿越同一基地建築物之地面層，穿越之深度不得超過十五公尺，淨寬並應依前項寬度之規定，淨高至少三公尺，其穿越法定騎樓者，淨高不得少於法定騎樓之高度。該穿越部份得不計入樓地板面積。

2
單元
公務人員普考

112年　公務人員普通考試試題／營建法規概要

一、請解釋下列名詞之意涵：（每小題5分，共20分）

（一）一般通稱之「建築執照」，包括那幾類執照？

（二）何謂社會住宅？

（三）何謂都市更新？

（四）建築法「供公眾使用之建築物」之定義為何？

參考題解

（一）建築法§9 本法所稱建造，係指左列行為：

1. 建造執照：建築物之新建、增建、改建及修建，應請領建造執照。
2. 雜項執照：雜項工作物之建築，應請領雜項執照。
3. 使用執照：建築物建造完成後之使用或變更使用，應請領使用執照。
4. 拆除執照：建築物之拆除，應請領拆除執照。

（二）住宅法§3

依住宅法規定指由政府興辦或獎勵民間興辦，專供出租之用之住宅及其必要附屬設施。

（三）都市更新條例§3

指依都市更新條例所定程序，在都市計畫範圍內，實施重建、整建或維護措施。

（四）建築法§5

本法所稱供公眾使用之建築物，為供公眾工作、營業、居住、遊覽、娛樂及其他供公眾使用之建築物。

二、請說明綠建材標章制度，以及綠建材標章之四大範疇為何？（25分）

參考題解

綠建材標章制度即依建築研究簡訊第111期，訂定四大範疇進行評定，包括：

（一）以無匱乏危機之天然材料且經低人工處理製成之「生態綠建材」。

（二）對人體健康無害之「健康綠建材」。

（三）在防音、透水、節能等性能上有高度表現之「高性能綠建材」及廢棄物再利。

（四）用製成之「再生綠建材」。

三、請說明「綠建築評估系統」之評估重點為何？實施綠建築所欲達成之具體效益有何數據指標？（25 分）

參考題解

綠建築九大指標（EEWH 系統）:

（一）生態（Ecology）指標

1. 生物多樣性指標。
2. 綠化量指標。
3. 基地保水指標

（二）節能指標（Energy Saving）

1. 日常節能指標。

（三）減廢指標（Waste Redution）

1. 二氧化碳減量指標。
2. 廢棄物減量。

（四）健康（Healthy）

1. 室內環境指標。
2. 水資源指標。
3. 污水及垃圾指標。

（申請綠建築標章或候選綠建築證書，至少須通過四項指標，其中「日常節能」及「水資源」兩項指標為必須通過之指標。）

四、近年都會區建築工程常因基地開挖造成鄰近道路塌陷，此即媒體所稱之「天坑」，致影響公共安全。請說明建築法對於此種建築行為有何防範性管理規定？若經查係因工地擋土設施破損，導致基地外地下水挾帶沙土，經由擋土設施破損處沖入基地內所致，主管機關應如何處分？（30 分）

參考題解

（一）建築法對於建築工程常因基地開挖造成鄰近道路塌陷有關規定如下：

施工安全規定：（建築法-63~69、技則-II-150~159）

1. 施工場所：

   應有維護安全、防範危險及預防火災之適當設備或措施。

2. 建築材料及機具之堆放：

   不得妨礙交通及公共安全。（※堆積在擋土設備之周圍或支撐上者，不得超過設計荷重。）

3. 施工機械：

   （1）不得作其使用目的以外之用途，並不得超過其性能範圍。

   （2）應備有掣動裝置及操作上所必要之信號裝置。

   （3）自身不能穩定者，應扶以撐柱或拉索。

4. 施工圍籬：

   應於施工場所之周圍，利用鐵板木板等適當材料設置高度在一・八公尺以上之圍籬或有同等效力之其他防護設施。

5. 墜落物體之防護：

   （1）自地面高度三公尺以上投下垃圾或其他容易飛散之物體時，應用垃圾導管或其他防止飛散之有效設施。

   （2）落物防止柵：二層以上建築物施工時，其施工部分距離道路境界線或基地境界線不足二公尺半者，或五層以上建築物施工時，應設置防止物體墜落之適當圍籬。（※所稱之適當圍籬應為設在施工架周圍以鐵絲網或帆布或其他適當材料等設置覆蓋物以防止墜落物體所造成之傷害。）

6. 施工方法或施工設備：

   發生激烈震動或噪音及灰塵散播，有妨礙附近之安全或安寧者，得令其作必要之措施或限制其作業時間。

7. 承造人在建築物施工中，不得損及道路、溝渠等公共設施；如必須損壞時，應先申報各該主管機關核准，並規定施工期間之維護標準與責任，及損壞原因消失後之修復責任與期限，始得進行該部分工程。前項損壞部分，應在損壞原因消失後即予修復。

8. 鄰房安全：

 建築物在施工中，鄰接其他建築物施行挖土工程時，對該鄰接建築物應視需要作防護其傾斜或倒壞之措施。挖土深度在一公尺半以上者，其防護措施之設計圖樣及說明書，應於申請建造執照或雜項執照時一併送審。

9. 擋土設備：

 （1）應設法防止損壞地下埋設物如瓦斯管、電纜，自來水管及下水道管渠等。

 （2）應依據地層分布及地下水位等資料所計算繪製之施工圖施工。

 （3）靠近鄰房挖土，深度超過其基礎時，應依本規則建築構造編中有關規定辦理。

 （4）挖土深度在一・五公尺以上者，除地質良好，不致發生崩塌或其周圍狀況無安全之慮者外，應有適當之擋土設備。

 （5）施工中應隨時檢查擋土設備，觀察周圍地盤之變化及時予以補強，並採取適當之排水方法，以保持穩定狀態。

 （6）拔取板樁時，應採取適當之措施以防止周圍地盤之沉陷。

 （※ 挖土深度在一公尺半以上者，其防護措施之設計圖樣及說明書，應於申請建造執照或雜項執照時一併送審。）

10. 施工架、工作台、走道。

（二）經查係因工地擋土設施破損，導致基地外地下水挾帶沙土，經由擋土設施破損處沖入基地內所致，主管機關應依未辦妥施工安全措施及拆除安全措施處分，除勒令停工外，並各處承造人、監造人或拆除人六千元以上三萬元以下罰鍰；其起造人亦有責任時，得處以相同金額之罰鍰。

112年 公務人員普通考試試題／施工與估價概要

一、混凝土拌合完成後須進行各種試驗，以利確認該混凝土之各種性質是否符合工程契約規範。請列舉建築工程 4 種常見混凝土試驗，並分別說明其試驗目的為何？（25 分）

參考題解

【參考九華講義-構造與施工 第 7 章 鋼筋混凝土】

新拌混凝土之取樣，應於混凝土澆置點依第 17.4.7 節規定（同一日澆置之各種配比混凝土，以每 100 m^3 或每 450 m^2 澆置面積為一批，每批至少應進行一組強度試驗。但同一工程之同一種配比混凝土之總數量在 40 m^3 以下，且有資料可供參考者，得於徵得監造者之同意下，免作強度試驗。）之試驗頻率，隨機指定取樣。但監造者認為有需要時得另於特定位置增加取樣。

項目	試驗內容	目的
坍度試驗	1. 隨意／機混凝土應隨機抽測，且次數不得比試體少。 2. 應於混凝土輸送之管尾或灌漿口取得試驗樣體。 3. 以圓錐筒（10 cm 頂徑、20 cm 底徑、30 cm 高度）置於鋼板（不透水）平板面上。 4. 分三次將新拌混凝土澆置於圓錘筒內，每層應以搗棒搗實 25 次。 5. 將圓錘筒緩緩垂直拉起。 6. 量測圓錘筒高度與混凝土坍陷後之高度差，單位以公分表示。	坍度試驗目的為了解混凝土工作性之重要試驗方法，主要以混凝土坍度為評判依據，藉以了解試驗之批次混凝土是否符合設計規範需求之工作性。
氯離子試驗	每次混凝土澆置作業前及每一百立方米時，至少試驗一次。試驗結果（同一試料三次平均值）須低於容許值始為合格。	氯離子為強去鈍化劑，存在於鋼筋混凝土中將破壞鋼筋表面鈍態膜(PH 值降低)，使鋼筋加速鏽蝕，界試驗了解混凝土中水溶性氯離子含量，以確保鋼筋混凝土品質。

項目	試驗內容	目的
混凝土強度試驗	同一日澆置之各種配比混凝土，以每 100 m^3 或每 450 m^2 澆置面積為一批，每批至少應進行一組強度試驗。但同一工程之同一種配比混凝土之總數量在 40 m^3 以下，且有資料可供參考者，得於徵得監造者之同意下，免作強度試驗。 除另有規定者外，混凝土強度試驗每一組應以二個以上試體，於二十八天齡期時抗壓強度之平均值為該組試驗結果。若監造者認為有需要時，每一組可多做試體於較早或 較晚齡期進行抗壓試驗，以供參考。	檢驗混凝土施工過程所使用之混凝土材料於各齡期是否達到設計強度。
空氣含量試驗	按 CNS 9661[新拌混凝土的空氣含量試驗法（壓力法）] 或 CNS 9662[新拌混凝土的空氣含量檢驗法（容積法）] 之規定，測定常重混凝土強度試驗樣品之空氣含量。	混凝土溫度降至冰點以下時，由於水分結冰膨脹約 9%，會導致混凝土局部受張應力而龜裂，混凝土經適當輸氣可產生細微氣泡減少冰凍時之膨脹龜裂。惟輸氣會降低混凝土強度，故輸氣量須予適當控制，並且補正輸氣損失之強度。藉試驗確認該混凝土輸氣量符合規範。

參考來源：施工規範、施工中建築物混凝土氯離子含量檢測實施要點。

二、請列舉 10 項建築工程工地現場應注意之營造安全事項或應設置之安全設施為何？（25 分）

參考題解

【參考九華講義-構造與施工 第 30 章 品管及勞安】

營造安全事項或應設置之安全設施：

（一）工作場所

雇主對於工作場所暴露之鋼筋、鋼材、鐵件、鋁件及其他材料等易生職業災害者，應採取彎曲尖端、加蓋或加裝護套等防護設施。

（二）物料之儲存

雇主對於營造用各類物料之儲存、堆積及排列，應井然有序；且不得儲存於距庫門或升降機二公尺範圍以內或足以妨礙交通之地點。倉庫內應設必要之警告標示、護圍及防火設備。

（三）施工架、施工構臺、吊料平臺及工作臺

雇主對於不能藉高空工作車或其他方法安全完成之二公尺以上高處營造作業，應設置適當之施工架。

（四）露天開挖

雇主僱用勞工從事露天開挖作業，為防止地面之崩塌及損壞地下埋設物致有危害勞工之虞，應事前就作業地點及其附近，施以鑽探、試挖或其他適當方法從事調查，其調查內容，應依下列規定：

1. 地面形狀、地層、地質、鄰近建築物及交通影響情形等。
2. 地面有否龜裂、地下水位狀況及地層凍結狀況等。
3. 有無地下埋設物及其狀況。
4. 地下有無高溫、危險或有害之氣體、蒸氣及其狀況。

（五）隧道、坑道開挖

雇主對於隧道、坑道開挖作業，應就開挖現場及周圍之地表、地質及地層之狀況，採取適當措施，以防止發生落磐、湧水、高溫氣體、蒸氣、缺氧空氣、粉塵、可燃性氣體等危害。

（六）沉箱、沉筒、井筒、圍偃及壓氣施工

1. 應測定空氣中氧氣及有害氣體之濃度。
2. 應有使勞工安全升降之設備。
3. 開挖深度超過二十公尺或有異常氣壓之虞時，該作業場所應設置專供連絡用之電話或電鈴等通信系統。
4. 開挖深度超越二十公尺或依第一款規定測定結果異常時，應設置換氣裝置並供應充分之空氣。

（七）基樁等施工設備

雇主對於以動力打擊、振動、預鑽等方式從事打樁、拔樁等樁或基樁施工設備（以下簡稱基樁等施工設備）之機體及其附屬裝置、零件，應具有適當其使用目的之必要強度，並不得有顯著之損傷、磨損、變形或腐蝕。

（八）鋼筋混凝土作業

為防止模板倒塌危害勞工，高度在七公尺以上，且面積達三百三十平方公尺以上之模板支撐，其構築及拆除，應事先依模板形狀、預期之荷重及混凝土澆置方法等，應由所僱之專任工程人員或委由相關執業技師，依結構力學原理妥為設計，置備施工圖說及強度計算書，經簽章確認後，據以執行。

（九）鋼構組配作業

吊運長度超過六公尺之構架時，應在適當距離之二端以拉索捆紮拉緊，保持平穩防止擺動，作業人員在其旋轉區內時，應以穩定索繫於構架尾端，使之穩定。

（十）構造物之拆除

切斷可燃性氣體管、蒸汽管或水管等管線。管中殘存可燃性氣體時，應打開全部門窗，將氣體安全釋放。

參考來源：營造安全衛生設施標準。

三、施作基礎填方時，為能達到設計之密度及水密性，請列舉五項應注意事項為何？（25分）

參考題解

【參考九華講義-構造與施工 第4章 土方工程】

應注意事項：

（一）填築材料應分層壓實，每層鬆方厚度不得超過 40 cm，但若有資料證 明可行時，可增加每層鬆厚，惟須事先書面申請經核可後實施，未夯實至規定之密度前，不得在其上鋪築第二層。

（二）依夯壓能量標準進行試驗室夯實試驗，求取該土壤之夯實曲線，擬定其最佳含水量及最大乾密度。。

（三）決定回填土之工地相對夯實度及含水量範圍。

（四）應有足夠之施工機具且性能良好正常操作。

（五）靠近構造物，機具無法到達之處，可用人工夯實或用機動夯錘夯實之，惟不得損及構造物。

參考來源：施工規範。

四、下表為某政府所屬各機關編列「包商工地管理費與利潤及工程雜項費用上限參考表」，其計算方式為「逐級差額累退計算」。假設某建築工程之直接工程費為 5 億元，請問該工程可編列「包商工地管理費與利潤及工程雜項費用」之上限值為何？（計算時，請採用各費用百分比之上限參考值）（25 分）

包商工地管理費與利潤及工程雜項費用上限參考表

直接工程費 （單位：新臺幣）	包商工地管理費與利潤及 工程雜項費用上限參考
未滿五百萬元部分	百分之十
五百萬元以上至未滿兩千五百萬元部分	百分之八
兩千五百萬元以上至未滿一億元部分	百分之七
一億元以上部分	百分之五

參考題解

直接工程費（單位：新臺幣）	包商工地管理費與利潤及工程雜項費用上限參考
未滿五百萬元部分	5,000,000 × 10% = 500,000
五百萬元以上至未滿兩千五百萬元部分	20,000,000 × 8% = 1,600,000
兩千五百萬元以上至未滿一億元部分	75,000,000 × 7% = 5,250,000
一億元以上部分	(500,000,000 − 100,000,000) × 5% = 20,000,000
合計	500,000 + 1,600,000 + 5,250,000 + 20,000,000 = 27,350,000

包商工地管理費與利潤及工程雜項費用上限為新台幣：貳仟柒佰參拾伍萬元整。

112 年 公務人員普通考試試題／建築圖學概要

一、請依據 CNS 製圖標準，繪製下列項目建築製圖符號。（每小題 5 分，共 20 分）

項目	建築製圖符號
（一）子母門	
（二）互拉窗	
（三）總配電箱	
（四）網路出線	

參考題解

項目	建築製圖符號
（一）子母門	
（二）互拉窗	
（三）總配電箱	
（四）網路出線	C

參考來源：CNS 建築製圖。

二、建築圖面之轉換繪製。請根據下列附圖的上視圖、前視圖及側視圖，繪製該物件的等角投影圖，尺寸比例不拘。（30 分）

上視圖

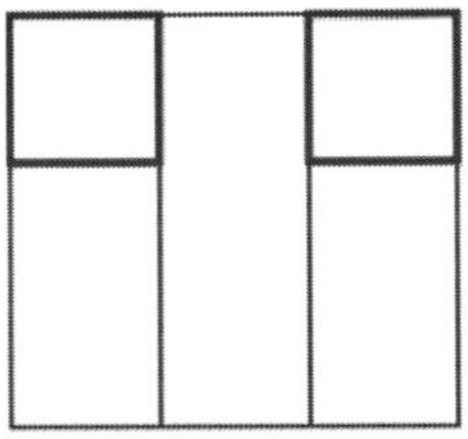

前視圖 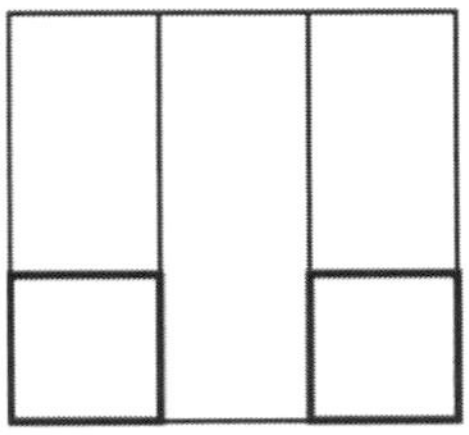　　側視圖

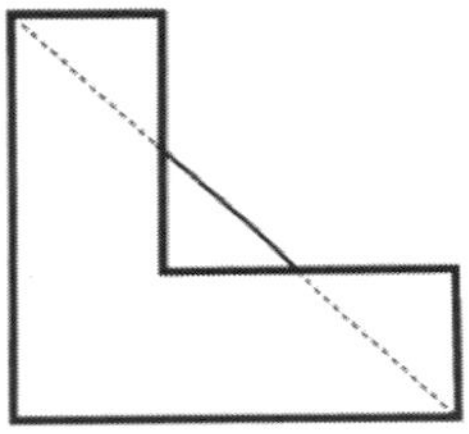

參考題解

依附圖繪製物件的等角投影圖如下：

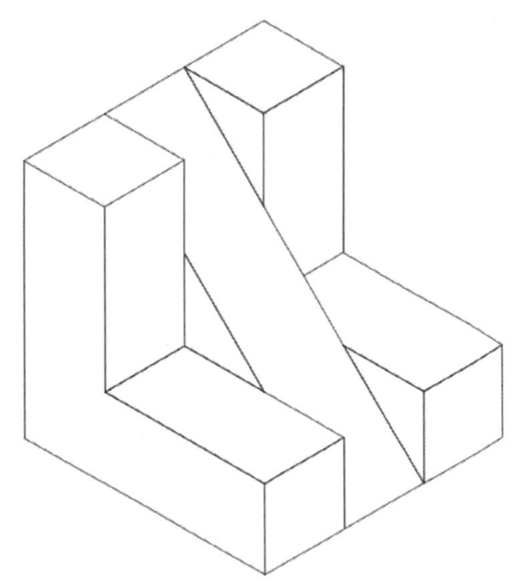

三、施工構造細部大樣繪製。請繪製一張「屋頂排水溢水孔」細部剖面施工大樣圖，並註明各部件尺寸及材料說明，比例尺寸自訂。（50 分）

參考題解

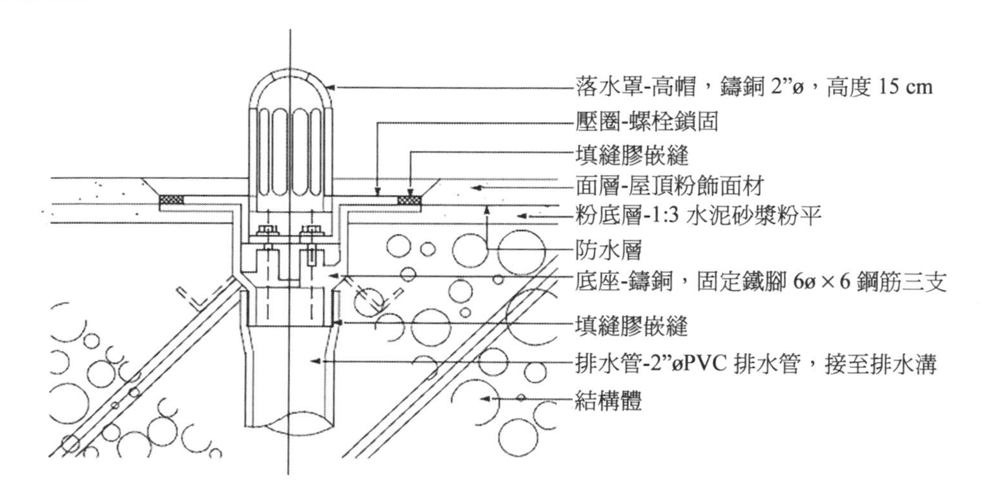

屋頂排水溢水孔細部大樣圖（使用高帽落水頭）

112年 公務人員普通考試試題／工程力學概要

一、下圖之結構，水平力 800 N 作用於 A 點，使得 AC 桿產生 1000 N 的壓力，則 AB 桿及 AC 桿之夾角 θ= ? 又 AB 桿的內力 F_{AB} = ?（25 分）

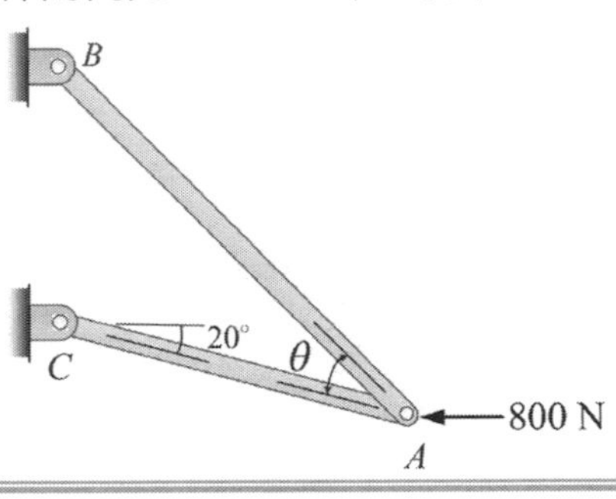

參考題解

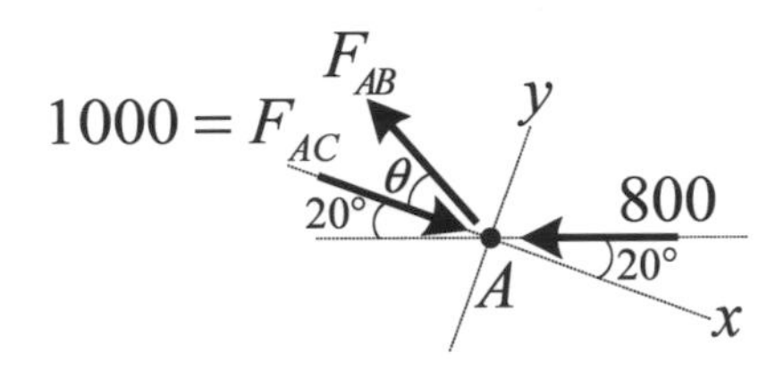

（一）$\Sigma F_x = 0$，$800 \times \cos 20° + F_{AB} \times \cos\theta = 1000 \Rightarrow F_{AB} \times \cos\theta = 248.25$........①

$\Sigma F_y = 0$，$800 \times \sin 20° = F_{AB} \times \sin\theta \Rightarrow F_{AB} \times \sin\theta = 273.62$.......②

（二）$\dfrac{②}{①} \Rightarrow \dfrac{F_{AB}\sin\theta}{F_{AB}\cos\theta} = \dfrac{273.62}{248.25} \Rightarrow \tan\theta = 1.102 \quad \therefore \theta = 47.78°$

（三）將 θ 帶回①式 $\Rightarrow F_{AB} \times \cos \theta^{47.78°} = 248.25 \quad \therefore F_{AB} = 369.43\ N$

二、有一重量為 w 之物體掛在 E 點，如下圖所示。下圖之系統是由五條不伸長之繩索所組成，若每條繩索之最大張力為 500 N，則此系統能支撐物體之最大重量 w_{max} 為多少？（25 分）

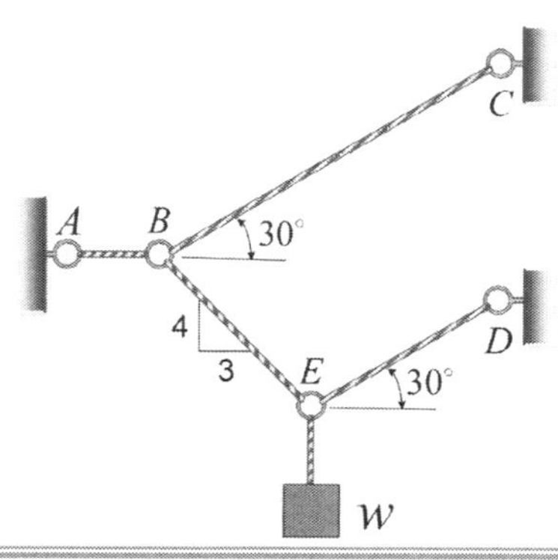

參考題解

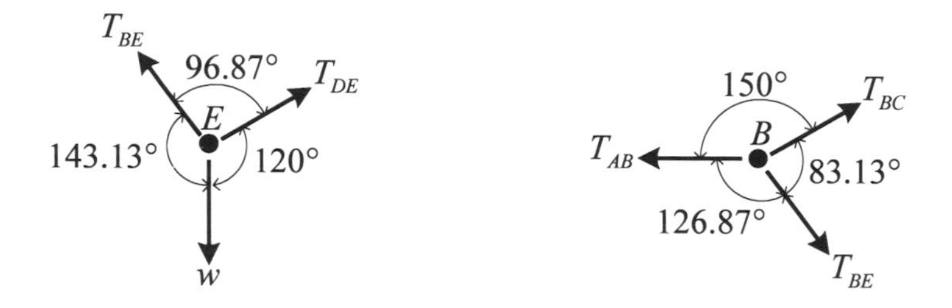

（一）E 節點

$$\frac{T_{BE}}{\sin 120^\circ}=\frac{T_{DE}}{\sin 143.13^\circ}=\frac{w}{\sin 96.87^\circ}\Rightarrow\begin{cases}T_{BE}=\dfrac{\sin 120^\circ}{\sin 96.87^\circ}w=0.8723w\\[2ex]T_{DE}=\dfrac{\sin 143.13^\circ}{\sin 96.87^\circ}w=0.6043w\end{cases}$$

（二）B 節點

$$\frac{T_{AB}}{\sin 83.13^\circ}=\frac{T_{BC}}{\sin 126.87^\circ}=\frac{T_{BE}}{\sin 150^\circ}\Rightarrow\begin{cases}T_{AB}=\dfrac{\sin 83.13^\circ}{\sin 150^\circ}\cancel{T_{BE}}^{0.8723w}=1.7321w\ \text{☜control}\\[2ex]T_{BC}=\dfrac{\sin 126.87^\circ}{\sin 150^\circ}\cancel{T_{BE}}^{0.8723w}=1.3957w\end{cases}$$

（三）當 $T_{AB}=500N\Rightarrow 1.7321w=500\ \therefore w=288.67\ N$

三、下圖之結構，均質桿件 AB 是剛體，長 $L = 3$ m，重 $w = 8$ kN；電纜（cable）AC 的截面積 $A = 10$ mm^2，楊氏模數 $E = 120$ GPa，柏松比（Poisson's ratio）$\nu = 0.3$。試求平衡時電纜 AC 之伸長量 δ_{AC} 及其側向應變（Lateral strain）ε'_{AC}。（25 分）

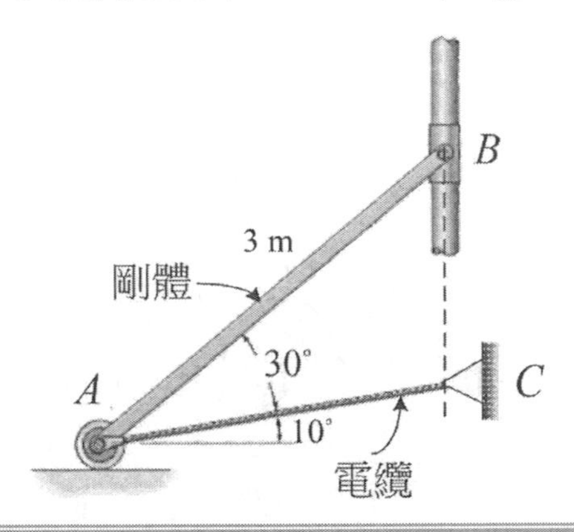

參考題解

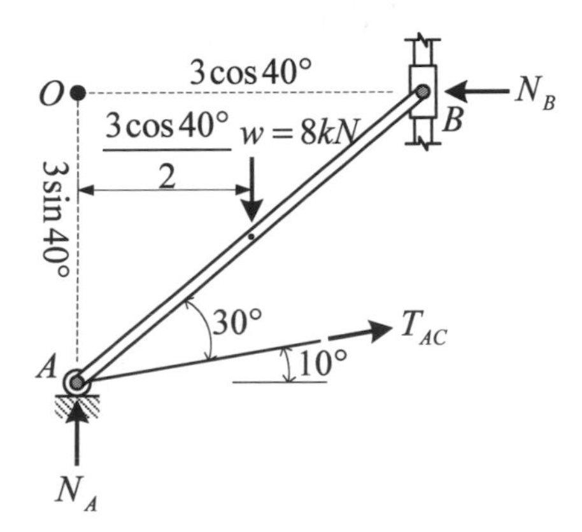

（一）$\sum M_O = 0$，$8 \times \dfrac{3 \times \cos 40°}{2} = (T_{AC} \times \cos 10°) \times 3\sin 40°$ $\therefore T_{AC} = 4.841\ kN$

（二）$L_{AC} \times \cos 10° = 3 \times \cos 40° \Rightarrow L_{AC} = 2.334\ m = 2334\ mm$

$$\delta_{AC} = \frac{T_{AC} L_{AC}}{EA} = \frac{(4.841 \times 10^3)(2334)}{(120 \times 10^3)(10)} = 9.42\ mm$$

（三）$\varepsilon'_{Ac} = -\nu \varepsilon_{AC} = -0.3 \times \dfrac{9.42}{2334} = -0.00121$

四、圖(a)所示之簡支梁 AB，長 L = 320 mm，承受 10 N/m 之自重，在梁中點之集中載重 P。梁 AB 是由三片相同材料之板粘接而成的，截面如圖(b)所示，截面對 z 軸之慣性矩 I = 67,500 mm^4。若粘接面之允許剪應力 τ_{allow} = 0.3 MPa；梁之允許彎曲應力（bending stress）σ_{allow} = 8 MPa。試求最大允許集中載重 P_{allow} 之大小。（25 分）

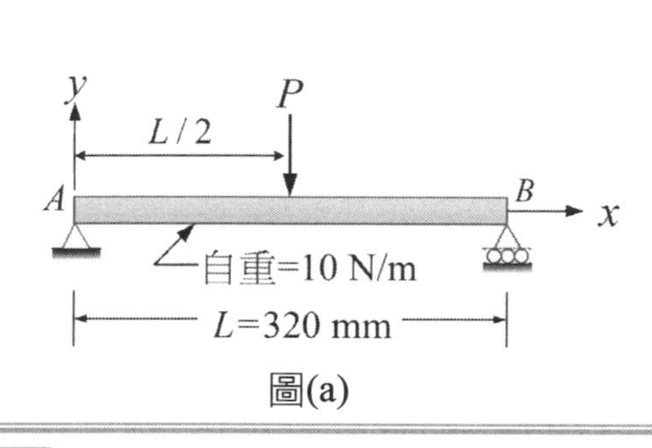

圖(a)

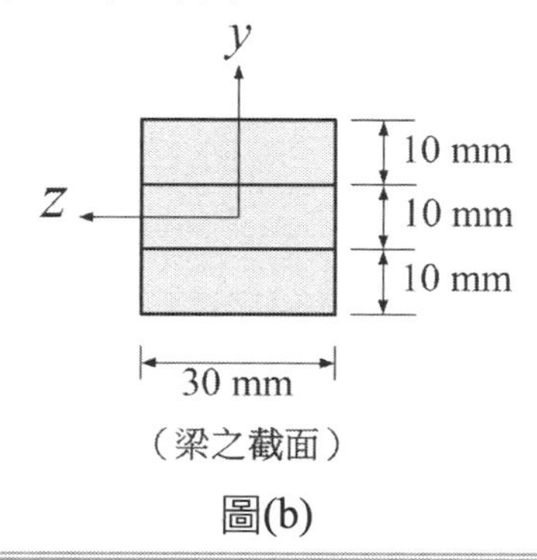

（梁之截面）

圖(b)

參考題解

（一）彎曲應力檢核

$$\sigma_{max} = \frac{M_{max}}{S} = \frac{128+80P}{\frac{1}{6}\times 30\times 30^2}$$

$$\sigma_{max} \le \sigma_a \Rightarrow \frac{128+80P}{\frac{1}{6}\times 30\times 30^2} \le 8$$

$$\Rightarrow P \le 448.4\ N$$

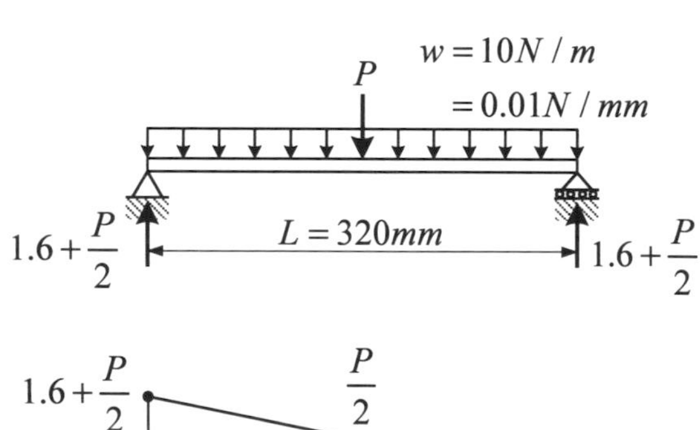

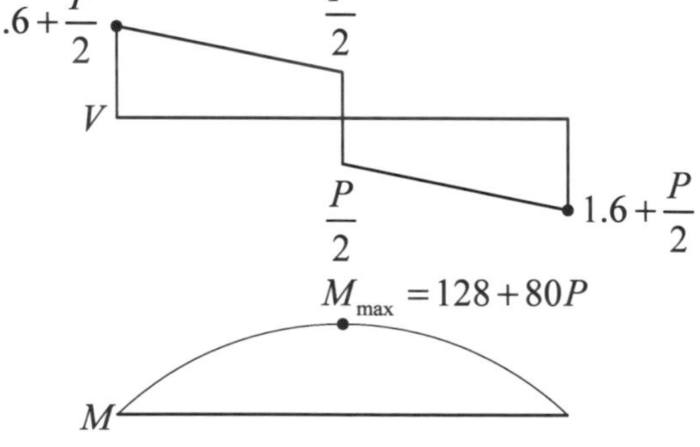

（二）膠結處剪應力檢核

$$\tau = \frac{VQ}{Ib} = \frac{\left(1.6+\frac{P}{2}\right)[10\times 30\times 10]}{67500\times 30}$$

$$= \frac{1.6+\frac{P}{2}}{675}$$

$$\tau \le \tau_a \Rightarrow \frac{1.6+\frac{P}{2}}{675} \le 0.3 \Rightarrow P \le 401.8\ N$$

（三）綜合（一）（二）可知，$P_{allow} = 401.8\ N$

3 單元 建築師專技高考

112年 專門職業及技術人員高等考試試題／營建法規與實務

註：部份【解析】內容後方出現的(A)(B)(C)(D)為題目選項的對應解析。

（D）1. 下列何者非屬於建築法所稱之建造行為？

(A)新建　(B)增建　(C)改建　(D)拆除

【解析】建築法§9

本法所稱建造，係指左列行為：

一、新建：為新建造之建築物或將原建築物全部拆除而重行建築者。(A)

二、增建：於原建築物增加其面積或高度者。但以過廊與原建築物連接者，應視為新建。(B)

三、改建：將建築物之一部分拆除，於原建築基地範圍內改造，而不增高或擴大面積者。(C)

四、修建：建築物之基礎、樑柱、承重牆壁、樓地板、屋架及屋頂，其中任何一種有過半之修理或變更者。

拆除不包括在建築法規定的建造行為。

（C）2. 建築師參與建築物統包工程，有關建築法規之設計簽證責任屬於下列何者？

(A)共同投標之代表廠商　(B)營造廠

(C)建築師　(D)依投資比例分擔

【解析】依據建築法§13

1. 本法所稱**建築物設計人及監造人為建築師**，以依法登記開業之建築師為限。但有關建築物結構及設備等專業工程部分，除五層以下非供公眾使用之建築物外，應由承辦建築師交由依法登記開業之專業工業技師負責辦理，建築師並負連帶責任。

2. 公有建築物之設計人及監造人，得由起造之政府機關、公營事業機構或自治團體內，**依法取得建築師或專業工業技師證書者**任之。

(C)**建築物統包工程之設計簽證責任屬於建築師**。

另依據採購法§25 機關得視個別採購之特性，於招標文件中規定允許一定家數內之廠商共同投標，(A)共同投標之代表廠商，於工程中的權責非簽證，(B)營造廠則可能是投標廠商亦可能是承造人。

（B）3. 依建築法規定，下列何者屬起造人申請建造執照時，應備具之書件？

(A)建築物權利證明文件　(B)土地權利證明文件

(C)原建築物使用執照　(D)工程合約

【解析】建築法§30

起造人申請建造執照或雜項執照時，應備具申請書、(B)**土地權利證明文件**、工程圖樣及說明書。

另依據室內裝修管理辦法§23 及建築物使用類組及變更使用辦法§8，(A)**建築物權利證明文件**應於變更使用執照或室內裝修時出具，(D)**工程合約**則非屬起造人申請建造執照時建築管理單位管轄。

（A）4. 依建築物室內裝修管理辦法規定，除住宅外建築物 11 層以上樓層，室內裝修之樓地板面積在多少平方公尺以下，且在室內裝修範圍內以 1 小時以上防火時效之防火牆、防火門窗區劃分隔，其未變更防火避難設施、消防安全設備、防火區劃及主要構造者，得請建築師或室內裝修業申報施工，經主管建築機關核給期限後，准予進行施工？

(A)100 平方公尺　(B)200 平方公尺　(C)300 平方公尺　(D)400 平方公尺

【解析】室內裝修管理辦法§33

申請室內裝修之建築物，其申請範圍用途為住宅或申請樓層之樓地板面積符合下列規定之一，且在裝修範圍內以一小時以上防火時效之防火牆、防火門窗區劃分隔，其未變更防火避難設施、消防安全設備、防火區劃及主要構造者，得檢附經依法登記開業之建築師或室內裝修業專業設計技術人員簽章負責之室內裝修圖說向當地主管建築機關或審查機構申報施工，經主管建築機關核給期限後，准予進行施工。

一、十層以下樓層及地下室各層，室內裝修之樓地板面積在**三百平方公尺**以下者。(C)

二、十一層以上樓層，室內裝修之樓地板面積在**一百平方公尺**以下者。(A)

（C）5. 依建築基地法定空地分割辦法規定，建築基地之法定空地併同建築物之分割，分割後應符合之規定，下列何者正確？

(A)每一建築基地之法定空地與建築物所占地面應相連接，連接部分寬度不得小於 3.5 公尺

(B)每一建築基地之建築物高度應合於規定

(C)每一建築基地均應連接建築線並得以單獨申請建築

(D)每一建築基地之建築物無須具獨立之出入口

【解析】建築基地法定空地分割辦法§3

建築基地之法定空地併同建築物之分割，非於分割後合於左列各款規定者不得為之。

一、每一建築基地之法定空地與建築物所占地面應相連接，連接部分寬度**不得小於二公尺**。(A)

二、每一建築基地之**建蔽率應合於規定**。但本辦法發布前已領建造執照，或已提出申請而於本辦法發布後方領得建造執照者，不在此限。(B)

三、**每一建築基地均應連接建築線並得以單獨申請建築**。(C)

四、每一建築基地之建築物**應具獨立之出入口**。(D)

（D）6. 依建築師法之規定，下列何者非中華民國全國建築師公會的會員？

(A)臺北市建築師公會　(B)桃園市建築師公會

(C)彰化縣建築師公會　(D)臺灣省建築師公會

【解析】建築師法§31-1

本法中華民國九十八年十二月十一日修正之條文施行前，已設立之中華民國建築師公會全國聯合會，應自該修正施行之日起二年內，依本法規定變更組織為全國建築師公會；(D)**原已設立之臺灣省建築師公會所屬各縣(市)辦事處，得於三年內調整、變更組織或併入各直轄市、縣(市)建築師公會**；(A)(B)(C)**其所屬直轄市聯絡處得調整、變更組織或併入各該直轄市建築師公會**。

（C）7. 依建築技術規則規定，建築物用途類組非供 H-2 組使用，高度至少達幾公尺以上者，應辦理防火避難綜合檢討評定，或檢具經中央主管建築機關認可之建築物防火避難性能設計計畫書及評定書？

(A) 70　(B) 80　(C) 90　(D) 100

【解析】建築技術規則總則編§3-4

下列建築物應辦理防火避難綜合檢討評定，或檢具經中央主管建築機關認可之建築物防火避難性能設計計畫書及評定書；其檢具建築物防火避難性能設計計畫書及評定書者，並得適用本編第三條規定：

一、高度達二十五層或**九十公尺以上**之高層建築物。但僅供建築物用途類組 **H-2 組使用者，不在此限**。(C)

（C）8. 下列何者非屬建築技術規則規定之無窗戶居室？

(A)可直接開向戶外或可通達戶外之有效防火避難構造開口，其高度為 1.1 公尺，寬度為 70 公分

(B)樓地板面積為 100 平方公尺，有效採光面積為 4 平方公尺

(C)可直接開向戶外或可通達戶外之有效防火避難構造開口，圓型直徑為 1.2 公尺者

(D)樓地板面積超過 50 平方公尺之居室，其天花板或天花板下方 80 公分範圍以內之有效通風面積未達樓地板面積 2%者

【解析】建築技術規則設計施工編§1

三十五、無窗戶居室：具有下列情形之一之居室：

（一）依本編第四十二條規定有效採光面積未達該居室樓地板面積百分之五者。(A)

（二）可直接開向戶外或可通達戶外之有效防火避難構造開口，其高度未達一點二公尺，寬度未達七十五公分；如為圓型時直徑未達一公尺者。(B)(C)

（三）樓地板面積超過五十平方公尺之居室，其天花板或天花板下方八十公分範圍以內之有效通風面積未達樓地板面積百分之二者。(D)

（A）9. 依建築技術規則有關高層建築物之規定，高層建築物之總樓地板面積與留設空地之比不得大於一定值，如基地屬工業區其值為何？

(A) 15　(B) 20　(C) 25　(D) 30

【解析】建築技術規則設計施工編§228

建築物之總樓地板面積與留設空地之比，不得大於左列各值：

一、商業區：三十。(D)

二、住宅區及其他使用分區：十五。(A)

（C）10. 依建築技術規則工廠類建築物專章之規定，下列敘述何者正確？

(A)工廠類建築物每一樓層之衛生設備應分散設置，以方便使用

(B)作業廠房各項附屬空間合計樓地板面積不得超過作業廠房面積之 1/5

(C)作業廠房之樓層高度扣除直上層樓地板厚度及樑深後之淨高度不得小於 2.7 公尺

(D)作業廠房樓地板面積 3000 平方公尺以上者，應設一處裝卸位

【解析】§280

(A)工廠類建築物每一樓層之衛生設備**應集中設置**。但該層樓地板面積超過五百平方公尺者，每超過五百平方公尺得增設一處，不足一處者以一處計。

§272

(B)一、辦公室（含守衛室、接待室及會議室）及研究室之合計面積**不得超過作業廠房面積** 1/5。

§274

(C)作業廠房之樓層高度扣除直上層樓板厚度及樑深後之淨高度**不得小於二點七公尺**。

§278

(D)作業廠房樓地板面積**一千五百平方公尺以上者，應設一處裝卸位**；面積超過一千五百平方公尺部分，每增加四千平方公尺，應增設一處。

（A）11. 下列何者為建築技術規則所稱之「防火設備」？

(A)防火門窗　(B)防焰窗簾　(C)消防栓　(D)火災警報器

【解析】(A)建築技術規則設計施工編§75，一、防火門窗。

(B)防焰窗簾屬消防法§11，防焰物品

(C)消防栓屬各類場所消防安全設備設置標準§8，滅火設備

(D)火災警報器屬各類場所消防安全設備設置標準§9，警報設備

（B）12. 依建築技術規則規定，老人住宅之臥室，其樓地板面積應為 9 平方公尺以上，居住人數最多不得超過多少人？

(A) 1　(B) 2　(C) 3　(D) 4

【解析】建築技術規則建築設計施工編 Ch.16 老人住宅

§294【老人住宅之臥室】

(B) 老人住宅之臥室，居住人數**不得超過二人，其樓地板面積應為九平方公尺以上**。

（D）13. 下列何者不是建築技術規則所稱的特定建築物？

(A)電影院　(B)學校

(C)汽車加油站　(D)總樓地板面積 1000 平方公尺的集合住宅

【解析】建築技術規則建築設計施工編 Ch.5 特定建築物及其限制

§117

本章之適用範圍依左列規定：

一、戲院、**電影院**、歌廳、演藝場、電視播送室、電影攝影場、及樓地板面積超過二百平方公尺之集會堂。(A)

五、學校。(B)

十、**汽車加油站**、危險物貯藏庫及其處理場。(C)

（D）14.依建築技術規則規定，防火門分為常時關閉式及常時開放式兩種，下列有關防火門之敘述，何者錯誤？

(A)常時關閉式之防火門，單一門扇面積不得超過 3 平方公尺

(B)應於門扇或門樘標示常時關閉式防火門

(C)門扇寬度應在 75 公分以上，高度應在 180 公分以上

(D)開關五金不屬防火門組件可依設計需求任意替換

【解析】建築技術規則建築設計施工編§76

防火門窗係指防火門及防火窗，其組件包括門窗扇、門窗樘、開關五金、嵌裝玻璃、通風百葉等配件或構材；其構造應依左列規定：

一、防火門窗周邊十五公分範圍內之牆壁應以不燃材料建造。

二、防火門之門扇寬度應在**七十五公分以上，高度應在一百八十公分**以上。(C)

三、常時關閉式之防火門應依左列規定：

（一）免用鑰匙即可開啟，並應裝設經開啟後可自行關閉之裝置。

（二）單一門扇面積不得超過**三平方公尺**。(A)

（三）不得裝設門止。

（四）**門扇或門樘上應標示常時關閉式防火門等文字**。(B)

（D）15.室內裝修專業技術人員有下列何種情事，當地主管建築機關應查明屬實後，報請內政部廢止登記許可並註銷登記證？

(A)受委託設計之圖樣、說明書、竣工查驗合格簽章之檢查表或其他書件經抽查結果與相關法令規定不符

(B)未依審核合格圖說施工

(C)規避、妨礙或拒絕主管機關業務督導

(D)專業技術人員登記證供所受聘室內裝修業以外使用

【解析】建築物室內裝修管理辦法§35

室內裝修從業者有下列情事之一者…警告、六個月以上一年以下停止室內裝修業務處分或一年以上三年以下停止換發登記證處分：

二、施工材料與規定不符或未依圖說施工，經當地主管建築機關通知限期修改逾期未修改。(A)(B)

三、規避、妨礙或拒絕主管機關業務督導。(C)

建築物室內裝修管理辦法§36

室內裝修業有下列情事之一者…報請內政部廢止室內裝修業登記許可並註銷登記證：一、登記證供他人從事室內裝修業務。(D)

（D）16.室內裝修施工中變更設計，遇有下列何種情形得依「建築物室內裝修管理辦法」第31 條規定修改竣工圖說，一次報驗？

(A)增設室內樓梯　(B)變更防火區劃

(C)調整避難層出入口及走廊之寬度　(D)提升天花板耐燃等級

【解析】建築物室內裝修管理辦法§30

室內裝修施工從業者應依照核定之室內裝修圖說施工；(A)如於施工前或施工中變更設計時（增設室內樓梯需變更設計），仍應依本辦法申請辦理審核。但不變更(C)防火避難設施、(B)防火區劃，(D)**不降低原使用裝修材料耐燃等級**或分間牆構造之防火時效者，得於竣工後，備具第三十四條規定圖說，一次報驗。

（B）17.有關建築物室內裝修從業者之規定，下列敘述何者錯誤？

(A)依法登記開業之綜合營造業得從事室內裝修施工業務

(B)開業建築師欲從事室內裝修設計業務，必須先向內政部申請核發專業設計技術人員登記證，俾利納管

(C)聘有專業設計技術人員之室內裝修業，得從事室內裝修設計業務

(D)室內裝修業從事室內裝修施工業務者，應置有專業施工技術人員一人以上

【解析】建築物室內裝修管理辦法§5

(A)二、依法登記開業之營造業得從事室內裝修施工業務。

(B)建築物室內裝修係屬為建築物設計行為之一部分，開業建築師依法得逕行辦理

(C)建築物室內裝修管理辦法§5

三、室內裝修業得從事室內裝修設計或施工之業務。

(D)建築物室內裝修管理辦法§9

二、從事室內裝修施工業務者：專業施工技術人員一人以上。

（#）18. 依據建築技術規則建築設計施工編規定，新建建築物於計算容積總樓地板面積時，下列何種項目無論面積大小，其所占面積均不可以扣除？**【一律給分】**

(A)一般昇降機的機道　(B)緊急昇降機的機道

(C)安全梯的梯間　(D)特別安全梯的排煙室

（D）19.依建築技術規則，有關緩衝區之設置規定，下列敘述何者錯誤？

(A)緩衝區位於地下建築物或地下運輸系統與建築物地下層之連接處

(B)緩衝區具有專用直通樓梯供緊急避難

(C)緩衝區與連接之地下運輸系統及建築物之地下層間應以具有 1 小時以上防火時效之牆壁、防火門窗等防火設備及該層防火構造之樓地板區劃分隔

(D)緩衝區及其專用直通樓梯位於建築基地內時，應計入建築面積及容積總樓地板面積

【解析】建築技術規則建築設計施工編 Ch.11 地下建築物

§179

本章建築技術用語之定義如左：

一、地下建築物：主要構造物定著於地面下之建築物，包括地下使用單元、地下通道、地下通道之直通樓梯、專用直通樓梯、地下公共設施等，及附設於地面上出入口、通風採光口、機電房等類似必要之構造物。(A)

六、緩衝區：設置於地下建築物或地下運輸系統與建築物地下層之連接處，具有專用直通樓梯以供緊急避難之獨立區劃空間。(B)

§181

前項以地下通道直接連接者，該建築物地面以下之部分及地下通道適用本章規定。但以緩衝區間接連接，並符合下列規定者，不在此限：

一、緩衝區與連接之地下建築物、地下運輸系統及建築物之地下層間應以具有一小時以上防火時效之牆壁、防火門窗等防火設備及該層防火構造之樓地板區劃分隔，防火門窗等防火設備應具有一小時以上之阻熱性，其內部裝修材料應為耐燃一級材料，且設有通風管道時，其通風管道不得同時貫穿緩衝區與二側建築物之防火區劃。(C)

四、緩衝區之面積：(D)

$A \geqq W_1^2 + W_2^2$

A：緩衝區之面積（平方公尺），專用直通樓梯面積不得計入。

W_1：緩衝區與地下建築物或地下運輸系統連接部分之出入口總寬度（公尺）。

W_2：緩衝區與建築物地下層連接部分之出入口總寬度（公尺）。

（B）20.依建築技術規則規定，高層建築物地下各層最大樓地板面積之計算公式 AO≦（1＋Q）A/2，下列敘述何者正確？

(A)公式中之 Q，為該案件實際設計之建蔽率

(B)公式中之 Q，為該基地依都市計畫及建築有關法令規定之法定最大建蔽率

(C)公式中之 A，為該案件實際設計之建築面積

(D)公式中之 A，為該基地依都市計畫及建築有關法令規定之法定最大建築面積

【解析】建築技術規則建築設計施工編 Ch.12 高層建築物

§230

高層建築物之地下各層最大樓地板面積計算公式如左：

AO ≦（1 + Q）A / 2

AO：地下各層最大樓地板面積。

A：建築基地面積。(C)(D)

Q：該基地之最大建蔽率。(A)(B)

（B）21.依據建築技術規則建築設計施工編規定，有關建築面積之計算，部分構造得在符合特定條件下不計入建築面積。上述所稱部分構造，不包括下列何項？

(A)電業單位規定之配電設備及其防護設施

(B)基地內兩幢建築物間之高架人行道

(C)地下層突出基地地面未超過 1.2 公尺

(D)遮陽板有 1/2 以上為透空，且其深度在 2.0 公尺以下者

【解析】建築技術規則建築設計施工編 Ch.1 用語定義

三、建築面積：建築物外牆中心線或其代替柱中心線以內之最大水平投影面積。但電業單位規定之配電設備及其防護設施、地下層突出基地地面未超過一點二公尺或遮陽板有二分之一以上為透空，且其深度在二點零公尺以下者，不計入建築面積；陽臺、屋簷及建築物出入口雨遮突出建築物外牆中心線或其代替柱中心線超過二點零公尺，或雨遮、花臺突出超過一點零公尺者，應自其外緣分別扣除二點零公尺或一點零公尺作為中心線；每層陽臺面積之和，以不超過建築面積八分之一為限，其未達八平方公尺者，得建築八平方公尺。(A)(C)(D)

（C）22. 依建築技術規則規定，有關公共建築物之無障礙設施設計，下列敘述何者正確？

(A) 公共建築物之建築基地面積未達 150 平方公尺者，可免設置無障礙設施

(B) 公共建築物每棟每層之樓地板面積均未達 100 平方公尺者，可免設置無障礙設施

(C) 公共建築物因建築基地地形、垂直增建、構造或使用用途特殊，設置無障礙設施確有困難，經當地主管建築機關核准者，得不適用建築技術規則無障礙建築物專章一部或全部之規定

(D) 公共建築物無論符合任何條件，均應設置無障礙設施

【解析】建築技術規則建築設計施工編 Ch.10 無障礙建築物

§167【免設無障礙設施之情形】

為便利行動不便者進出及使用建築物，新建或增建建築物，應依本章規定設置無障礙設施。但符合下列情形之一者，不在此限：(D)

一、獨棟或連棟建築物，該棟自地面層至最上層均屬同一住宅單位且第二層以上僅供住宅使用。

二、供住宅使用之公寓大廈專有及約定專用部分。

三、除公共建築物外，建築基地面積未達一百五十平方公尺或每棟每層樓地板面積均未達一百平方公尺。(A)(B)

前項各款之建築物地面層，仍應設置無障礙通路。

前二項建築物因建築基地地形、垂直增建、構造或使用用途特殊，設置無障礙設施確有困難，經當地主管建築機關核准者，得不適用本章一部或全部之規定。(C)

建築物無障礙設施設計規範，由中央主管建築機關定之。

（C）23. 依建築技術規則，有關建築物之防火及防火避難設施相關規定，下列敘述何者正確？

(A) 耐燃等級是用來描述建築物主要結構構件、防火設備及防火區劃構造遭受火災時可耐火之時間

(B) 防焰性能是用來描述建築構造當其一面受火時，能在一定時間內，其非加熱面溫度不超過規定值之能力

(C) 遮煙性能是在常溫及中溫標準試驗條件下，建築物出入口裝設之一般門或區劃出入口裝設之防火設備，當其構造二側形成火災情境下之壓差時，具有漏煙通氣量不超過規定值之能力

(D) 防火時效是用來描述建築物之內部裝修材料因應火熱引起燃燒、熔化、破裂變形及產生有害氣體時不超過規定值之能力

【解析】建築技術規則建築設計施工編§1

三十一、防火時效：建築物主要結構構件、防火設備及防火區劃構造遭受火災時可耐火之時間。(A)(D)

三十二、阻熱性：在標準耐火試驗條件下，建築構造當其一面受火時，能在一定時間內，其非加熱面溫度不超過規定值之能力。(B)

四十五、遮煙性能：在常溫及中溫標準試驗條件下，建築物出入口裝設之一般門或區劃出入口裝設之防火設備，當其構造二側形成火災情境下之壓差時，具有漏煙通氣量不超過規定值之能力。(C)

（D）24.為協助老舊公寓增設昇降機，以解決高齡者上下樓層的障礙問題。依現行建築技術規則修訂放寬的法規內容，不包含下列何者？

(A)建築面積及各層樓地板面積之限制

(B)鄰棟間隔及前後院落之限制

(C)避難層開向屋外之出入口寬度及開口距離之限制

(D)屋頂突出物高度之限制

【解析】建築技術規則建築設計施工編§55 部分條文修正

本規則中華民國一百年二月二十七日修正生效前領得使用執照之五層以下建築物增設昇降機者，得依下列規定辦理：

一、不計入建築面積及各層樓地板面積。其增設之昇降機間及昇降機道於各層面積不得超過十二平方公尺，且昇降機道面積不得超過六平方公尺。(A)

二、不受鄰棟間隔、前院、後院及開口距離有關規定之限制。(B)(C)

三、增設昇降機所需增加之屋頂突出物，其高度應依第一條第九款第一目規定設置。但投影面積**不計入同目屋頂突出物水平投影面積**之和。(D)

（B）25.依山坡地建築管理辦法第 4 條，起造人申請雜項執照，下列何者非為必要檢附的文件？

(A)申請書、土地權利證明文件、工程圖樣及說明書

(B)建築物平面圖與立面圖

(C)水土保持計畫核定證明文件或免擬具水土保持計畫之證明文件

(D)依環境影響評估法相關規定應實施環境影響評估者，檢附審查通過之文件

【解析】山坡地建築管理辦法§4

起造人申請雜項執照，應檢附下列文件：

一、申請書。(A)

二、土地權利證明文件。

三、工程圖樣及說明書。

四、水土保持計畫核定證明文件或免擬具水土保持計畫之證明文件。(B)

五、依環境影響評估法相關規定應實施環境影響評估者，檢附審查通過之文件。(C)

（B）26. 依違章建築處理辦法，直轄市、縣（市）主管建築機關，應於接到違章建築查報人員報告之日起最多幾日內實施勘查，認定必須拆除者，應即拆除之？

(A) 3　(B) 5　(C) 10　(D) 15

【解析】違章建築處理辦法§5

直轄市、縣（市）主管建築機關，應於接到違章建築查報人員報告之日起五日內實施勘查，……。(B)

（B）27. 依建築師法規定，建築師未經領有開業證書、已撤銷或廢止開業證書、未加入建築師公會或受停止執行業務處分而擅自執業者，除勒令停業外，並處新臺幣多少元之罰鍰；其不遵從而繼續執業者，得按次連續處罰？

(A) 6000 元以上 20000 元以下　(B) 10000 元以上 30000 元以下

(C) 20000 元以上 60000 元以下　(D) 30000 元以上 100000 元以下

【解析】建築師法§43

建築師未經領有開業證書、已撤銷或廢止開業證書、未加入建築師公會或受停止執行業務處分而擅自執業者，除勒令停業外，(B)**並處新臺幣一萬元以上三萬元以下之罰鍰**；其不遵從而繼續執業者，得按次連續處罰。

（B）28. 依建築師法，領有建築師證書，具有至少幾年以上建築工程經驗者，得申請發給開業證書？

(A) 1　(B) 2　(C) 3　(D) 4

【解析】(B) 建築師法§7

領有建築師證書，具有**二年以上建築工程經驗者**，得申請發給開業證書。

（B）29. 依建築師法規定，領有開業證書之建築師，應於開業證書有效期間屆滿日之 3 個月前，檢具原領開業證書及內政部認可機構、團體出具之研習證明文件，向所在直轄市、縣（市）主管機關申請換發開業證書。請問，建築師開業證書有效期間為幾年？

(A) 5　(B) 6　(C) 7　(D) 8

【解析】(B) 建築師法§9-1

開業證書有效期間為六年，領有開業證書之建築師，應於開業證書有效期間屆滿日之三個月前，檢具原領開業證書及內政部認可機構、團體出具之研習證明文件，向所在直轄市、縣（市）主管機關申請換發開業證書。

（B）30. 依建築技術規則規定，防空避難設備使用之樓地板面積至少達到多少平方公尺以上，僅能兼做停車空間使用？

(A) 150　(B) 200　(C) 300　(D) 500

【解析】(B)建築技術規則建築設計施工編§142

六、**供防空避難設備使用之樓層地板面積達到二百平方公尺者**，以兼作停車空間為限；未達二百平方公尺者，得兼作他種用途使用，其使用限制由直轄市、縣（市）政府定之。

（B）31. 依原有合法建築物公共安全改善辦法規定，供商場使用者，直通樓梯總寬度以其直上層以上各層中任何一層之最大樓地板面積每 100 平方公尺至少寬多少公分為計算值，並以避難層作分界，分別核計其直通樓梯總寬度？

(A) 50　(B) 60　(C) 70　(D) 80

【解析】原有合法建築物公共安全改善辦法§21

直通樓梯總寬度依下列規定改善：

一、供商場使用者，以其直上層以上各層中任何一層之最大樓地板面積每一百平方公尺寬六十公分之計算值，並以避難層作分界，分別核計其直通樓梯總寬度。

二、供作 A-1 類組使用者，按觀眾席面積每十平方公尺寬十公分之計算值，且其二分之一寬度之樓梯出口，應設置在戶外出入口之近旁。

（B）32. 依建築師法規定，建築師經主管機關之指定，應襄助辦理之事項，不包含下列何者？

(A)公共安全　(B)公共交通　(C)社會福利　(D)預防災害

【解析】(A)(C)(D)建築師法§24

建築師對於**公共安全、社會福利及預防災害等有關建築事項**，經主管機關之指定，應襄助辦理。

（A）33. 依建築法規定，建築法施行前，供公眾使用之建築物而未領有使用執照者，其所有權人應如何處理？

(A)應申請核發使用執照　(B)應申請建造執照拆除重建

(C)應申請核發建造執照　(D)應申請核發雜項執照

【解析】(A)建築法§96

本法施行前，供公眾使用之建築物而未領有使用執照者，其所有權人應申請核發使用執照。但都市計畫範圍內非供公眾使用者，其所有權人**得申請核發使用執照**。

（B）34.依建築法規定，起造人自接獲通知領取建造執照之日起，至多逾幾個月未領取者，主管建築機關得將該執照予以廢止？

(A) 1　(B) 3　(C) 6　(D) 9

【解析】(B) 建築法§41

起造人自接獲通知領取建造執照或雜項執照之日起，逾**三個月未領取者**，主管建築機關得將該執照予以廢止。

（C）35.依建築法規定，山坡地建築之審查許可、施工管理及使用管理等事項之辦法，由下列何者定之？

(A)中央山坡地主管機關　(B)當地山坡地主管機關

(C)中央主管建築機關　(D)當地主管建築機關

【解析】(C) 建築法§97-1

山坡地建築之審查許可、施工管理及使用管理等事項之辦法，**由中央主管建築機關定之**。

（D）36.依建築法規定，百貨公司設置一定規模以上之招牌廣告，應向下列何者申請審查許可？

(A)中央商業主管機關　(B)直轄市、縣（市）商業主管機關

(C)中央主管建築機關　(D)直轄市、縣（市）主管建築機關

【解析】(D) 建築法§97-3

一定規模以下之招牌廣告及樹立廣告，得免申請雜項執照。其管理並得簡化，不適用本法全部或一部之規定。

招牌廣告及樹立廣告之設置，**應向直轄市、縣（市）主管建築機關申請審查許可**，直轄市、縣（市）主管建築機關得委託相關專業團體審查，其審查費用由申請人負擔。

（C）37.依建築法規定，申請建造執照案件，起造人應於接獲第一次通知改正之日起至多幾個月內，依照通知改正事項改正完竣送請復審？

(A) 1　(B) 3　(C) 6　(D) 9

【解析】(C) 建築法§36

起造人應於接獲第一次通知改正之日起六個月內，依照通知改正事項改正完竣送請復審；屆期未送請復審或復審仍不合規定者，主管建築機關得將該申請案件予以駁回。

（D）38.依都市計畫法規定，有關都市計畫公共設施之敘述，下列何者錯誤？

(A)公共設施保留地在未取得前，得申請為臨時建築使用

(B)私有公共設施保留地得申請與公有非公用土地辦理交換，不受土地法、國有財產法及各級政府財產管理法令相關規定之限制；劃設逾 25 年未經政府取得者，得優先辦理交換

(C)公園、體育場所、綠地、廣場及兒童遊樂場，應依計畫人口密度及自然環境，作有系統之布置，除具有特殊情形外，其占用土地總面積不得少於全部計畫面積 10%

(D)屠宰場、垃圾處理場、殯儀館、火葬場、公墓、污水處理廠、煤氣廠等應在不妨礙都市發展及鄰近居民之安全、安寧與衛生之原則下，應按居民分布情形適當配置之

【解析】(A)都市計畫法§50

公共設施保留地在未取得前，得申請為臨時建築使用。

(B)都市計畫法§50-2

私有公共設施保留地得申請與公有非公用土地辦理交換，不受土地法、國有財產法及各級政府財產管理法令相關規定之限制；劃設逾二十五年未經政府取得者，得優先辦理交換。

(C)都市計畫法§45

公園、體育場所、綠地、廣場及兒童遊樂場，應依計畫人口密度及自然環境，作有系統之布置，除具有特殊情形外，其占用土地總面積不得少於全部計畫面積百分之十。

(D)都市計畫法§47

屠宰場、垃圾處理場、殯儀館、火葬場、公墓、污水處理廠、煤氣廠等應在不妨礙都市發展及鄰近居民之安全、安寧與衛生之原則下，**於邊緣適當地點設置之**。

（B）39.依建築法規定，下列敘述何者正確？

(A)監造人認為不合規定或承造人擅自施工，至必須修改、拆除、重建或予補強，經主管建築機關認定者，由承造人及監造人負賠償責任

(B)監造人認為不合規定或承造人擅自施工，至必須修改、拆除、重建或予補強，經主管建築機關認定者，由承造人負賠償責任

(C)承造人未按核准圖說施工，而監造人認為合格經直轄市、縣（市）（局）主管建築機關勘驗不合規定，必須修改、拆除、重建或補強者，由承造人負賠償責任，

監造人負連帶責任，承造人之專任工程人員免負連帶責任

(D)承造人未按核准圖說施工，而監造人認為合格經直轄市、縣（市）（局）主管建築機關勘驗不合規定，必須修改、拆除、重建或補強者，由承造人負賠償責任，承造人之專任工程人員負連帶責任，監造人免負連帶責任

【解析】建築法§60

建築物由監造人負責監造，其施工不合規定或肇致起造人蒙受損失時，賠償責任，依左列規定：

一、監造人認為不合規定或承造人擅自施工，至必須修改、拆除、重建或予補強，經主管建築機關認定者，由承造人負賠償責任。(A)(B)

二、承造人未按核准圖說施工，而監造人認為合格經直轄市、縣（市）（局）主管建築機關勘驗不合規定，必須修改、拆除、重建或補強者，由承造人負賠償責任，承造人之專任工程人員及監造人負連帶責任。(C)(D)

（B）40.依違章建築處理辦法，既存違章建築影響公共安全者，當地主管建築機關應訂定拆除計畫限期拆除；不影響公共安全者，由當地主管建築機關分類分期予以列管拆除。有關影響公共安全之範圍（不考慮經當地主管建築機關認有必要情形），下列敘述何者錯誤？

(A)供營業使用之整幢違章建築。營業使用之對象由當地主管建築機關於查報及拆除計畫中定之

(B)合法建築物垂直增建一層違章建築

(C)合法建築物水平增建違章建築，占用防火間隔

(D)合法建築物水平增建違章建築，占用騎樓

【解析】違章建築處理辦法§11-1

一、供營業使用之整幢違章建築。營業使用之對象由當地主管建築機關於查報及拆除計畫中定之。

二、合法建築物垂直增建違章建築，有下列情形之一者：

（一）占用建築技術規則設計施工編第九十九條規定之屋頂避難平臺。

（二）違章建築**樓層達二層以上**。(B)

三、合法建築物水平增建違章建築，有下列情形之一者：

（一）占用防火間隔。(C)

（二）占用防火巷。

（三）占用騎樓。(D)

（四）占用法定空地供營業使用。營業使用之對象由當地主管建築機

關於查報及拆除計畫中定之。(A)

（五）占用開放空間。

四、其他經當地主管建築機關認有必要。

（C）41.依建築法規定，下列敘述何者正確？

(A)起造人自領得建造執照之日起，應於 12 個月內開工

(B)起造人因故不能於規定期限內開工時，應敘明原因，申請展期 1 次，期限為 6 個月

(C)承造人因故未能於建築期限內完工時，得申請展期 1 年，並以 1 次為限

(D)建築期限基準，於建築技術規則中定之

【解析】建築法§54

(A)起造人自領得建造執照或雜項執照之日起，**應於六個月內開工**；並應於開工前，會同承造人及監造人將開工日期，連同姓名或名稱、住址、證書字號及承造人施工計畫書，申請該管主管建築機關備查。

建築法§53

(D)直轄市、縣（市）主管建築機關，於發給建造執照或雜項執照時，**應依照建築期限基準之規定，核定其建築期限**。

(B)(C)前項建築期限，以開工之日起算。承造人**因故未能於建築期限內完工時，得申請展期一年，並以一次為限**。未依規定申請展期，或已逾展期期限仍未完工者，其建造執照或雜項執照自規定得展期之期限屆滿之日起，失其效力。

（B）42.依建築技術規則之規定，山坡地設計時計算平均坡度之正方格坵塊，其每邊長至多不大於多少公尺？

(A) 20　　(B) 25　　(C) 30　　(D) 35

【解析】(B)建築技術規則建築設計施工編§261

一、（一）在地形圖上區劃正方格坵塊，其**每邊長不大於二十五公尺**。

（B）43.依都市計畫公共設施保留地臨時建築使用辦法規定，在公共設施道路及綠地保留地上，申請臨時建築者，限於計畫寬度在 15 公尺寬以上，並應於其兩側至少各保留多少公尺寬之通路？

(A) 2　　(B) 4　　(C) 6　　(D) 8

【解析】(B)都市計畫公共設施保留地臨時建築使用辦法§7

在公共設施道路及綠地保留地上，申請臨時建築者，限於計畫寬度在十五公尺寬以上，並應於其**兩側各保留四公尺寬**之通路。

（D）44.依都市計畫法規定，新訂、擴大或變更都市計畫時，得先行劃定計畫地區範圍，經由該管都市計畫委員會通過後，得禁止該地區內一切建築物之新建、增建、改建，並禁止變更地形或大規模採取土石。下列有關禁建之敘述，何者正確？

(A)禁建範圍及期限，由各級都委會核定。禁止期限，視計畫地區範圍之大小及舉辦事業之性質定之。但最長不得超過 1 年 6 個月

(B)禁建範圍及期限，由各級都委會核定。禁止期限，視計畫地區範圍之大小及舉辦事業之性質定之。但最長不得超過 2 年

(C)禁建範圍及期限，由行政院核定。禁止期限，視計畫地區範圍之大小及舉辦事業之性質定之。但最長不得超過 1 年 6 個月

(D)禁建範圍及期限，由行政院核定。禁止期限，視計畫地區範圍之大小及舉辦事業之性質定之。但最長不得超過 2 年

【解析】(D)都市計畫法§81

3. 禁止期限，視計畫地區範圍之大小及舉辦事業之性質定之。**但最長不得超過二年。**

（C）45.依都市更新建築容積獎勵辦法規定，取得候選智慧建築證書，給予一定之獎勵容積。下列敘述何者正確？

(A)鑽石級：基準容積 8%、黃金級：基準容積 6%

(B)銀級：基準容積 4%、銅級：基準容積 2%

(C)鑽石級：基準容積 10%、黃金級：基準容積 8%

(D)銀級：基準容積 8%、銅級：基準容積 6%

【解析】都市更新建築容積獎勵辦法§11

1. 取得候選智慧建築證書，依下列等級給予獎勵容積：

一、鑽石級：基準容積百分之十。(A)(C)

二、黃金級：基準容積百分之八。(B)(C)

三、銀級：基準容積百分之六。(D)

四、銅級：基準容積百分之四。(D)

五、合格級：基準容積百分之二。

（D）46.依都市更新條例規定，有關政府主導都市更新之敘述何者錯誤？

(A)各級主管機關得成立都市更新推動小組，督導、推動都市更新政策及協調政府主導都市更新業務

(B)直轄市、縣（市）主管機關得自行實施或經公開評選委託都市更新事業機構為實施者實施

(C)直轄市、縣（市）主管機關得同意其他機關（構）自行實施或經公開評選委託都市更新事業機構為實施者實施

(D)公開評選實施者，應於公告徵求都市更新事業機構申請後，於擬實施都市更新事業之地區，舉行說明會

【解析】(A)都市更新條例§11

各級主管機關得成立都市更新推動小組，督導、推動都市更新政策及協調政府主導都市更新業務。

(B)(C)都市更新條例§12

經劃定或變更應實施更新之地區，除本條例另有規定外，直轄市、縣（市）主管機關得採下列方式之一，免擬具事業概要，並依第三十二條規定，實施都市更新事業：

一、自行實施或經公開評選委託都市更新事業機構為實施者實施。

二、同意其他機關（構）自行實施或經公開評選委託都市更新事業機構為實施者實施。

(D)都市更新條例§13

前條所定公開評選實施者，應由各級主管機關、其他機關（構）擔任主辦機關，公告徵求都市更新事業機構申請，並組成評選會依公平、公正、公開原則審核；其**公開評選之公告申請與審核程序、評選會之組織與評審及其他相關事項之辦法**，由中央主管機關定之。

主辦機關依前項公告徵求都市更新事業機構申請前，應於擬實施都市更新事業之地區，舉行說明會。

公開評選實施→說明會→公告徵求&組成評選會→審核。

（C）47.依都市更新條例規定，各級主管機關得視實際需要，劃定或變更策略性更新地區，並訂定或變更都市更新計畫之情形，不包含下列何者？

(A)位於鐵路場站、捷運場站或航空站一定範圍內

(B)位於都會區水岸、港灣周邊適合高度再開發地區者

(C)為適應國防建設工程需要

(D)其他配合重大發展建設需要辦理都市更新者

【解析】都市更新條例§8

有下列各款情形之一時，各級主管機關得視實際需要，劃定或變更策略性更新地區，並訂定或變更都市更新計畫：

一、位於鐵路場站、捷運場站或航空站一定範圍內。(A)

二、位於都會區水岸、港灣周邊適合高度再開發地區者。(B)

三、基於都市防災必要，需整體辦理都市更新者。

四、其他配合重大發展建設需要辦理都市更新者。(D)

（B）48.依都市更新條例規定，各級主管機關劃定或變更策略性更新地區，屬政府主導都市更新方式辦理者，且更新單元面積達 1 萬平方公尺以上，其獎勵後之建築容積敘述，何者正確？

(A)不得超過各該建築基地 1.5 倍之基準容積，或各該建築基地 0.5 倍之基準容積再加其原建築容積

(B)不得超過各該建築基地 2 倍之基準容積，或各該建築基地 0.5 倍之基準容積再加其原建築容積

(C)不得超過各該建築基地 1.5 倍之基準容積，或各該建築基地 1 倍之基準容積再加其原建築容積

(D)不得超過各該建築基地 2 倍之基準容積，或各該建築基地 1 倍之基準容積再加其原建築容積

【解析】都市更新條例§65

2. 有下列各款情形之一者，其獎勵後之建築容積得依下列規定擇優辦理，不受前項後段規定之限制：

三、各級主管機關依第八條劃定或變更策略性更新地區，屬依第十二條第一項規定方式辦理，且**更新單元面積達一萬平方公尺以上：不得超過各該建築基地二倍之基準容積或各該建築基地零點五倍之基準容積再加其原建築容積**。(B)

（B）49.都市更新事業計畫核定後，直轄市、縣（市）主管機關得視實際需要隨時或定期檢查實施者對該事業計畫之執行情形。前述所定之定期檢查，至少多久應實施一次？

(A)每 3 個月　(B)每 6 個月　(C)每 1 年　(D)每 2 年

【解析】都市更新條例§75

都市更新事業計畫核定後，**直轄市、縣（市）主管機關得視實際需要隨時或定期檢查實施者對該事業計畫之執行情形**。

(B)都市更新條例施行細則§35

本條例第七十五條所定之定期檢查，至少**每六個月應實施一次**，直轄市、縣（市）主管機關得要求實施者提供有關都市更新事業計畫執行情形之詳細報告資料。

（D）50.依都市更新建築容積獎勵辦法規定，下列敘述何者正確？

(A)實施容積管制前已興建完成之合法建築物，其原建築容積高於基準容積者，得依原建築容積建築，或依原建築基地基準容積 15%給予獎勵容積

(B)都市更新事業計畫範圍內之建築物，經建築主管機關依建築法規、災害防救法規通知限期拆除、逕予強制拆除，或評估有危險之虞應限期補強或拆除者，給予基準容積 15%獎勵容積

(C)都市更新事業計畫範圍內之建築物，經結構安全性能評估結果未達最低等級者，給予基準容積 10%獎勵容積

(D)都市更新事業計畫範圍內之古蹟、歷史建築、紀念建築及聚落建築群，辦理整體性保存、修復、再利用及管理維護者，除不計入容積外，並得依該建築物實際面積之 1.5 倍，給予獎勵容積

【解析】(A)都市更新建築容積獎勵辦法§5

實施容積管制前已興建完成之合法建築物，其**原建築容積高於基準容積者，得依原建築容積建築，或依原建築基地基準容積百分之十給予獎勵容積**。

(B)(C)都市更新建築容積獎勵辦法§6

都市更新事業計畫範圍內之建築物符合下列情形之一者，依原建築基地基準容積一定比率給予獎勵容積：

一、經建築主管機關**依建築法規、災害防救法規通知限期拆除、逕予強制拆除，或評估有危險之虞應限期補強或拆除：基準容積百分之十**。

二、經結構安全性能評估結果未達最低等級：基準容積百分之八。

(D)都市更新建築容積獎勵辦法§9

都市更新事業計畫範圍內之古蹟、歷史建築、紀念建築及聚落建築群，辦理整體性保存、修復、再利用及管理維護者，除不計入容積外，並得依該建築物實際面積之一點五倍，給予獎勵容積。

（A）51.依都市更新建築容積獎勵辦法規定，處理占有他人土地之舊違章建築戶，依都市更新事業計畫報核前之實測面積給予獎勵容積，且每戶不得超過最近一次行政院主計總處人口及住宅普查報告各該直轄市、縣（市）平均每戶住宅樓地板面積，其獎勵額度以基準容積多少為上限？

(A) 20%　　(B) 30%　　(C) 40%　　(D) 50%

【解析】都市更新建築容積獎勵辦法§17

(A)處理占有他人土地之舊違章建築戶，依都市更新事業計畫報核前之實測面積給予獎勵容積，且每戶不得超過最近一次行政院主計總處人口及住宅普查報告各該直轄市、縣（市）平均每戶住宅樓地板面積，**其獎勵額度以基準容積百分之二十為上限。**

（A）52.依國土計畫法規定，城鄉發展地區規劃基本原則下列何者錯誤？

(A)以確保糧食安全為原則

(B)以成長管理為原則

(C)創造寧適和諧之生活環境及有效率之生產環境

(D)確保完整之配套公共設施

【解析】國土計畫法§6

國土計畫之規劃基本原則如下：

四、海洋資源地區應以資源永續利用為原則，整合多元需求，建立使用秩序。

五、**農業發展地區應以確保糧食安全為原則**，積極保護重要農業生產環境及基礎設施，並應避免零星發展。(A)

六、城鄉發展地區應以集約發展、**成長管理為原則，創造寧適和諧之生活環境及有效率之生產環境確保完整之配套公共設施**。(B)(C)(D)

（D）53.依國土計畫法規定，若有下列情事各級國土計畫得適時檢討變更之。惟何者為錯誤？

(A)因戰爭、地震、水災、風災、火災或其他重大事變遭受損壞

(B)為加強資源保育或避免重大災害之發生

(C)政府興辦國防，重大之公共設施或公用事業計畫

(D)為適應經濟發展需要

【解析】國土計畫法§15

3. 國土計畫公告實施後，擬訂計畫之機關應視實際發展情況，全國國土計畫每十年通盤檢討一次，直轄市、縣（市）國土計畫每五年通盤檢討一次，並作必要之變更。但有下列情事之一者，得適時檢討變更之：

一、因戰爭、地震、水災、風災、火災或其他重大事變遭受損壞。(A)

二、為加強資源保育或避免重大災害之發生。(B)

三、政府興辦國防、重大之公共設施或公用事業計畫。(C)

四、其屬全國國土計畫者，為擬訂、變更都會區域或特定區域之計畫內容。

五、其屬直轄市、縣（市）國土計畫者，為配合全國國土計畫之指示事項。

（C）54.依據國土計畫法規定，於符合國土功能分區及其分類之使用原則下，從事一定規模以上或性質特殊之土地使用，下列敘述何者正確？

(A)一定規模以上或性質特殊之土地使用，其認定標準，由所在地直轄市、縣（市）主管機關認定

(B)申請使用許可範圍屬國土保育地區者，由直轄市、縣（市）主管機關受理及審議

(C)申請使用許可範圍跨二個直轄市、縣（市）行政區以上者，由中央主管機關審議

(D)填海造地案件者，由所在地直轄市、縣（市）主管機關審議

【解析】(A)國土計畫法§17

各目的事業主管機關興辦性質重要且在一定規模以上部門計畫時，除應遵循國土計畫之指導外，並應於先期規劃階段，徵詢同級主管機關之意見。

中央目的事業主管機關興辦部門計畫與各級國土計畫所定部門空間發展策略或計畫產生競合時，應報由中央主管機關協調；協調不成時，得報請行政院決定之。

第一項性質重要且在一定規模以上部門計畫之認定標準，由中央主管機關定之。

(B)(C)(D)國土計畫法§24

第一項使用許可之申請，由直轄市、縣（市）主管機關受理。申請使用許可範圍屬**國土保育地區或海洋資源地區者，由直轄市、縣（市）主管機關核轉中央主管機關審議外，其餘申請使用許可範圍由直轄市、縣(市)主管機關審議。但申請使用範圍跨二個直轄市、縣（市）行政區以上、興辦前條第五項國防、重大之公共設施或公用事業計畫跨二個國土功能分區以上致審議之主管機關不同或填海造地案件者，由中央主管機關審議。**

（D）55.依國土計畫法規定，直轄市、縣（市）主管機關有諸多應辦理事項，下列何者正確？

(A)全國國土計畫之擬定、公告、變更及實施

(B)國土功能分區劃設順序、劃設原則之規劃

(C)使用許可制度及全國性土地使用管制之擬定

(D)農業發展地區或城鄉發展地區之使用許可、許可變更及廢止之核定

【解析】國土計畫法§4

中央主管機關應辦理下列事項：

一、全國國土計畫之擬訂、公告、變更及實施。(A)

二、對直轄市、縣（市）政府推動國土計畫之核定及監督。

三、國土功能分區劃設順序、劃設原則之規劃。(B)

四、使用許可制度及全國性土地使用管制之擬定。(C)

五、國土保育地區或海洋資源地區之使用許可、許可變更及廢止之核定。

六、其他全國性國土計畫之策劃及督導。

直轄市、縣（市）主管機關應辦理下列事項：

一、直轄市、縣（市）國土計畫之擬訂、公告、變更及執行。

二、國土功能分區之劃設。

三、全國性土地使用管制之執行及直轄市、縣（市）特殊性土地使用管制之擬定、執行。

四、農業發展地區及城鄉發展地區之使用許可、許可變更及廢止之核定。(D)

五、其他直轄市、縣（市）國土計畫之執行。

（D）56.依國家公園法規定，在史蹟保存區、特別景觀區或生態保護區內，下列何者得經國家公園管理處許可辦理，其餘均應予禁止？

(A)水面水道之填塞改道或擴展　(B)土地開墾或變更使用

(C)垂釣魚類或放牧牲畜　(D)纜車等機械化運輸設備之興建

【解析】國家公園法§14

一般管制區或遊憩區內，經國家公園管理處之許可，得為左列行為：

一、公私建築物或道路、橋樑之建設或拆除。

二、水面、水道之填塞、改道或擴展。(A)

三、礦物或土石之勘採。

四、土地之開墾或變更使用。(B)

五、垂釣魚類或放牧牲畜。(C)

六、**纜車等機械化運輸設備之興建**。(D)

七、溫泉水源之利用。

八、廣告、招牌或其類似物之設置。

九、原有工廠之設備需要擴充或增加或變更使用者。

十、其他須經主管機關許可事項。

國家公園法§16

第十四條之許可事項，**在史蹟保存區、特別景觀區或生態保護區內，除第一項第一款及第六款經許可者外，均應予禁止。**

（B）57.依區域計畫法施行細則規定，各級主管機關擬定區域計畫時，其計畫年期以不超過多少年為原則？

(A) 30 年　(B) 25 年　(C) 20 年　(D) 10 年

【解析】區域計畫法施行細則§3

(B) 各級主管機關依本法擬定區域計畫時，得要求有關政府機關或民間團體提供資料，必要時得徵詢事業單位之意見，**其計畫年期以不超過二十五年為原則。**

（D）58.依區域計畫法規定，申請開發許可案件之審議期限，下列何者正確？

(A) 直轄市、縣（市）政府應於受理後 120 日內，報請各區域計畫擬定機關辦理許可審議

(B) 區域計畫擬定機關應於 120 日內將審議結果通知申請人

(C) 但有特殊情形者，予延長一次，其延長期限應不得超過 120 日之期限

(D) 直轄市、縣（市）政府不依規定期限，將案件報請區域計畫擬定機關審議者，其上級主管機關得令其一定期限內為之；逾期仍不為之者，上級主管機關得依申請，逕為辦理許可審議

【解析】(A)(B)(C)區域計畫法§15-4

依第十五條之一第一項第二款規定申請開發之案件，直轄市、縣（市）政府應於受理後**六十日內，報請各該區域計畫擬定機關辦理許可審議，區域計畫擬定機關並應於九十日內將審議結果通知申請人。但有特殊情形者，得延長一次**，其延長期間並不得超過原規定之期限。

(D) 區域計畫法§15-5

直轄市、縣（市）政府不依前條規定期限，將案件報請區域計畫擬定機關審議者，其上級主管機關得令其一定期限內為之；逾期仍不為者，上級主管機關得依申請，逕為辦理許可審議。

（A）59.依非都市土地使用管制規則規定，依原獎勵投資條例等相關規定開發之工業區或其他政府機關設置開發之園區，其擴大投資或產業升級轉型之興辦計畫，得依擴大新增投資金額取得增加法定容積後，其為提升能源使用效率及設置再生能源發電設備，得再予增加法定容積。其規定下列何者正確？

(A)設置能源管理系統：百分之二

(B)設置太陽光電發電設備於廠房屋頂，且水平投影面積占屋頂可設置區域範圍百分之五十以上：百分之十

(C)增加容積之審核，在中央由內政部為之；在直轄市、縣（市）由直轄市、縣（市）政府為之

(D)設置整合型太陽光電設備，得增加容積率百分之五

【解析】非都市土地使用管制規則§9-1

依原獎勵投資條例、原促進產業升級條例或產業創新條例編定開發之工業區，或其他政府機關依該園區設置管理條例設置開發之園區，於符合核定開發計畫，並供生產事業、工業及必要設施使用者，其擴大投資或產業升級轉型之興辦事業計畫，經工業主管機關或各園區主管機關同意，平均每公頃新增投資金額（不含土地價款）超過新臺幣四億五千萬元者，平均每公頃再增加投資新臺幣一千萬元，得增加法定容積百分之一，上限為法定容積百分之十五。

前項擴大投資或產業升級轉型之興辦事業計畫，為提升能源使用效率及設置再生能源發電設備，於取得前項增加容積後，並符合下列各款規定之一者，得依下列項目增加法定容積：

一、設置能源管理系統：**百分之二**。(A)

二、設置太陽光電發電設備於廠房屋頂，且水平投影面積占屋頂可設置區域範圍**百分之五十以上：百分之三**。(B)(D)

第項擴大投資或產業升級轉型之興辦事業計畫，依前二項規定申請後，仍有增加容積需求者，得依工業或各園區主管機關法令規定，以捐贈產業空間或繳納回饋金方式申請增加容積。

第一項規定之工業區或園區，區內可建築基地經編定為丁種建築用地者，其容積率不受第九條第一項第四款規定之限制。但合併計算前三項增加之容積，其容積率不得超過百分之四百。

第一項至第三項**增加容積之審核，在中央由經濟部、科技部或行政院農業委員會為之**；在直轄市或縣（市）由直轄市或縣（市）政府為之。(C)

前五項規定應依第二十二條規定辦理後，始得為之。

（D）60.依公寓大廈管理條例規定，屬公寓大廈之一部分，具有使用上之獨立性，且為區分所有之標的者，係指下列何者？

(A)約定共用部分　(B)約定專用部分　(C)共用部分　(D)專有部分

【解析】公寓大廈管理條例§3

三、專有部分：**指公寓大廈之一部分，具有使用上之獨立性，且為區分所有之標的者**。(D)

四、共用部分：指公寓大廈專有部分以外之其他部分及不屬專有之附屬建築物，而供共同使用者。(C)

五、約定專用部分：公寓大廈共用部分經約定供特定區分所有權人使用者。(B)

六、約定共用部分：指公寓大廈專有部分經約定供共同使用者。(A)

（D）61.直轄市、縣（市）政府得組設公寓大廈爭議事件調處委員會，但申請調處案件如有下列何種情形者，應不予調處？

(A)區分所有權人或住戶積欠管理費事件

(B)有關管理委員選任事項之爭議事件

(C)管理委員會未執行區分所有權人會議決議事項

(D)已訴請法院審理中之案件

【解析】直轄市縣（市）公寓大廈爭議事件調處委員會組織準則§8

申請調處案件如有下列各款情形之一者，應不予調處：

一、非屬公寓大廈管理條例有關之爭議事件者。

二、調處事件不屬受理機關管轄者。

三、**已訴請法院審理中或經法院和解、調解或判決確定者**。(D)

四、當事人無從通知者。

五、申請人提出之證明文件有不符或欠缺，於接到補正通知書之日起十五日內未補正或未依補正事項完全補正者。

（C）62.某公寓大廈屋頂平台擬設置高度 7 公尺之樹立廣告，其申請審查許可之規定，下列敘述何者錯誤？

(A)應備具申請書及設計圖說，並委由開業建築師申請雜項執照

(B)廣告招牌燈之裝設，應依建築技術規則建築設備編相關規定辦理

(C)免經頂層區分所有權人之同意

(D)若公寓大廈區分所有權人會議決議或規約規定禁止設置廣告物並經向直轄市、縣（市）主管機關完成報備有案者，應不予核准

【解析】(A)建築法§97-3

一定規模以下之招牌廣告及樹立廣告，得免申請雜項執照。其管理並得簡化，不適用本法全部或一部之規定。

(B) 招牌廣告及樹立廣告管理辦法§7

招牌廣告及樹立廣告申請審查許可時，其廣告招牌燈之裝設，應依建築技術規則建築設備編第十四條之規定辦理。

(C) 公寓大廈管理條例§8

公寓大廈周圍上下、外牆面、樓頂平臺及不屬專有部分之防空避難設備，其變更構造、顏色、設置廣告物、鐵鋁窗或其他類似之行為，除應依法令規定辦理外，**該公寓大廈規約另有規定或區分所有權人會議已有決議，經向直轄市、縣（市）主管機關完成報備有案者，應受該規約或區分所有權人會議決議之限制。**

（B）63. 下列何者並非「公寓大廈管理條例」規定管理委員會之職務？

(A)管理服務人之委任、僱傭及監督

(B)管理委員之選任及主任委員之推舉

(C)收益、公共基金及其他經費之收支、保管及運用

(D)會計報告、結算報告及其他管理事項之提出及公告

【解析】公寓大廈管理條例§36

管理委員會之職務如下：

七、收益、公共基金及其他經費之收支、保管及運用。(C)

九、管理服務人之委任、僱傭及監督。(A)

十、會計報告、結算報告及其他管理事項之提出及公告。(D)

（C）64. 依公寓大廈管理條例之規定，非屬因急迫情事召開臨時會之區分所有權人會議，應由召集人至少於開會前幾日以書面載明開會內容，通知各區分所有權人？

(A) 3 日　(B) 7 日　(C) 10 日　(D) 15 日

【解析】公寓大廈管理條例§30

(C) 區分所有權人會議，應由召集人於開會前**十日**以書面載明開會內容，通知各區分所有權人。但有急迫情事須召開臨時會者，得以公告為之；公告期間不得少於二日。

（A）65. 依公寓大廈管理條例規定，下列何者非屬新建建築物起造人應盡之職務或義務？

(A)預售屋買賣定型化契約，非經提送主管機關核備，不得辦理銷售

(B)應按建築物之工程造價一定比例提撥公共基金

(C)擔任區分所有權人會議之召集人，召開首次區分所有權人會議

(D)在公寓大廈未成立管理委員會或推選管理負責人前，起造人為管理負責人

【解析】(B)公寓大廈管理條例§18

公寓大廈應設置公共基金，其來源如下：

一、起造人就公寓大廈領得使用執照一年內之管理維護事項，**應按工程造價一定比例或金額提列**。

二、區分所有權人依區分所有權人會議決議繳納。

三、本基金之孳息。

四、其他收入。

(C)公寓大廈管理條例§28

公寓大廈建築物所有權登記之區分所有權人達半數以上及其區分所有權比例合計半數以上時，**起造人應於三個月內召集區分所有權人召開區分所有權人會議，成立管理委員會或推選管理負責人**，並向直轄市、縣（市）主管機關報備。

前項起造人為數人時，應互推一人為之。出席區分所有權人之人數或其區分所有權比例合計未達第三十一條規定之定額而未能成立管理委員會時，起造人應就同一議案重新召集會議一次。

(D)**起造人於召集區分所有權人召開區分所有權人會議成立管理委員會或推選管理負責人前，為公寓大廈之管理負責人**。

（D）66.依營造業法規定，專業營造業登記之專業工程項目，不包括下列何者？

(A)環境保護工程　(B)庭園、景觀工程　(C)防水工程　(D)輕隔間工程

【解析】營造業法§8

專業營造業登記之專業工程項目如下：

九、庭園、景觀工程。(B)

十、環境保護工程。(A)

十一、防水工程。(C)

（B）67.依營造業法規定，營造業承攬工程，應依照工程圖樣及說明書製作下列何種文件，並負責施工？

(A)地基調查報告　(B)工地現場施工製造圖及施工計畫書

(C)規劃報告　(D)施工可行性研究

【解析】營造業法§26

(B)營造業承攬工程，**應依照工程圖樣及說明書製作工地現場施工製造圖及施工計畫書**，負責施工。

（C）68.依營造業法規定，工程主管或主辦機關辦理下列何種事項時，未強制規定營造業之專任工程人員及工地主任應在現場說明？

(A)查驗　(B)驗收　(C)調解　(D)勘驗

【解析】營造業法§35 專任工程人員應辦理工作

五、查驗工程時到場說明，並於工程查驗文件簽名或蓋章。(A)

六、營繕工程必須勘驗部分赴現場履勘，並於申報勘驗文件簽名或蓋章。(D)

七、主管機關勘驗工程時，在場說明，並於相關文件簽名或蓋章。(B)

（A）69.依營造業法規定，評鑑為第一級之營造業，並經主管機關或經中央主管機關認可之相關機關（構）辦理複評合格之優良營造業，承攬政府工程時，申領工程預付款，可增加百分之多少？

(A) 10　(B) 15　(C) 20　(D) 25

【解析】營造業法§51 優良營造業之獎勵

二、承攬政府工程時，押標金、工程保證金或工程保留款，得降低百分之五十以下；申領工程預付款，**增加百分之十**。(A)

（C）70.機關委託廠商辦理技術服務，非屬特殊情形或需要高度技術之服務案件，其服務費用採建造費用百分比法計費者，下列敘述何者正確？

(A)同幢建築物用途分屬市場與宿舍者，依各用途樓地板面積所占比率較大者之服務費率統一計算

(B)建築物之室內裝修工程按室內裝修相關規定計費，不得比照同類之建築物計費

(C)服務費用占建造費用之百分比，應按金額級距分段計算

(D)建築師依規定需申請公有建築物候選智慧建築證書，包含於設計監造服務費用內，不另給付

【解析】建築物工程技術服務建造費用百分比上限參考表

四、同幢建築物用途分屬二類以上者，依各該用途樓地板面積所占比率依其服務費率分別計算。(A)

八、建築物之室內裝修及整修工程得比照同類之建築物計費。但如屬既有建築物之結構補強，且須就補強之結構物進行分析者，其服務費用由機關依個案特性及實際需要另行估算，不適用本表計費。(B)

十一、申請公有建築物候選智慧建築證書或智慧建築標章之服務費用，由機關依個案特性及實際需要另行估算，如需加計，不受本表百分比上限之限制。(D)

(C) 機關委託技術服務廠商評選及計費辦法§29

機關委託廠商辦理技術服務，**服務費用採建造費用百分比法計費者，其服務費率應按工程內容、服務項目及難易度，參考附表一至附表四，訂定建造費用之費率級距及各級費率**，簽報機關首長或其授權人員核定，並於招標文件中載明。服務項目屬附表所載不包括者，其費用不含於建造費用百分比法計費範圍，應單獨列項供廠商報價，或參考第二十五條之一規定估算結果，於招標文件中載明固定費用。

（C）71.依政府採購法規定，機關辦理巨額工程採購，應依採購之特性及實際需要，成立下列何種編組，以協助審查採購需求與經費、採購策略及招標文件等事項？

(A)評選委員會　(B)稽核小組

(C)採購工作及審查小組　(D)查核小組

【解析】政府採購法§11-1

(C) 機關辦理巨額工程採購，應依採購之特性及實際需要，**成立採購工作及審查小組**，協助審查採購需求與經費、採購策略、招標文件等事項，及提供與採購有關事務之諮詢。

（C）72.依政府採購法規定，機關辦理工程採購之付款及審核程序，除契約另有約定外，下列敘述何者錯誤？

(A)定期估驗或分階段付款者，機關應於廠商提出估驗或階段完成之證明文件後，15日內完成審核程序

(B)機關完成審核程序，接到廠商提出之請款單據後，應於 15 日內付款

(C)審核程序之日數，係指日曆天，包含例假日及國定假日

(D)機關辦理審核程序，如發現廠商有文件不符、不足或有疑義，應一次通知澄清或補正，不得分次辦理

【解析】政府採購法§73-1

機關辦理工程採購之付款及審核程序，除契約另有約定外，應依下列規定辦理：

一、定期估驗或分階段付款者，機關應於廠商提出估驗或階段完成之證明文件後，十五日內完成審核程序，並於接到廠商提出之請款單據後，十五日內付款。(A)(B)

二、驗收付款者，機關應於驗收合格後，填具結算驗收證明文件，並於接到廠商請款單據後，十五日內付款。

三、前二款付款期限，應向上級機關申請核撥補助款者，為三十日。

(C) **前項各款所稱日數，係指實際工作日，不包括例假日、特定假日**及退請受款人補正之日數。

(D)機關辦理付款及審核程序，如發現廠商有文件不符、不足或有疑義而需補正或澄清者，應一次通知澄清或補正，不得分次辦理。

（D）73.依政府採購法相關規定，監造單位及其所派駐現場人員工作重點，不包括下列何者？

(A)設備製造商資格之審查

(B)訂定檢驗停留點，辦理抽查施工作業及抽驗材料設備，並於抽查（驗）紀錄表簽認

(C)履約進度及履約估驗計價之審核

(D)督察品管人員及現場施工人員，落實執行品質計畫

【解析】公共工程施工品質管理作業要點

十一、監造單位及其所派駐現場人員工作重點如下：

（三）**重要分包廠商及設備製造商資格之審查**。(A)

（四）**訂定檢驗停留點，辦理抽查施工作業及抽驗材料設備，並於抽查（驗）紀錄表簽認**。(B)

（五）抽查施工廠商放樣、施工基準測量及各項測量之成果。

（六）發現缺失時，應即通知廠商限期改善，並確認其改善成果。

（七）督導施工廠商執行工地安全衛生、交通維持及環境保護等工作。

（八）**履約進度及履約估驗計價之審核**。(C)

（九）履約界面之協調及整合。

（十）契約變更之建議及協辦。

（十一）機電設備測試及試運轉之監督。

（十二）審查竣工圖表、工程結算明細表及契約所載其他結算資料。

（十三）驗收之協辦。

（十四）協辦履約爭議之處理。

（十五）依規定填報監造報表（參考格式如附表五）。

（十六）其他工程監造事宜。

（B）74.有關室外通路防護設施之規定，下列何者錯誤？

(A)室外通路與鄰近地面高差未達 20 公分者，無設置邊緣防護之必要

(B)室外通路與鄰近地面高差超過 20 公分者，未鄰牆壁側應設置高度 3 公分之邊緣防護

(C)室外通路與鄰近地面高差超過 75 公分者，未鄰牆壁側應設置高度 110 公分以上之邊緣防護

(D)室外通路位於地面層 10 層以上者，防護設施不得小於 120 公分

【解析】(A)(B)建築物無障礙設施設計規範 203.3.1 室外通路邊緣防護：室外通路與**鄰近地面高差超過 20 公分者，未鄰牆壁側應設置高度 5 公分以上之邊緣防護**。

(C)(D)建築物無障礙設施設計規範 203.3.2 室外通路防護設施：**室外通路與鄰近地面高差超過 75 公分者，未鄰牆壁側應設置高度 110 公分以上之防護設施；室外通路位於地面層 10 層以上者，防護設施不得小於 120 公分**。

（C）75.百貨公司之無障礙設施樓梯，梯級的規定，下列何者錯誤？

(A)級高應為 16 公分以下

(B)級深應為 26 公分以上

(C)梯級突沿之彎曲半徑不得大於 3 公分

(D)梯級踏面邊緣應作防滑處理，其顏色應與踏面有明顯不同，且應順平

【解析】(A)(B)建築物無障礙設施設計規範 304.1 級高及級深：樓梯上所有梯級之級高及級深應統一，**級高（R）應為 16 公分以下，級深（T）應為 26 公分以上**。

(C)建築物無障礙設施設計規範 304.2 梯級鼻端：梯級突沿之彎曲半徑不得大於 1.3 公分，且應將超出踏面之突沿下方作成斜面，**該突出之斜面不得大於 2 公分**。

(D)建築物無障礙設施設計規範 304.3 防滑條：梯級踏面邊緣應作防滑處理，其顏色應與踏面有明顯不同，且應順平。

（D）76.無障礙輪椅觀眾席位，席位地面有高差且無適當阻隔者，其防護設施高度規定，下列何者正確？

(A) 120 公分　(B) 110 公分　(C) 90 公分　(D) 75 公分

【解析】(D)建築物無障礙設施設計規範 704.5 防護設施：席位地面有高差且無適當阻隔者，**應設置高度 5 公分以上之邊緣防護與高度 75 公分之防護設施**。

（B）77.有關無障礙客房內求助鈴設計，應至少設置 2 處，有關其設置高度，下列何者正確？

(A)其中一處求助鈴按鍵中心點距地板高 150 公分

(B)其中一處求助鈴按鍵中心點距地板高 100 公分

(C)其中一處求助鈴按鍵中心點距地板高 80 公分

(D)其中一處求助鈴按鍵中心點距地板高 70 公分

【解析】建築物無障礙設施設計規範 1005.1 位置：

(B) 應至少設置 2 處，**1 處按鍵中心點設置於距地板面 90 公分至 120 公分範圍內**；另設置 1 處可供跌倒後使用之求助鈴，按鍵中心點距地板面 15 公分至 25 公分範圍內，且應明確標示，易於操控。

（B）78.依建築物無障礙設施設計規範之無障礙廁所盥洗室之馬桶及扶手規定，下列敘述何者錯誤？

(A)馬桶側面牆壁裝置扶手時，應設置 L 型扶手

(B)水平扶手上緣與馬桶座墊距離為 50 公分

(C)馬桶至少有一側為可固定之掀起式扶手

(D)可動扶手外緣與馬桶中心線之距離為 35 公分

【解析】(A)(B)建築物無障礙設施設計規範 505.5 側邊 L 型扶手

馬桶側面牆壁裝置扶手時，**應設置 L 型扶手，扶手外緣與馬桶中心線之距離為 35 公分**，扶手水平與垂直長度皆不得小於 70 公分，垂直扶手外緣與馬桶前緣之距離為 27 公分，水平扶手上緣與馬桶座墊距離為 27 公分。L 型扶手中間固定點並不得設於扶手垂直部分。

(C)(D)建築物無障礙設施設計規範 505.6 可動扶手：**馬桶至少有一側為可固定之掀起式扶手。使用狀態時，扶手外緣與馬桶中心線之距離為 35 公分**，且兩側扶手上緣與馬桶座墊距離為 27 公分，長度不得小於馬桶前端且突出部分不得大於 15 公分。

（A）79.依建築物無障礙設施設計規範之無障礙停車空間，下列敘述何者正確？

(A)單一停車位之汽車停車位長度不得小於 600 公分、寬度不得小於 350 公分

(B)單一停車位之汽車停車位寬度，包括寬 135 公分之下車區

(C)相鄰停車位得共用下車區，長度不得小於 600 公分、寬度不得小於 500 公分

(D)相鄰停車位得共用下車區寬度，包括寬 135 公分之下車區

【解析】(A)建築物無障礙設施設計規範 804.1 單一停車位：**汽車停車位長度不得小於 600 公分、寬度不得小於 350 公分，包括寬 150 公分之下車區。**

（D）80.依農業用地興建農舍辦法規定，下列何者非屬申請興建農舍應備具之工程圖樣？
(A)農舍平面圖　(B)農舍立面圖　(C)農舍剖面圖　(D)農舍透視圖

【解析】農業用地興建農舍辦法§8

1. 起造人申請興建農舍，除應依建築法規定辦理外，應備具下列書圖文件，向直轄市、縣（市）主管建築機關申請建造執照：

一、申請書：應載明申請人之姓名、年齡、住址、申請地號、申請興建農舍之農業用地面積、農舍用地面積、農舍建築面積、樓層數及建築物高度、總樓地板面積、建築物用途、建築期限、工程概算等。申請興建集村農舍者，並應載明建蔽率及容積率。

二、相關主管機關依第二條與第三條規定核定之文件、第九條第二項第五款放流水相關同意文件及第六款興建小面積農舍同意文件。

三、地籍圖謄本。

四、土地權利證明文件。

五、土地使用分區證明。

六、工程圖樣：包括**農舍平面圖、立面圖、剖面圖**，其比例尺不小於百分之一。(A)(B)(C)

七、申請興建農舍之農業用地配置圖，包括農舍用地面積檢討、農業經營用地面積檢討、排水方式說明，其比例尺不小於一千二百分之一。

112年專門職業及技術人員高等考試試題／建築結構

甲、申論題部分：(40 分)

一、如圖所示相同斷面之兩桿件，其材質分別為鋼與鋁，鋼的彈性係數是鋁的 3 倍。若桿件受相同拉力 P 作用時仍處在彈性階段，試問：

（一）鋼桿件之應力 σ_s 是鋁桿件應力 σ_A 的幾倍？（3 分）

（二）鋼桿件之應變 ε_s 是鋁桿件應變 ε_A 的幾倍？（3 分）

（三）鋼桿件之伸長量 Δ_s 是鋁桿件伸長量 Δ_A 的幾倍？（4 分）

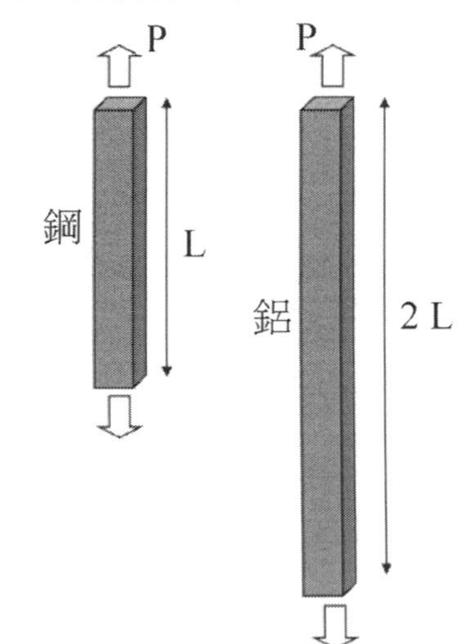

參考題解

已知：

兩桿受到的軸力均為 P；兩桿的斷面相同，假設面積均為 A

鋼的彈性模數為鋁的 3 倍 ⇒ 假設鋼的彈性模數 $E_s = 3E$ ，則鋁的彈性模數 $E_a = E$

（一）應力

$$\left.\begin{aligned} \text{鋼：}\sigma_s &= \frac{P_s}{A_s} = \frac{P}{A} \\ \text{鋁：}\sigma_a &= \frac{P_a}{A_a} = \frac{P}{A} \end{aligned}\right\} \Rightarrow \sigma_s = \sigma_a \quad \therefore \sigma_s \text{ 為 } \sigma_a \text{ 的1倍}$$

（二）應變

$$\left.\begin{aligned}&\text{鋼：}\varepsilon_s=\frac{\sigma_s}{E_s}=\frac{\frac{P}{A}}{3E}=\frac{1}{3}\frac{P}{EA}\\&\text{鋁：}\varepsilon_a=\frac{P_a}{A_a}=\frac{\frac{P}{A}}{E}=\frac{P}{EA}\end{aligned}\right\}\Rightarrow\varepsilon_s=\frac{1}{3}\varepsilon_a\quad\therefore\varepsilon_s\text{ 為 }\varepsilon_a\text{ 的 }\frac{1}{3}\text{ 倍}$$

（三）伸長量

$$\left.\begin{aligned}&\text{鋼：}\Delta_s=\frac{P_sL_s}{E_sA_s}=\frac{PL}{3EA}\\&\text{鋁：}\Delta_a=\frac{P_aL_a}{E_aA_a}=\frac{2PL}{EA}\end{aligned}\right\}\Rightarrow\Delta_s=\frac{1}{6}\Delta_a\quad\therefore\Delta_s\text{ 為 }\Delta_a\text{ 的 }\frac{1}{6}\text{ 倍}$$

二、試述建築結構之短柱效應及其防範方式。（10 分）

參考題解

（一）短柱效應：柱因牆體的束制，導致其柱長變短、勁度變大，而承受更多的額外剪力
以下圖(I)為例，當 A、B 兩根柱子尺寸皆相同時，則兩柱負載的剪力均為 P/2，今若因為裝修需求，於 B 柱處增設一道牆高為 L/2 的牆體（如圖 II），將導致 B 柱的長度由 L 變為 L/2，此時 B 柱的勁度會增加 8 倍，B 柱負載的剪力會由原本的 P/2 變成 8P/9 而造成剪力破壞

（二）防範的方式：可於增設的牆體兩側加設隔離縫（如圖 III），避免牆體與 B 柱緊貼

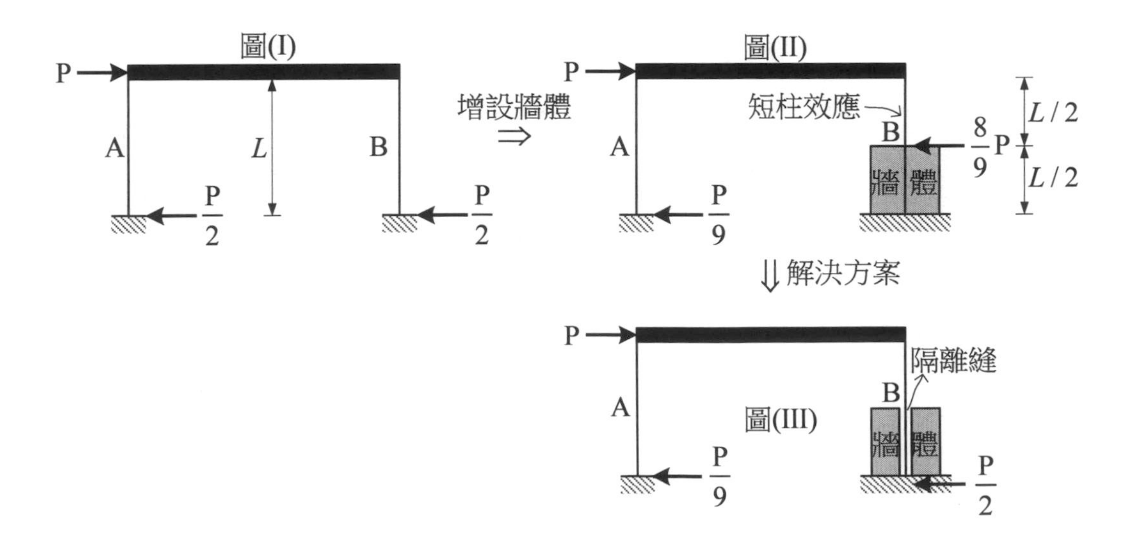

三、下圖結構中，A 點為固定端，D 點為鉸接，E 點為滾支承，並於 C 點與 F 點各受垂直力。

（一）試求 A 點與 E 點之反力。（10 分）

（二）試繪製 AB 桿件之彎矩圖與剪力圖。（10 分）

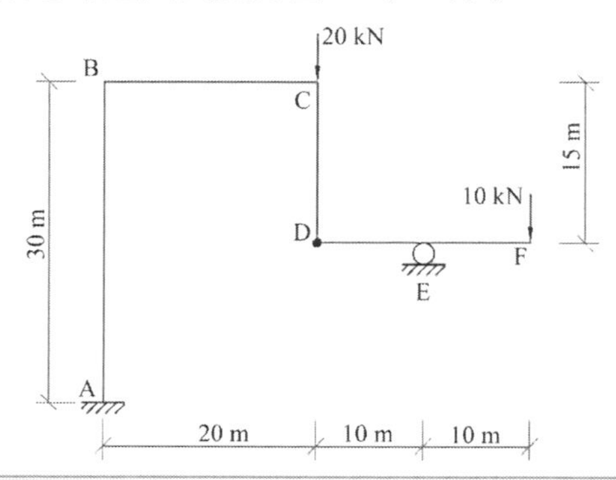

參考題解

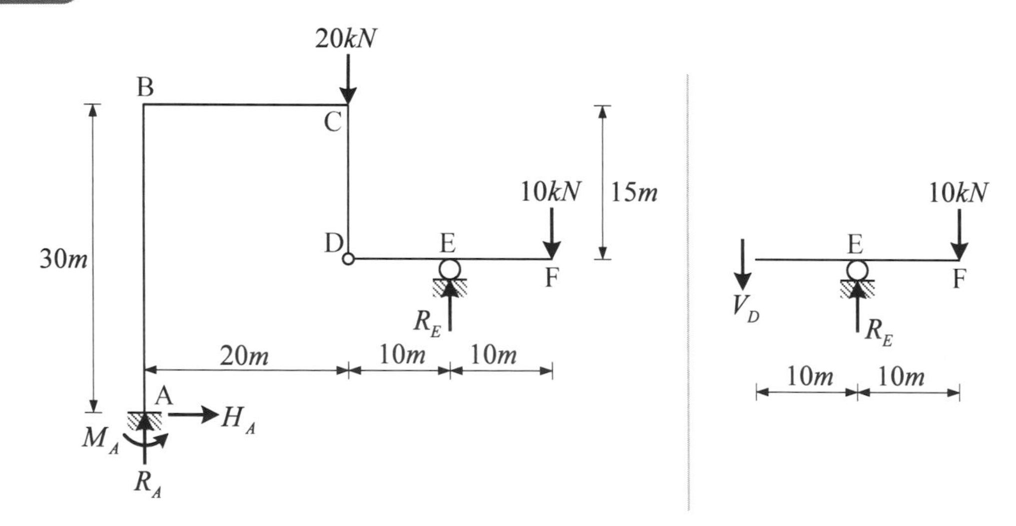

（一）計算支承反力

1. 切開 D 點，取出 DEF 自由體

$\sum M_D = 0$, $R_E \times 10 = 10 \times 20$ $\therefore R_E = 20\ kN$ $(\uparrow)$

2. 整體平衡

（1）$\sum F_y = 0$, $R_A + \cancel{R_E}^{20} = 10 + 20$ $\therefore R_A = 10\ kN$ $(\uparrow)$

（2）$\sum F_x = 0$, $H_A = 0$

（3）$\sum M_A = 0$，$20 \times 20 + 10 \times 40 = M_A + \cancel{R_E}^{20} \times 30 \ \therefore M_A = 200\ kN-m$（↶）

（二）取出 AB 桿，繪製 AB 桿的剪力彎矩圖如下

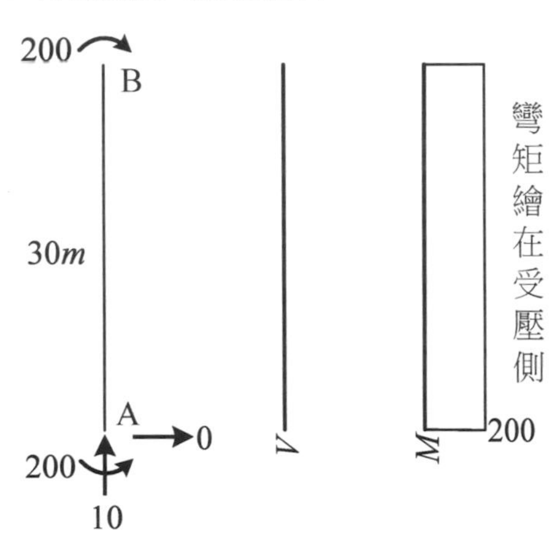

乙、測驗題部分：(60 分)

（D）1. 三維空間薄殼結構，係由厚度遠小於他向尺度之一個或多個曲型薄版或摺版所組成。若為混凝土薄殼結構，下列何者不是其三維承載行為特徵的取決要件？

(A)幾何形狀　(B)受支撐狀況

(C)作用載重性質　(D)屬於張力型抗結構

【解析】以混凝土抗壓佳但不抗拉的特性而言，選項(D)屬於張力型抗結構明顯不是其三維承載行為特徵。

（D）2. 下圖的門形構架，梁為剛體（EI = ∞），若忽略構件的軸向變形時，當柱的 EI 值不變，但柱高由 h 增為 2 h 時，則頂層在相同外力下，其側向位移將會增加為原先的多少倍？

(A) 2 倍　(B) 4 倍　(C) 6 倍　(D) 8 倍

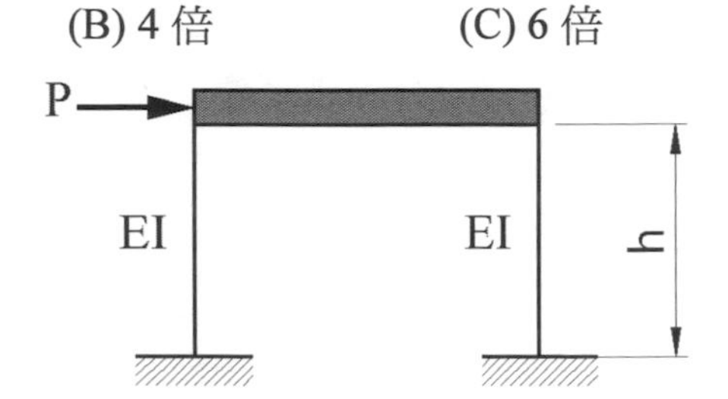

【解析】單根柱桿件的側移勁度為 $\frac{12EI}{h^3}$，與柱高 h 的 3 次方成反比；若將柱高由 h 增為 2h 時，則側移勁度剩下原本的 1/8，位移會是原本的 8 倍。

（D）3. 下列敘述何者正確？

①在同一場地震事件下，各地區震度相同，地震規模相異

②某次地震 A、B 兩測站加速度分別為 200 gal 與 420 gal，速度分別為 150 cm/sec 與 60 cm/sec，則 A 測站震度較高

③建築物耐震設計規範之最大考量地震，其 50 年超越機率約為 5%

④新增活動斷層之認定係依據經濟部中央地質調查所之公告

(A)①④　(B)③④　(C)①③　(D)②④

【解析】規模是用以描述地震大小的尺度，係依其所釋放的能量而定，震度則表示地震時地面上的人所感受到振動的激烈程度，或物體因受振動所遭受的破壞程度，現今地震儀器已能詳細描述地震的加速度或速度並劃分震度，故同一場地震，規模相同，各地震度可能相異，①錯誤。

依 109 年 1 月 1 日起震度分級，當$PGV > 15cm/sec$應由PGV判斷震度，A 測站$PGV > 140cm/sec$為震度 7 級，B 測站$80cm/sec > PGV > 50cm/sec$為震度 6 弱級，②正確。

最大考量地震為回歸期 2500 年之地震，其 50 年超越機率約為 2%左右，③錯誤。另④正確。

（A）4. 有關材料性質，下列敘述何者正確？

(A)若材料加載與變形關係保持線性，其行為必於彈性階段

(B)應變硬化現象，為指材料因環境溫度改變而在相同受力下應變降低

(C)進行結構韌性設計，不得採用脆性材料如混凝土

(D)材料具高韌性比（ductility ratio），即其極限強度遠高於降伏強度

【解析】(B)應變硬化指的是材料降伏後，再經過一段應變後（塑性平台），抵抗變形的能力再度提高

(C)混凝土搭配鋼筋（鋼筋混凝土），同樣可進行結構韌性設計

(D)高韌性比材料，代表其**極限應變**遠高於**降伏應變**

（B）5. 關於材料波松比 ν（Poisson's ratio），下列何者錯誤？

(A)與材料彈性係數 E、剪力模數 G 相關

(B)常見範圍為 $1 \leq \nu \leq 3$

(C)圓形桿件軸向拉伸時，會造成斷面直徑變小

(D)為一無因次之量

【解析】(B)ν 的範圍為 $0 < \nu < 0.5$。

（C）6. 為抵抗拱結構支承處之外推力，下列設計策略何者不適當？

(A)以拉力桿件連接兩端支承　(B)支承處設計厚重基礎

(C)減小「拱高／跨度」之比值　(D)鄰旁增設扶壁

【解析】(C)抵抗拱結構支承處之外推力，可以「提高拱高」或「減少拱跨」，也就是將$\left(\frac{拱高}{跨度}\right)$的**比值加大**。

（B）7. 關於高層建築物的設計與建築物在地震中的反應，下列敘述何者正確？

(A)若材料與構法相同，則高層建築物的自振頻率高於低矮建築物的自振頻率

(B)建築物在強震中受損後，其自振週期會拉長

(C)超高層建築物之結構設計應以抗震設計作為最主要考量

(D)超高層建築物若於頂樓附近的樓板加裝質量塊，即可改善其耐震性能。臺灣著名的地標「臺北 101」於其高樓層處設置的金色大圓球，便是依此原理而設計

【解析】以耐震設計規範內之經驗公式概略來看，建築物基本振動週期與高度正相關($T \propto h_n^{3/4}$)，可知若材料與構法相同，在一般情況下，高層建築物周期較低矮建築物為大，頻率跟週期為倒數關係，故選項(A)錯誤。

建築物受強震作用產生較大變形，結構出現受損，其勁度下降，一些非結構部分和連接影響降低，自振週期會變長，選項(B)正確。

超高層建築物可能受風力控制設計，選項(C)非完全正確。

選項(D)所指應為「調諧質塊阻尼器」(tuned mass damper，TMD)，臺北 101 在 87 至 92 樓間，以 12 公尺長的繩索掛置一個重達 660 公噸的巨大鋼球（週期 6.9 秒，約與主樓週期相同），並以八支阻尼器與樓板連接，主要係當大樓受風壓擺動時，鋼球隨之產生擺盪，與主結構間產生互制作用，減緩建築物的晃動幅度，選項(D)敘述非完全正確。

（B）8. 一結構如圖所示，上部為一個短柱，底部為兩個面積較小的長柱支撐，中間塗黑部分為剛體，當頂端受到一外力 P 作用時，最頂部的位移為多少？

(A) PL/AE　(B) 4 PL/5 AE　(C) 3 PL/2 AE　(D) 3 PL/5 AE

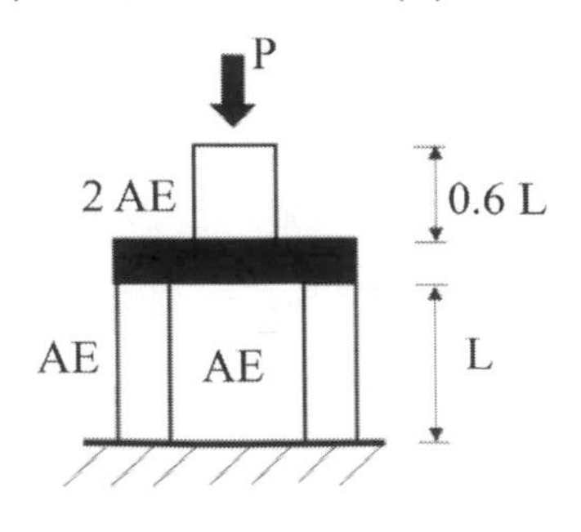

【解析】（1）上部短柱的軸向變形量：$\delta_{短柱}=\dfrac{P(0.6L)}{2EA}=0.3\dfrac{PL}{EA}$

（2）底部長柱的軸向變形量：$\delta_{長柱}=\dfrac{\left(\dfrac{P}{2}\right)(L)}{EA}=0.5\dfrac{PL}{EA}$

（3）頂部的位移 $=\delta_{短柱}+\delta_{長柱}=0.3\dfrac{PL}{EA}+0.5\dfrac{PL}{EA}=0.8\dfrac{PL}{EA}$

（A）9. 一個微小的矩型六面體受到純剪力作用，下列敘述何者正確？

(A)受剪力變形後角度的改變量為剪應變

(B)剪力彈性模數為 E / (1 + 2 v)，v 為波松比

(C)鋼材的剪力降伏應力約為拉力降伏應力的 80%

(D)剪力彈性模數與彈性模數 E 的單位不同

【解析】(B)剪力彈性模數：$G=\dfrac{E}{2(1+\nu)}$

(C)鋼材的剪力降伏應力約為拉力降伏應力的 50% ~ 60%

(D)剪力彈性模數 G 與彈性模數 E 的單位相同

（C）10.下列知名建築中何者最接近形抗結構？

(A)巴黎鐵塔　　(B)北京水立方

(C)橫濱大棧橋國際客船中心　　(D)高雄 85 大樓

【解析】選項(A)、(B)、(D)為比較廣為知名熟悉的建築物，可判斷非為形抗結構，選項(C)建物為以曲面造型之長跨無落柱鋼骨構造物，較合題意。

（A）11.圖示管狀結構（Tubular Structure）的外管受側力作用時，若管面為完全剛性，則傾覆彎矩造成的底部應力會如圖示虛線的線性分布，但實際管狀結構會因剪力遲滯，而造成柱受力的不同，下列有關柱受力的敘述何者正確？

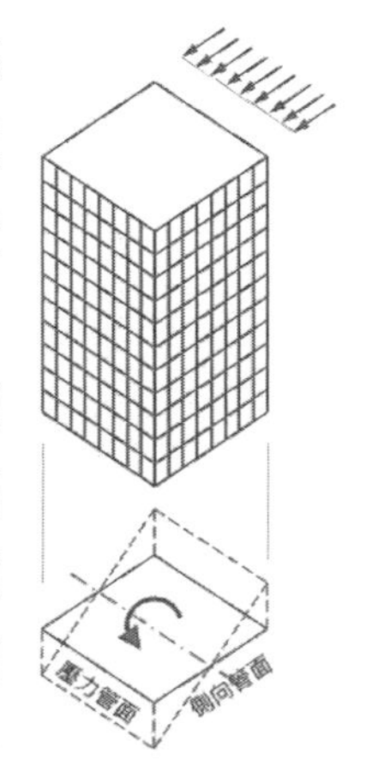

(A)壓力管面之角柱應力較邊柱高，側向管面角柱應力高於線性比例

(B)壓力管面之角柱應力較邊柱低，側向管面角柱應力高於線性比例

(C)壓力管面之角柱應力較邊柱高，側向管面角柱應力低於線性比例

(D)壓力管面之角柱應力較邊柱低，側向管面角柱應力低於線性比例

【解析】管狀結構受側向力概念簡單以一彈性梁之梁翼（如壓力管面）甚大狀況來看，當梁腹（如側向管面）受力時，梁翼與梁腹間之剪力無法有效傳遞進入梁翼，致使梁翼產生扭矩變形，而無法維持彈性梁受力

後平面仍保持平面之變形理論，其影響力量傳遞及各柱分擔，角柱承受較大的應力，壓力管面之角柱應力較大，往中間之邊柱應力漸小，另側向管面角柱應力會大於線性比例，概略示意如下圖，選項(A)正確。

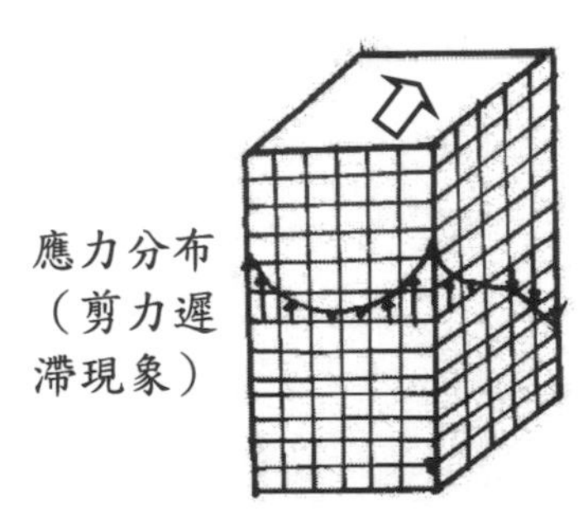

（A）12.如下圖所示，一構件斜面之中心點受一水平力 P = 1000 N 作用，此斜面與水平方向之夾角為 $\theta = 45°$，若該構件垂直面之面積 $A_0 = 100\ cm^2$，則沿斜面之平均剪應力 τ_{ave} 為多少？

(A) 5 N/cm^2　(B) 10 N/cm^2　(C) 15 N/cm^2　(D) 20 N/cm^2

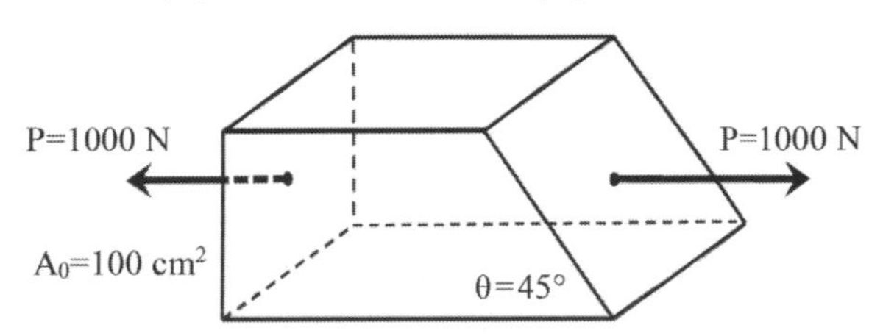

【解析】斜面上的剪力：$V = 1000\sin 45° = 500\sqrt{2}\ N$

斜面的面積：

$$A = \frac{A_0}{\sin 45°} = \frac{100}{\frac{\sqrt{2}}{2}} = 100\sqrt{2}$$

斜面上的平均剪應力：

$$\tau_{ave} = \frac{V}{A} = \frac{500\sqrt{2}}{100\sqrt{2}} = 5\ N/cm^2$$

（C）13.下列有關「固定拱」、「雙鉸拱」和「三鉸拱」的敘述，何者錯誤？

(A)固定拱及雙鉸拱為靜不定結構，三鉸拱則為靜定結構

(B)固定拱會因基礎不均勻沉陷導致撓曲應力

(C)雙鉸拱之支承點處會承受外推力，三鉸拱則否

(D)固定拱及雙鉸拱會因溫度變化導致撓曲應力

【解析】(C)雙鉸拱、三鉸拱支承點處都會承受外推力。

（B）14.下列有關纜索結構系統的敘述，何者正確？

(A)纜索能抵抗張力及壓力

(B)纜索會隨著外力作用而改變形態

(C)纜索承受本身自重時，會形成拋物線的形狀

(D)纜索承受均布載重時，會形成懸鏈線的形狀

【解析】(A)纜索不能抵抗壓力

(C)纜索承受自重時，會形成懸鍊線的形狀

(D)纜索承受均布載重時，會形成拋物線的形狀

（B）15.醫院欲加裝緊急發電機，業主要求該發電機需於強震後正常運作，下列敘述何者正確？

①設置於屋頂層可降低該發電機地震力需求

②設置於較低樓層可降低發電機承受之樓板加速度

③發電機可依建築物耐震設計規範以靜力設計錨定強度

④在功能相同的條件下，應採較重之發電機避免受震傾覆

(A)①④　(B)②③　(C)①③　(D)②④

【解析】一般而言，屋頂層總位移最大、加速度最大，其地震力豎向分配通常最大且和重量正相關，可判斷①錯誤，②正確；發電機之地震力及錨定可依耐震設計規範第 4 章規定辦理，③正確；一般類似狀況下，較重的發電機所受的地震力通常較大，若在重心位置相同下，所受傾倒力矩亦較大，④之敘述似非正確。

（B）16.下列何種設計策略會增長建物基本振動週期？

(A)增大柱斷面　(B)增設隔震器　(C)增設剪力牆　(D)減低柱高

【解析】(A)、(C)、(D)使建物之勁度增加，而降低建物基本震動週期，隔震器為側向勁度很低的隔震元件，在建物增設會使其基本震動週期拉長，答案為選項(B)。

（C）17.關於鋼結構柱的挫屈，下列何者正確？

(A)挫屈強度正比於柱有效長度（kL）

(B)支承條件由鉸接改為固定端，其有效長度（kL）變長

(C)迴轉半徑（r）只與桿件斷面幾何條件有關

(D)迴轉半徑（r）越小，挫屈強度 P_{cr} 越大

【解析】鋼結構柱的挫曲強度公式：$P_{cr}=\dfrac{\pi^2 EI}{(kL)^2}$

(A)挫曲強度反比於$(kL)^2$

(B)支承條件由鉸接$(k=1)$改為固定端$(k=0.5)$，有效長度kL變小

(D)臨界應力公式：$\sigma_{cr}=\dfrac{\pi^2 E}{\left(\dfrac{kL}{r}\right)^2}$，迴轉半徑 r 越小，$\sigma_{cr}$ 越小$\Rightarrow P_{cr}$ 越小

（B）18. 圖中所示為三根鋼結構構件的斷面形狀與尺寸。如果這三根構件的長度一致並使用相同的材料，下列敘述何者正確？

(A)若作為柱子使用，則斷面(i)可承受最高的軸向負載

(B)若作為簡支梁使用，則斷面(ii)可承受最高的彎矩負載

(C)若作為懸臂梁使用，則斷面(iii)可承受最高的剪力負載

(D)若作為邊梁使用（該梁承受扭矩），則斷面(i)具有最高的抗扭能力

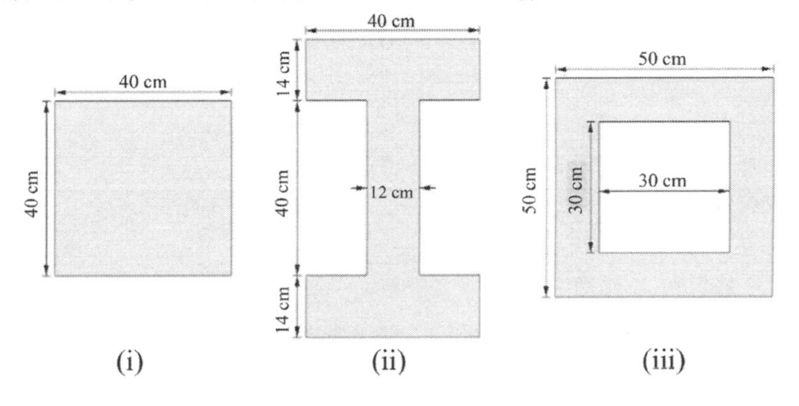

【解析】(A) $\sigma=\dfrac{P}{A}\Rightarrow$ 三個斷面積 $A_I=A_{II}=A_{III}$ 一樣大，可承受的軸向負載一樣大

$$A_I=40\times40=1600\ cm^2$$

$$A_{II}=40\times14\times2+40\times12=1600\ cm^2$$

$$A_{III}=50\times50-30\times30=1600\ cm^2$$

(B) 斷面模數 S 越大，可承受的彎矩負載越大

$$S_I=\frac{1}{6}bh^2=\frac{1}{6}\left(40\times40^2\right)\approx10666.7\ cm^3$$

$$S_{II}=\frac{I_{II}}{y_{\max}}=\frac{\frac{1}{12}\left(40\times68^3\right)-\frac{1}{12}\left(28\times40^3\right)}{34}=\frac{898773}{34}\approx26435\ cm^3$$ ☜最大

$$S_{III}=\frac{I_{III}}{y_{\max}}=\frac{\frac{1}{12}\left(50\times50^3\right)-\frac{1}{12}\left(30\times30^3\right)}{25}=\frac{453333}{25}\approx18133\ cm^3$$

(C) 簡易判斷：中性軸處的斷面寬度越大，可承受的剪力越大

$$\left.\begin{array}{l} b_{\mathrm{I}}=40 \\ b_{\mathrm{II}}=12 \\ b_{\mathrm{III}}=20 \end{array}\right\} \Rightarrow \text{斷面(I)可承受的剪力最大}$$

(D) 空心斷面的抗扭效率最高⇒斷面(III)具最高抗扭能力

（D）19.下圖中之圖(i)為一棟兩跨的單層鋼筋混凝土造建築物的結構示意圖。該建築物在遭受恐怖攻擊後，結構局部受損。受損後的建築物如圖(ii)所示，除了中央柱被炸斷外，在數個梁柱接頭處也因混凝土嚴重剝落而形成鉸接點。關於受損前後的建築結構，下列敘述何者正確？

(A)受損前的建築物 [圖(i)] 是靜定結構

(B)受損後的建築物 [圖(ii)] 是靜定結構

(C)受損前的建築物 [圖(i)] 是一次靜不定結構

(D)受損後的建築物 [圖(ii)] 是內部不穩定結構

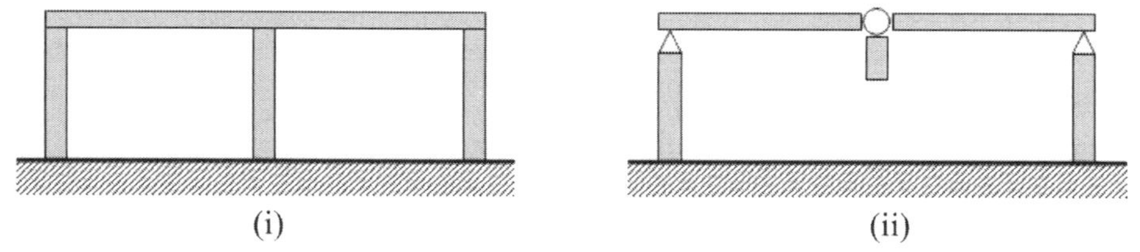

(i)　　　(ii)

【解析】受損前建築物：$R=b+r+s-2j=5+9+4-2\times6=6$，為六次靜不定結構

受損後的建築物：呈現「三鉸共線」的不穩定結構型式

故本題答案選(D)。

（C）20.關於承重牆結構系統特性，下列敘述何者正確？

(A)承重牆系統因不受梁、柱模矩的限制，因此在建築物完工後，可輕易地改變牆壁位置，增加室內空間使用彈性

(B)為提升視覺舒適度、氣派感受、或空間趣味性，設計上常見樓板大面積挑空、大廳挑高或夾層之設計。在此類設計中，落柱會破壞其空間感，因此建築結構可考慮採用承重牆系統

(C)採用承重牆系統時，上下相鄰樓層的牆體應儘量垂直對齊

(D)做為大班制教室（超過百人）使用的建築物，因特殊用途教室與普通教室所需要的空間大小相差甚多，若採承重牆系統可令空間規劃更具彈性

【解析】依耐震規範內容，承重牆系統為結構系統無完整承受垂直載重立體構架，承重牆或斜撐系統須承受全部或大部分垂直載重，並以剪力牆或斜撐構架抵禦地震力者。其以剪力牆或斜撐構架抵抗地震力時，剪力牆與斜撐同時

也負擔垂直載重，致使地震時剪力牆或斜撐構架破壞，可能引起垂直載重系統的崩塌。由此概念可判斷各選項中，(C)為較正確的敘述。

（#）21. 關於隔震系統，下列敘述何者錯誤？**【一律給分】**

(A)天然橡膠隔震墊阻尼小於鉛心橡膠隔震墊

(B)摩擦單擺隔震系統的隔震週期由滑動面曲率決定

(C)適用於超高層結構

(D)隔震結構並非適用於各類型地盤

（C）22. 對一個寬度為 b 深度為 h 的矩形斷面梁的斷面模數（S）及塑性斷面模數（Z），下列敘述何者錯誤？

(A) $S = bh^2/6$　　(B) S 乘上降伏應力為降伏彎矩

(C) $Z = bh^2/3$　　(D) Z 乘上降伏應力為全斷面達塑性時之彎矩

【解析】矩形斷面的塑性斷面模數 $Z = \frac{1}{4}bh^2$，故本題答案選(C)。

（C）23. 如下圖所示之四種桁架結構，各桿件之軸向剛度（AE）值皆相等。若溫度改變時，何者最有可能產生桿件內部應力？

(A)

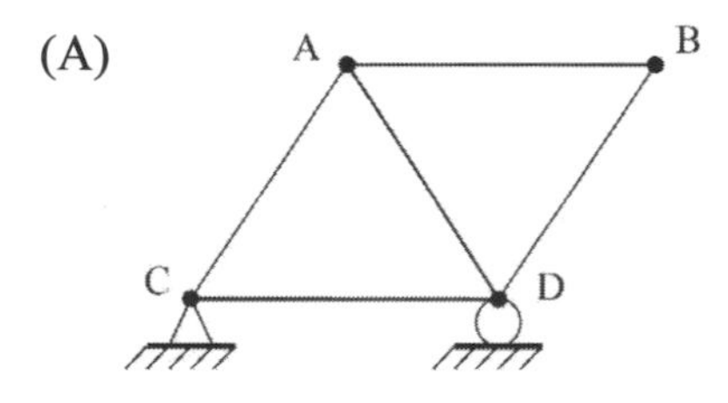

(B)

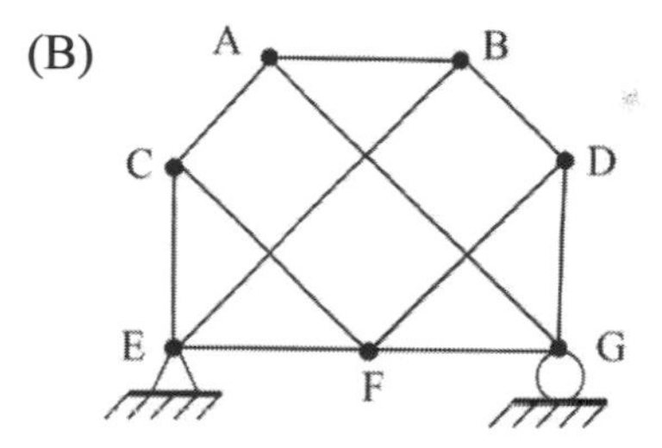

(C)

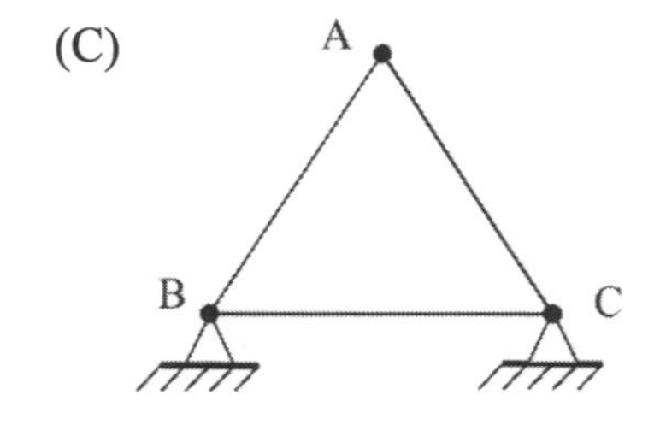

(D)

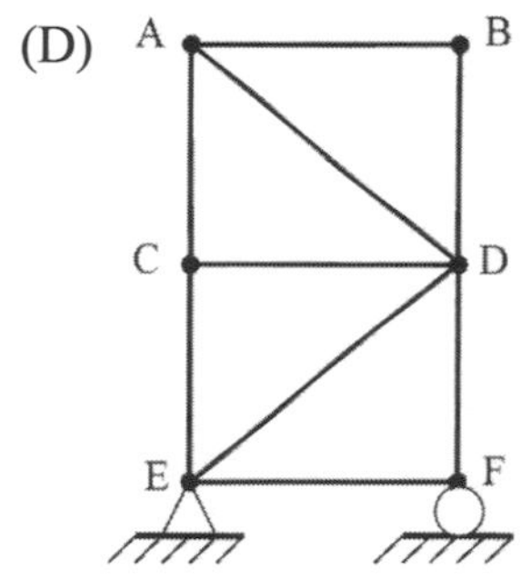

【解析】(C)結構中的 BC 桿為恆零桿，溫度改變時該桿會產生溫差應力

(A)(B)(D)結構均為靜定結構，溫度改變時不會產生溫差應力

故本題選(C)。

（D）24.桁架於 E 點受力 P，DF 軸力為何？

(A) 0　(B) P/2$\sqrt{3}$（拉）　(C) P/2（拉）　(D) −P/$\sqrt{3}$

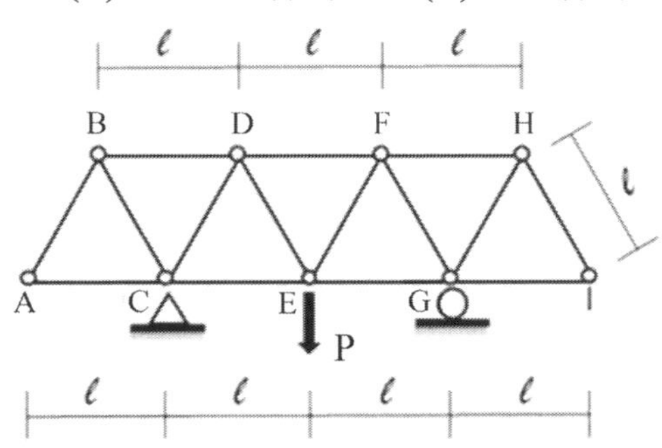

【解析】$\sum M_E = 0$，$S_{DF} \times \dfrac{\sqrt{3}}{2}\ell + \dfrac{P}{2} \times \ell = 0$ $\therefore S_{DF} = -\dfrac{P}{\sqrt{3}}$

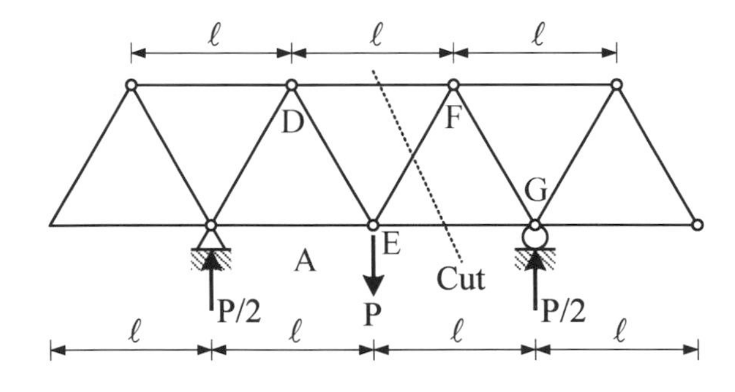

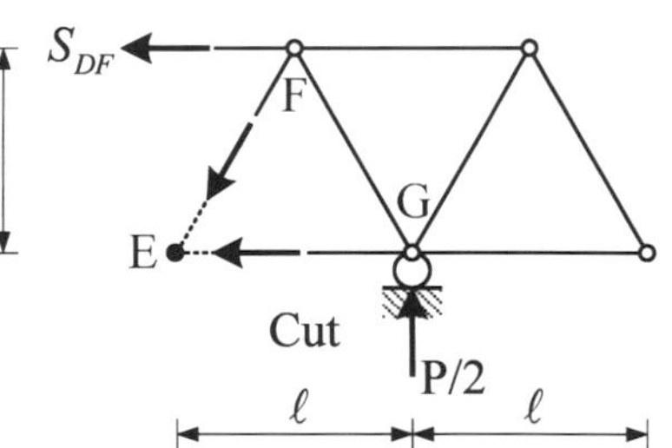

（B）25.下圖所示結構中，支承 A 與 B 的反力大小為何？

(A) R_A = 20 kN, R_B = 75 kN

(B) R_A = 25 kN, R_B = 100 kN

(C) R_A = 15 kN, R_B = 80 kN

(D) R_A = 50 kN, R_B = 100 kN

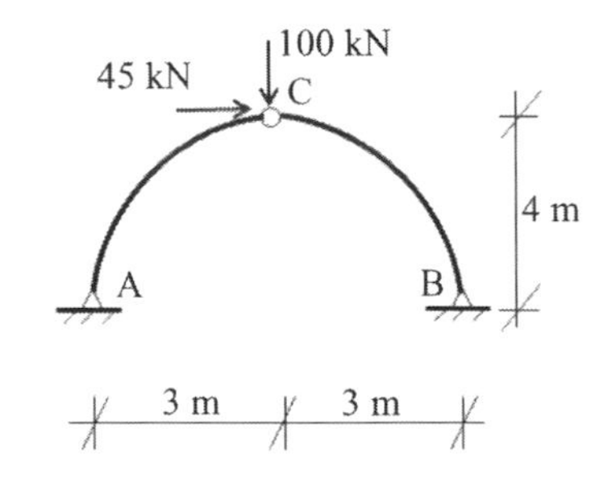

【解析】

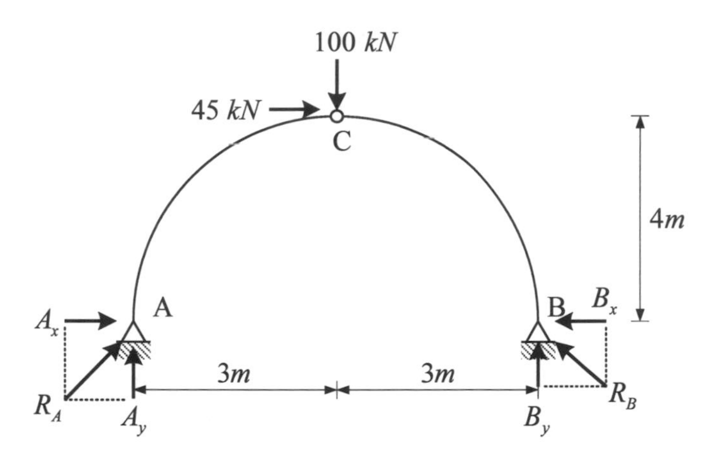

（1）B 點反力

①水平反力：$\sum M_A = 0$，$B_y \times 6 = 45\times4+100\times3$ $\therefore B_y = 80\ kN\ (\uparrow)$

②垂直反力：$\dfrac{B_x}{\not{B_y}^{80}} = \dfrac{3}{4}$ $\therefore B_x = 60\ kN\ (\leftarrow)$

③支承合力：$R_B = \sqrt{{B_x}^2 + {B_y}^2} = \sqrt{60^2+80^2} = 100\ kN\ (\nwarrow)$

（2）A 點反力

①水平反力：$\sum F_x = 0$，$A_x + 45 = \not{B_x}^{60}$ $\therefore A_x = 15\ kN (\rightarrow)$

②垂直反力：$\sum F_y = 0$，$A_y + \not{B_y}^{80} = 100$ $\therefore A_y = 20\ kN\ (\uparrow)$

③支承合力：$R_A = \sqrt{{A_x}^2 + {A_y}^2} = \sqrt{15^2+20^2} = 25\ kN\ (\nearrow)$

（A）26.下圖中之圖(i)所示為一單跨抗彎矩構架（moment-resisting frame）的示意圖。該構架由兩根鋼筋混凝土柱(1)與(2)支撐灰色區域所示的剛體梁；這兩根柱子的側向力與變形關係曲線繪於圖(ii)之中［註：柱子的邊界條件與圖(i)相同］。有關此構架行為的敘述，何者正確？

(A)若構架的層間變位是 Δ_1，則此時施加於構架上的外力為 $F = V_1 + V_2$

(B)若施加於構架上的外力 $F = V_3$，則此時構架產生的層間變位為 $\Delta = \Delta_2 + \Delta_3$

(C)若先把構架推到層間變位為 Δ_3 處然後完全卸載，之後重新加載直到層間變位為 Δ_1，此時柱(1)內部的剪力為 V_1

(D) 若先把構架推到層間變位為 Δ_1 處然後完全卸載，之後重新加載直到外力為 V_3，此時構架產生的層間變位 Δ 約略等於$(\Delta_2 + \Delta_3) / 2$

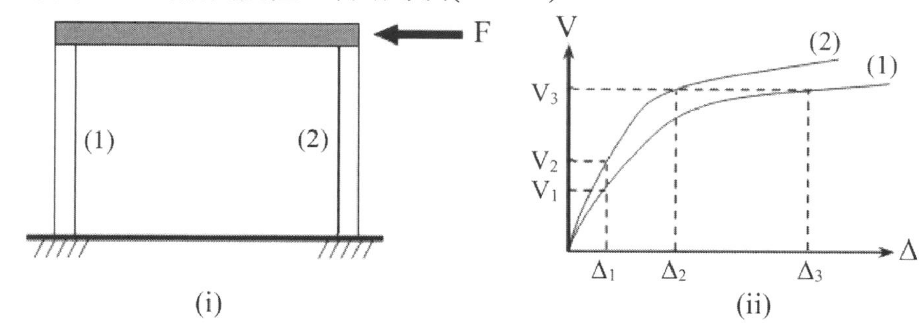

【解析】由(i)的結構配置及題意說明來看，受側力F後兩柱最上方會有相同位移Δ之水平移動（沒有轉角），以(ii)可由位移對應兩柱各自之V，F則為兩柱各自V之相加合，故知選項(A)正確，選項(B)錯誤，選項(D)概念亦明顯有誤。另構架之層間變位為Δ_3時，由(ii)可知柱已在非彈性狀態，卸載後會有殘留變位，即$\Delta \neq 0$，不能再適用原彈性階段之力與變位關係，選項(C)有誤。

（C）27. 在鋼筋混凝土結構設計中，關於構材斷面之平衡應變狀態與平衡鋼筋比，下列敘述何者正確？

(A) 平衡應變狀態為混凝土之最外受壓纖維達到混凝土抗壓強度之同時，最外側受拉鋼筋之應變恰達到鋼筋材料的破壞應變值

(B) 在設計矩形斷面的鋼筋混凝土單筋梁時，最理想的斷面鋼筋比是平衡鋼筋比

(C) 當矩形斷面單筋梁的斷面鋼筋比大於平衡鋼筋比時，梁會出現混凝土壓碎而鋼筋未降伏的脆性破壞模式

(D) 當梁所承受的載重增加時，其平衡鋼筋比也會隨之增加

【解析】(A) 平衡應變狀態為混凝土之最外受壓纖維達到**混凝土應變** 0.003 時，最外側受拉鋼筋之應變恰達到鋼筋材料的**降伏應變值**

(B) 設計矩形斷面的鋼筋混凝土單筋梁時，最理想的斷面鋼筋比是**小於平衡鋼筋比**

(D) 平衡鋼筋比與梁所承受的載重無關

（B）28. 下圖為一歷史建築的結構示意圖。該建築物的外牆為磚牆，大廳柱為實心的圓形木柱，屋頂則由木造桁架所搭建。磚牆底部埋入地下 0.5 公尺，大廳柱上端為鉸接、下端為鉸支承，木造桁架屋頂兩側末端的節點直接架於磚牆上，屋頂末端節點與磚牆接觸面處的靜摩擦係數為 0.3。圖中的空心箭頭代表外部集中載重的施力點，結構構件本身的自重全部忽略。關於此建築結構，下列敘述何者正確？

(A)此結構在水平方向為不穩定結構

(B)此結構為靜不定結構

(C)在圖(i)的外力作用下，該屋頂桁架內沒有任何的零力桿件（zero-force member）

(D)在圖(ii)的外力作用下，該屋頂桁架內有 2 根零力桿件（zero-force member）

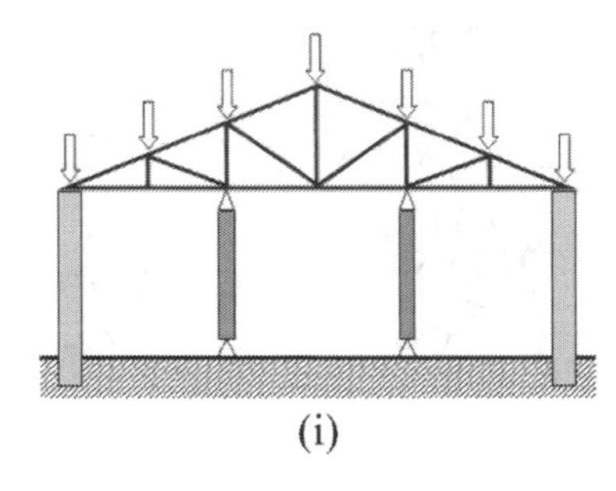
(i)

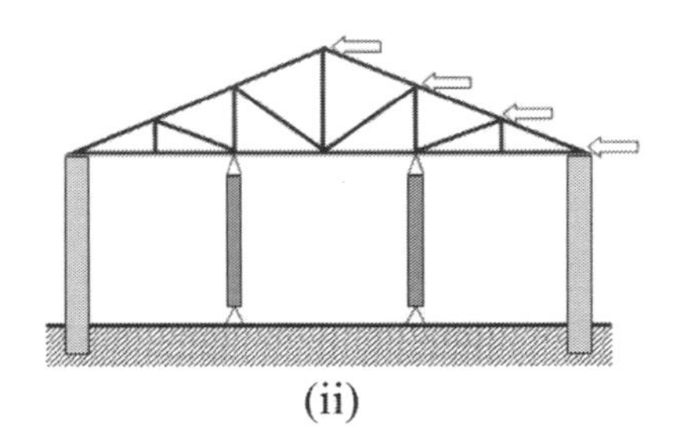
(ii)

【解析】(A)此結構為穩定結構

(B)

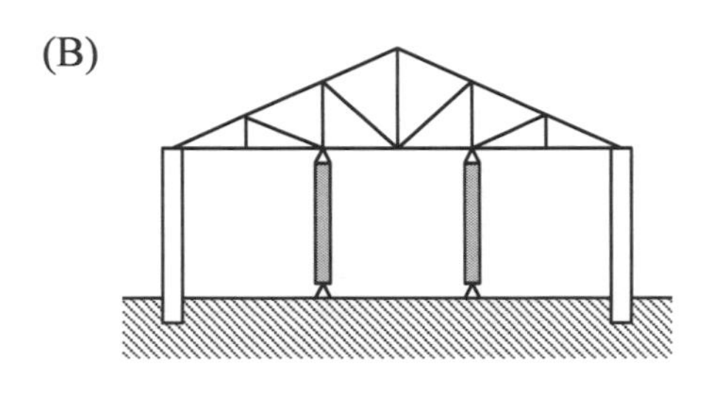

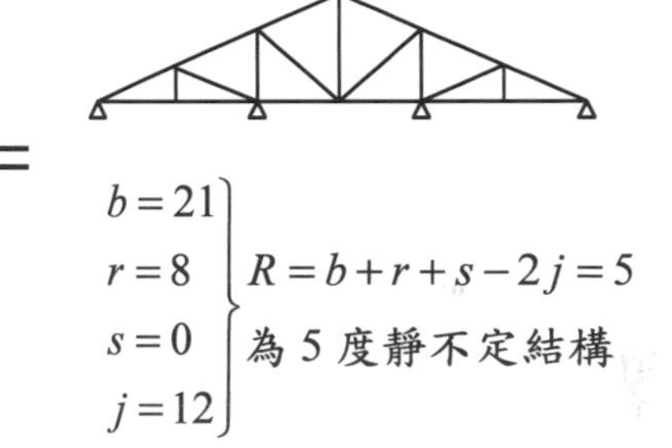

$$\left.\begin{array}{l} b=21 \\ r=8 \\ s=0 \\ j=12 \end{array}\right\} R=b+r+s-2j=5$$

為 5 度靜不定結構

(C)圖(i)的外力作用下有 2 根零桿

(D)圖(ii)的外力作用下有 3 根零桿

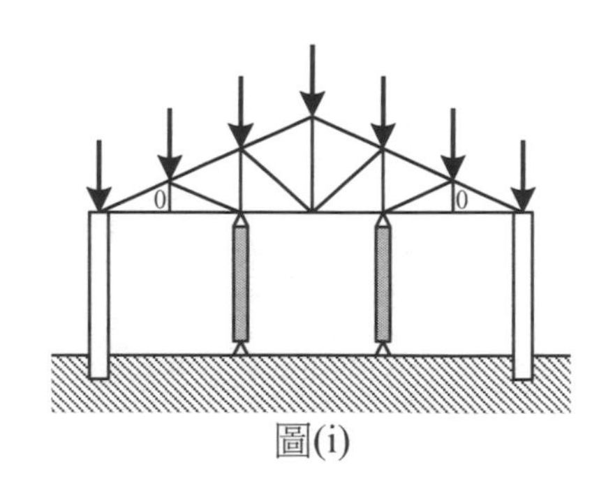

圖(i)

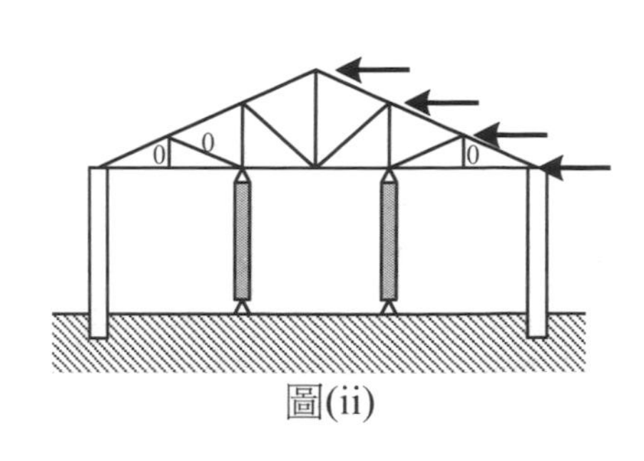

圖(ii)

（C）29.試分析下圖結構，下列剪力圖與彎矩圖何者正確？

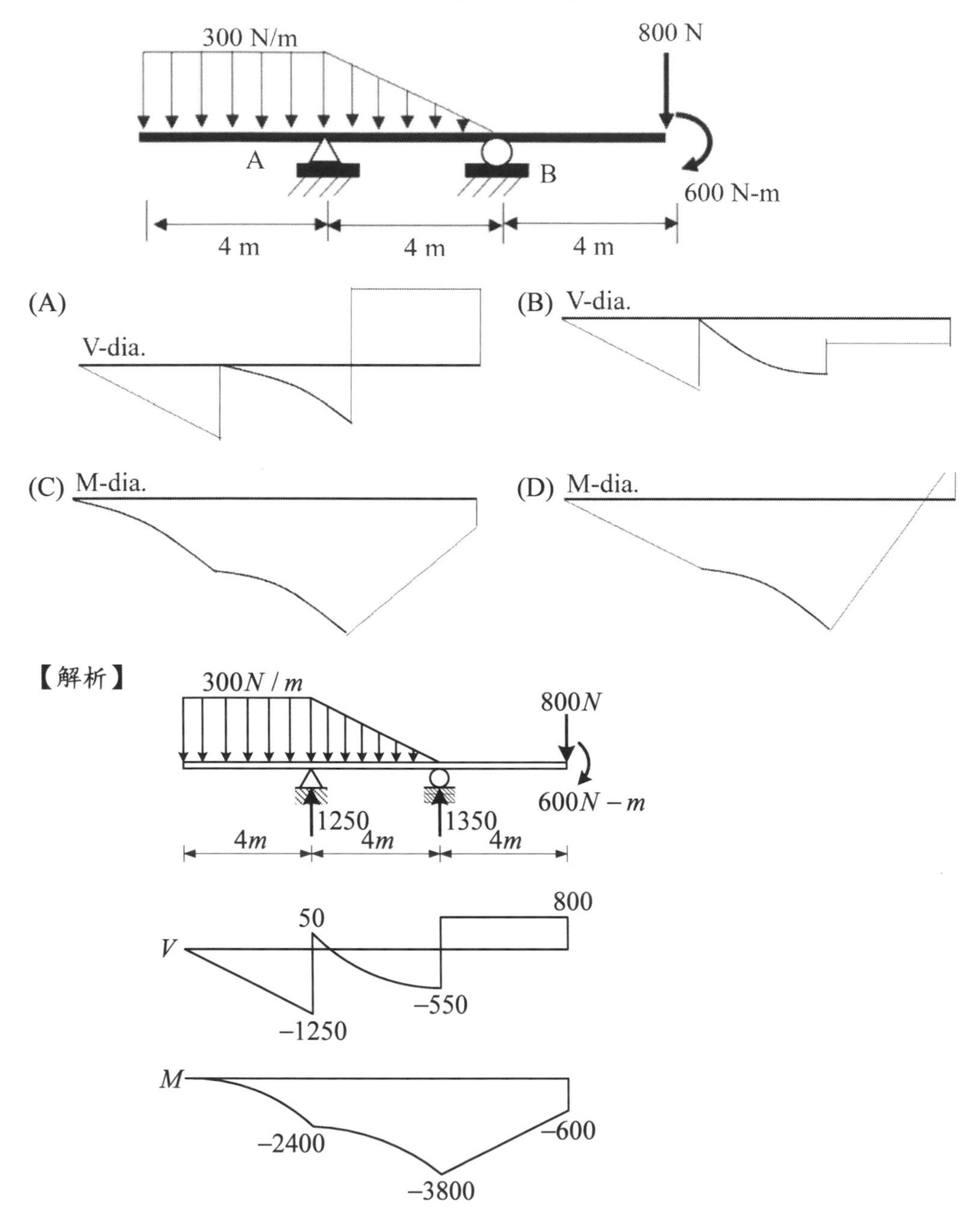

（C）30.以下鋼結構斜撐系統中，何者側向勁度最高？

(A) 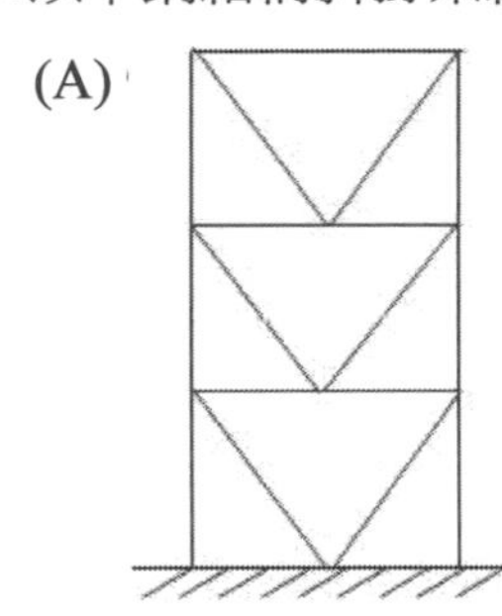 (B) 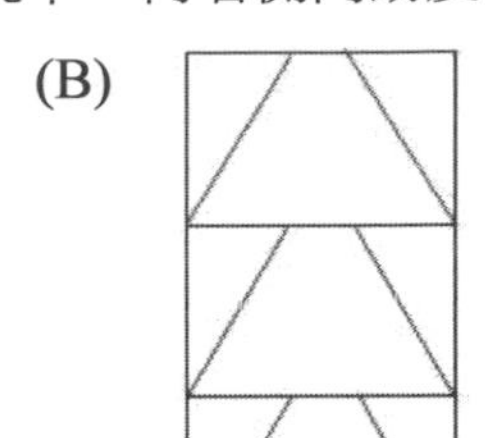 (C) 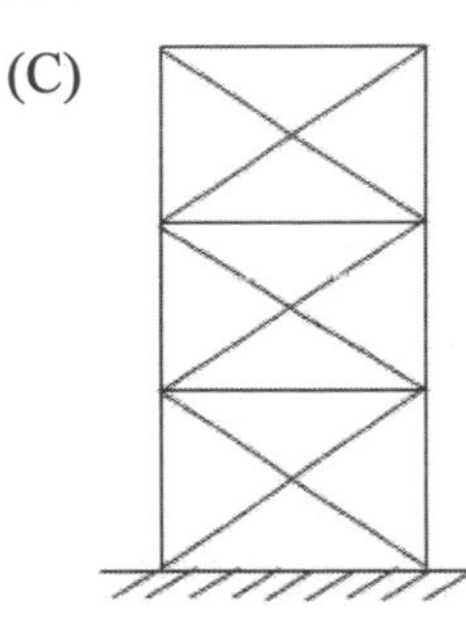 (D) 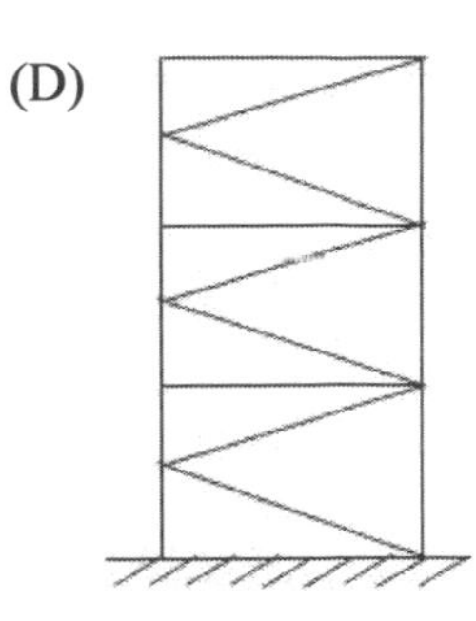

【解析】選項(A)、(C)、(D)為同心斜撐構架，(B)為偏心斜撐構架，結構側向勁度和多因素相關，單以在相同構件狀況下簡要比較各圖來看，選項(C)各斜撐兩端於梁柱接頭處接合，對梁柱框架整體形成較強的束制，進行判斷答案應為(C)。

（A）31.如下圖所示的三鉸式剛構架，A、E 為鉸支承，C 為鉸接。此剛構架於 B 點承受 6 kN 之外力作用。有關此剛構架的受力情況，下列敘述何者正確？

(A) A_x = 3 kN(←)，A_y = 3 kN(↓)，E_x = 3 kN(←)，E_y = 3 kN(↑)

(B) A_x = 3 kN(←)，A_y = 3 kN(↑)，E_x = 3 kN(←)，E_y = 3 kN(↑)

(C) A_x = 3 kN(→)，A_y = 3 kN(↑)，E_x = 3 kN(←)，E_y = 3 kN(↑)

(D) C_x = 0 kN，C_y = 0 kN

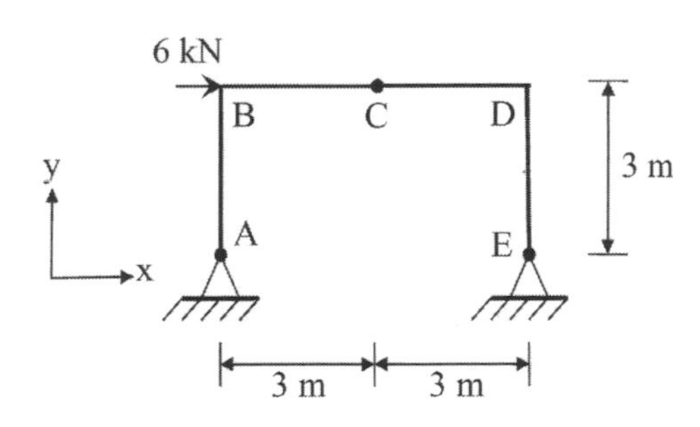

【解析】（1）整體力矩平衡：$\sum M_A = 0$, $E_y \times 6 = 6 \times 3$ $\therefore E_y = 3\ kN(\uparrow)$

（2）$\dfrac{E_x}{\cancel{E_y}^{\,3}} = \dfrac{3}{3}$ $\therefore E_x = 3\ kN\ (\leftarrow)$

（3）整體水平力平衡：$\sum F_x = 0$, $A_x + \cancel{E_x}^{\,3} = 6$ $\therefore A_x = 3\ kN(\leftarrow)$

（4）整體垂直力平衡：$\sum F_y = 0$, $A_y = \cancel{E_y}^{\,3}$ $\therefore A_y = 3\ kN\ (\downarrow)$

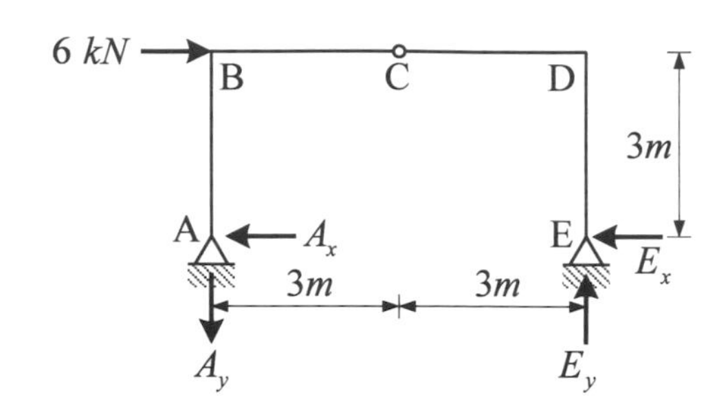

（D）32.下列何者不屬於鋼造梁構件可能之破壞模式？

(A)構件側向扭轉挫屈　　(B)梁端與柱接面之銲接處撕裂破壞

(C)斷面局部挫屈　　(D)腹板受剪均布斜向裂縫

【解析】一般情況下，鋼板具良好延展性，選項(D)明顯較不屬於鋼造梁構件可能之破壞模式。

（B）33.關於鋼梁桿件的鋼板「局部挫屈」，下列敘述何者錯誤？

(A)結實斷面之彎矩強度可以發揮至塑性彎矩，在此之前鋼板都不會產生局部挫屈

(B)腹板之寬厚比限制小於翼板

(C)寬厚比越小，局部挫屈強度越大

(D)若材料彈性係數 E 增大，則局部挫屈強度增加

【解析】局部挫曲強度計算公式如下：$(\sigma_{cr})_{局部} = \dfrac{K\pi^2 E}{12(1-\nu^2)\left(\dfrac{b}{t}\right)^2}$

（1）寬厚比$\left(\dfrac{b}{t}\right)$越小，$(\sigma_{cr})_{局部}$越大；E 值越大，$(\sigma_{cr})_{局部}$越大

（2）鋼結構設計規範中，以結實斷面為例：

腹板的寬厚比限制值為$\dfrac{138}{\sqrt{F_y}}$，而翼板的寬厚比限制值為$\dfrac{14}{\sqrt{F_y}}$

由上可知，「腹板的寬厚比限制值」比「翼板的寬厚比限制值」來的大，故本題答案選(B)。

（B）34.下列與鋼結構梁柱接頭相關敘述何者正確？

(A)鋼筋混凝土樓板對於接頭強度沒有影響

(B)梁受到正彎矩時，因為樓板的作用會使下翼板的應力大幅增加

(C)扇形開孔的形式對於接頭耐震性能沒有影響

(D)接頭區域的強度檢討僅需考慮柱梁強度比

【解析】梁受正彎矩作用時，上方受壓，下方受拉，而上方之混凝土樓板抗壓能力強，可共同抵抗壓力作用，形成如 T 梁，致斷面中性軸往上移，在同斷面受彎矩作用時，通常離中性軸位置越遠應變越大，故使下翼板應變量增大，應力增加，可判斷選項(B)正確。

依鋼構設計規範，接合部包含接合構件（如加勁板、連接板、角鋼、托座等）與接合物（如銲 接、螺栓），故需考量檢討之強度並非僅有梁柱強度比，選項(D)明顯有誤，另選項(A)、(C)亦可由敘述中明顯判斷非為正確。

（C）35.鋼筋混凝土抗彎矩構架系統有時會因設計或施工因素來加大梁寬尺寸，下列何者不會受梁寬放大而影響？

(A)梁之拉力鋼筋總量限制　　(B)梁柱構架之接頭剪力計算強度

(C)梁主筋於接頭內之彎鉤伸展長度　　(D)梁主筋之施工性

【解析】由 RC 設計規範（內政部 110 年版）5.6 受拉鋼筋標準彎鉤之伸展，相關伸展長度之計算及修正和梁寬度無關，故為選項(C)。

（D）36.RC 結構特殊抗彎矩構架系統的韌性設計原則，下列敘述何者錯誤？

(A)梁之設計剪力強度應考慮兩端部最大的可能彎矩強度造成之剪力

(B)對於軸壓力達一定程度之柱，其上下柱之彎矩強度和應大於梁之彎矩強度和

(C)柱設計剪力應考慮柱上下端產生最大可能彎矩強度所計得之剪力

(D)梁柱構架之接頭，若接頭四面有梁構入的面數越多，其接頭的剪力計算強度越低

【解析】由 RC 設計規範（內政部 110 年版）第十五章耐震設計之特別規定，15.6.3.1 常重混凝土構材接頭之剪力計算強度規定，接頭四面皆受圍束($5.3\sqrt{f'_c}A_j$)大於三面或一雙對面受圍束($3.9\sqrt{f'_c}A_j$)，再大於其他($3.2\sqrt{f'_c}A_j$)，故可判斷選項(D)錯誤。

（D）37.下列何者須考量材料異向性對結構力學特性的影響？

(A)鋼筋混凝土結構　　(B)鋼骨結構

(C)鋼骨鋼筋混凝土結構　　(D)木造結構

【解析】當材料為「非等向性」材料時，就須考量材料異向性。

木材為非等向性材料，因此本題選(D)木造結構。

（B）38.在拆解一梁柱式木構造擬重複使用構材時，發現多數桿件斷面部分受損，因此將所有桿件裁切為較短、斷面較小之桿件。在儘量使用舊有桿件條件下，下列結構系統何者最適合用來搭建接近原本跨距之結構？

(A)承重牆結構　(B)桁架　(C)大木構造與斗栱　(D)薄膜

【解析】由桁架系統概念，其由短、堅硬、直線桿件所構成，桿件僅承受壓力或張力，再配合題意狀況，選項(B)最適合。

（C）39.下列建築材料當中，何者最不符合永續綠建材的概念？

(A)複合木材（如：木塑材）　(B)鋼

(C)鋼筋混凝土　(D)砌石

【解析】簡化來看，複合木材可利用回收品進行加工組合，鋼之回收再利用率較高，砌石多為以現地石材加以運用，相較而言，混凝土之原料開採、製造對環境影響較大及其後續再利用率低，故為選項(C)。

（B）40.對於臺灣的 40～50 層超高層建築物，在一般狀況下，下列敘述何者錯誤？

(A)設計風力可能會大於設計地震力

(B)設計風力乘以載重因數後，若能大於設計地震力，則不用進行韌性設計

(C)一般強度的 RC 構造並不適用此樓層範圍

(D)純抗彎構架結構系統採用鋼骨造仍有困難

【解析】依耐震規範 1.5 規定，規範訂定設計地震力時，已考慮建築物之韌性容量而將設計地震力折減。因此建築物應依韌性設計要求設計之，使其能達到預期之韌性容量。建築物之設計風力若大於設計地震力，構材應按風力產生之內力設計，惟有關耐震之韌性設計及其他相關規定，仍應按相關規範辦理，故選項(B)明顯有誤。

112年 專門職業及技術人員高等考試試題／建築構造與施工

（A）1. 木材作為結構材料時應注意木紋斜率（*tan θ*），為達到受彎木料的最佳應力，下列何者正確？

(A)在 1/10 以下　(B)約 1/5

(C)約 1/4　(D)在 1/3 以上

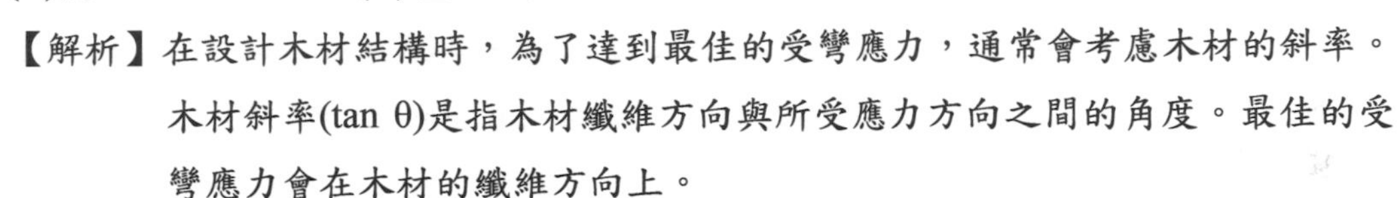

【解析】在設計木材結構時，為了達到最佳的受彎應力，通常會考慮木材的斜率。木材斜率(tan θ)是指木材纖維方向與所受應力方向之間的角度。最佳的受彎應力會在木材的纖維方向上。

理想情況下，當受彎木料的應力與木材纖維方向平行時，可以使得木材能夠最有效地抵抗受力，因為木材的強度和剛性在纖維方向上是最高的。

(A) 為了達到最佳的受彎應力，木材作為結構材料時，應該讓受力方向盡可能與木材的纖維方向平行，也就是**使木材的斜率(tan θ)趨近於零**。这意味着，受力方向應盡量與木材的纖維方向保持平行。

（A）2. 依據 CNS2257 有關鋁窗框之規定，下列何者符合鋁擠型條之材料規格標示？

(A) 6063-T5　(B) 5005　(C) 5052　(D) 1100

【解析】(A) 進口鋁錠，經自備分光儀詳細分析合金成份，鑄造符合 CNS 2257 H3027 之 6063 鋁合金鑄錠而擠成 6063-T5 強力耐蝕鋁合金擠型；抗拉強度最低在 150 N/mm^2 以上，降伏強度最低在 110 N/mm^2 以上，伸長率 8 % 以上。

參考來源：https://kknews.cc/news/a3xko86.html

（#）3. 鋼結構的構造邏輯與木結構相似，其受力判斷來自於材料力學理論，下列何者才是應力比的判斷方式？**【一律給分】**

(A)外應力／容許應力（ANS）　(B)材料比重／水比重

(C)彎矩／剪力　(D)變形／跨度

【解析】鋼結構和木結構的受力判斷都是基於材料力學理論。應力比的判斷方式通常是根據「外應力／容許應力」，但木結構要同時考量外應力的方向性（平行、傾斜或垂直纖維方向）。

參考來源：營造法與施工（上），吳卓夫、葉基棟，CH.5 木構造。

（B）4. 有關木質材料，下列敘述何者正確？

(A)木心板為上下兩層薄木片夾住中間以實木條拼貼而成，因材料構成均勻多半用於木結構的結構部分

(B)集成材為單板 5 公分以下 3 塊板以上重疊膠合而成的材料

(C)木材只要長度不足無論何處都可以利用搭接的方式延長材料

(D)木材因為是自然有機的產物，故節疤、裂痕、蟲孔等並不影響其使用強度

【解析】(A)木心板是以木板條夾於兩塊單板，經加壓膠合而成，因為木心板與小板條應力差距大，僅供裝修或傢俱用，不適用結構材。

(B)集成材每塊膠合板厚度以 5 cm 為限。

(C)木構造建築物設計及施工技術規範 6.1.1 容許應力與使用應力

決定機械性接合部位之容許應力時，應考慮接合部位之樹種（比重）、設計斷面、載重角度、接合扣件之配置間距、載重條件、偏心、木材接合部位之含水率等。

(D)節疤、裂痕、蟲孔等都屬於木材的瑕疵,對強度有嚴重影響。

參考來源：營造法與施工（上），吳卓夫、葉基棟。CH.5 木構造

（B）5. SRC 矩形柱，若主筋間距過大時須加配軸向輔助筋，下列敘述何者錯誤？

(A)軸向輔助筋須為 D13 以上

(B)軸向輔助筋必須錨定

(C)輔助筋應不計其對柱強度之貢獻

(D)主筋間距大於 300 mm 時，須加配輔助筋

【解析】鋼骨鋼筋混凝土構造設計規範與解說 4.3.3.節：

2. 鋼骨鋼筋混凝土柱中之主筋間距不得大於 300 mm。若主筋間距大於 300 mm 時，則須加配 D13 以上之軸向補助筋，**補助筋可以不用錨定**，且補助筋應不計其對柱強度之貢獻。(A)(B)(C)(D)

（B）6. 有關鋼筋混凝土外牆設計及施工規範，下列敘述何者錯誤？

(A)牆內若有門窗開孔者，開孔之四周須加置不少於 2 根 D16 之鋼筋

(B)非承重牆之厚度不得小於 7 cm，亦不得小於側向支承構材間最小距離之 1/30

(C)牆之垂直或水平鋼筋間距均不得大於 3 倍牆厚或 45 cm

(D)牆開孔補強鋼筋須延伸至孔角外至少 60 cm，並不得小於其伸展長度

【解析】建築物混凝土結構設計規範 11.7.5.1

(A)於牆內若有窗、門及類似尺寸之開孔者，除上述第 11.6 節之最少鋼筋量規定外，於**雙層鋼筋之牆內開孔四周雙向須加至少 2 根 D16 之鋼筋**，

而於單層鋼筋之牆內開孔四周雙向須加至少單根 D16 之鋼筋；且其錨定長度須足以使鋼筋於開孔角隅處受拉時發揮 fy。

(B) 建築物混凝土結構設計規範表 11.3.1.1

非承重牆之厚度不得小於 10 cm，亦不得小於側向支承構材間最小距離之 1/30。

(C)建築物混凝土結構設計規範

11.7.2.1　**場鑄牆的縱向鋼筋間距 s 應不超過 3 h 及 45 cm** 二者之較小值。若面內強度需要剪力鋼筋時，縱向鋼筋間距應不超過 ℓw / 3。

11.7.3.1　**場鑄牆之橫向鋼筋間距 s 應不超過 3 h 及 45 cm** 之二者較小值。若面內強度需剪力筋時，s 應不超過 ℓw / 5。

(D) 建築物混凝土結構設計規範 14.6.1

在門、窗或類似尺寸之開孔四周應至少配置 2 支 D16 鋼筋，該等鋼筋應延伸超過開孔角隅至少 60 cm；或鋼筋端應設置錨定，使鋼筋能在開孔角隅處發展出 fy 之拉力。

（A）7. 依據營造安全衛生設施標準，於高度 2 公尺以上施工架上從事作業時，工作臺寬度應在 40 公分以上並舖滿密接之板料，其支撐點應有二處以上，並應綁結固定，無脫落或位移之虞，板料與板料之間縫隙至多不得大於幾公分？

(A) 3　(B) 5　(C) 10　(D) 20

【解析】營造安全衛生設施標準§48

二、工作臺寬度應在**四十公分以上並舖滿密接之踏板，其支撐點應有二處以上，並應綁結固定，使其無脫落或位移之虞，踏板間縫隙不得大於三公分**。(A)

（D）8. 有關逆打工法之特性，下列何者錯誤？

(A)擋土的安全性高

(B)工期較短

(C)最小限度施工走道即可

(D)對於地下工程中的營建公害防止上較無效（噪音、震動）且適用於地下平面形狀規則時之情況

【解析】逆打工法優點：

（1）節省時間：逆打工法允許同時進行上下結構工程，因此可以節省整體的建造時間，提高施工效率。(B)

（2）節省空間：尤其適用於城市狹小空間的地盤，可以更有效地利用有限的工地面積。(C)

（3）減少對周邊環境的影響：逆打工法可以減少對周邊環境的噪音、震動和塵土等影響，有助於減少施工對周邊居民和交通的干擾。

（4）提高安全性：因為上下結構同步進行，減少了高空作業的需求，有助於提高工地的安全性。(A)

（5）可適應地下層建築：適用於需要地下停車場或基地地下結構的建築項目。

逆打工法缺點：

（1）成本較高：逆打工法的初期投資成本相對較高，包括設置支撐結構和進行地下一樓的同時開挖。

（2）限制於地質條件：適用性受到地質條件的限制，特別是在不穩定的土壤或需要大量的基樁工程時可能不適用。(D)

（3）施工難度：逆打工法的施工難度較大，需要精密的施工計劃和技術。

（4）有限於特定建築形式：不適用於所有建築形式，尤其是高層或大跨度結構。

（5）可能需要較長的前期規劃：需要更長時間的前期規劃，包括支撐結構的設計和地下一樓的挖掘工程。

（B）9. 依據無障礙設計技術規範，除第 2 層以上供住宅使用之公寓大廈，且各樓層之樓地板面積小於 240 平方公尺者另有規定外，樓梯上所有梯級之級高及級深應統一，且級高不得大於多少公分？

(A) 15　(B) 16　(C) 18　(D) 20

【解析】建築物無障礙設施設計規範

304.1 級高及級深：樓梯上所有梯級之級高及級深應統一，**級高(R)應為 16 公分以下**，級深(T)應為 26 公分以上，且 55 公分≦2R+T≦65 公分。(B)

（C）10. 依據建築技術規則，有關升降機的設置，多少樓層以上應至少設置一座以上之升降機梯通達避難層？

(A) 8　(B) 4　(C) 6　(D) 5

【解析】建築技術規則建築設計施工編§55

一、**六層以上之建築物，至少應設置一座以上之昇降機通達避難層**。建築物高度超過十層樓，依本編第一百零六條規定，設置可供緊急用之昇降機。(C)

（#）11. 依據建築物無障礙設施設計規範，無障礙停車位，下車區之線條應為何種顏色？

(A)淺藍色 (B)白色 (C)紅色 (D)綠色**【一律給分】**

【解析】建築物無障礙設施設計規範 803.3

車位地面標誌：停車位地面上應設置無障礙停車位標誌，標誌圖尺寸不得小於 90 公分×90 公分，停車格線之顏色應為淺藍色或白色，與地面具有辨識之反差效果，**下車區應為白色斜線及直線**，予以區別。

（#）12. 依據建築物無障礙設施設計規範，有關無障礙樓梯之規定，下列敘述何者錯誤？

(A)就樓梯形式而言，不得設置旋轉式樓梯**【答 A 或 C 或 D 者均給分】**

(B)梯級突沿的彎曲半徑不得大於 1.3 公分

(C)樓梯兩端扶手應水平延伸 30 公分以上

(D)距梯級終端 30 公分處，設置深度 20 至 30 公分之警示設施

【解析】建築物無障礙設施設計規範

(A)301.1 樓梯形式：不得設置旋轉式及梯級間無垂直板之露空式樓梯的敘述為 104 年 1 月 1 日施行舊版法條，故本選項給分。

(B)304.2 梯級鼻端：梯級突沿的彎曲半徑不得大於 1.3 公分，且超出踏板的突沿應將突沿下方作成斜面，該突出之斜面不得大於 2 公分。

(C)305.2 水平延伸：樓梯兩端扶手應水平延伸 30 公分以上，並作端部防勾撞處理（圖 207.3.4），扶手水平延伸，不得突出於走道上；另中間連續扶手，於平台處得不需水平延伸。

(D)306.1 終端警示：距梯級終端 30 公分處，應設置深度 30-60 公分，顏色且質地不同之警示設施（圖 305.1）。樓梯中間之平台不需設置警示設施。

因此題考題陳述有舊版法條，經提出疑義之後考選部裁定答 A 或 C 或 D 者均給分，各選項中【法條號碼】參照新版本方便同學查閱。

（C）13. 依據建築物無障礙設施設計規範，有關無障礙客房之空間規定，下列何者錯誤？

(A)房間內通路寬度不得小於 120 公分

(B)床間淨寬度不得小於 90 公分

(C)房間內求助鈴應至少設置一處，為距地板面高 90 至 120 公分處

(D)求助鈴按鈕訊號應連接至服務台或類似空間

【解析】建築物無障礙設施設計規範

1005.1 位置：應至少設置 2 處，1 處按鍵中心點設置於距地板面 90 公分至 120 公分範圍內；另設置 1 處可供跌倒後使用之求助鈴，按鍵中

心點距地板面 15 公分至 25 公分範圍內，且應明確標示，易於操控。(A)(B)(C)

1005.2 連接裝置：求助鈴應連接至服務台或類似空間，若無服務台，應連接至無障礙客房外部之警示燈或聲響。(D)

（D）14.混凝土外牆開口（如窗戶、電表箱）下方常出現蜂窩，下列何者為最經濟有效之處理方式？

(A)增加該處混凝土坍度　　(B)澆置時不留開口，澆置後再打鑿

(C)手工澆置　　(D)留設觀察孔

【解析】(A)增加混凝土坍度可能會使混凝土變得更為流動，但並不一定解決蜂窩的問題。坍度增加可能導致混凝土中的骨料分離，反而加劇了蜂窩的發生。

(B)澆置時不留開口，而是澆灌整個混凝土牆體，然後再使用後續工序進行開口的處理。打鑿應該在混凝土已經達到足夠硬度後進行，以避免損害結構和表面。

(C)混凝土的坍度與是否手工澆置並不直接相關。手工澆置可能需要更細心的操作，但關鍵仍然是確保混凝土的質量、坍度和配比符合設計要求，以減少蜂窩等缺陷的發生。

總的來說，混凝土外牆開口下方出現蜂窩的問題可能與混凝土的材料選擇、澆灌過程、養護等多個因素相關。適當的混凝土設計、施工操作和養護是減少蜂窩等缺陷的關鍵。

（A）15.依據建築物無障礙設施設計規範，無障礙坡道每高差達多少公分時，應設置中間平台？

(A) 75　　(B) 80　　(C) 85　　(D) 90

【解析】(A)建築物無障礙設施設計規範 206.3.2 中間平台：**坡道每高差 75 公分**，應設置長度至少 150 公分之平台，平台之坡度不得大於 1/50。

（C）16.下列何者不符合建築技術規則關於分戶樓板之衝擊音隔音構造？

(A)鋼筋混凝土造樓板厚度在 15 公分以上，其上鋪設橡膠緩衝材（厚度 0.8 公分以上，動態剛性 50 百萬牛頓／立方公尺以下），其上再鋪設混凝土造地板（厚度 5 公分以上，以鋼筋或鋼絲網補強），地板表面材得不受限

(B)鋼承板式鋼筋混凝土造樓板最大厚度在 19 公分以上，其上鋪設玻璃棉緩衝材（密度 96 至 120 公斤／立方公尺）厚度 0.8 公分以上，其上再鋪設木質地板厚度合計在 1.2 公分以上

(C) 鋼筋混凝土造樓板厚度在 15 公分以上，其上鋪設架高地板其木質地板厚度合計在 2 公分以上者，架高角材或基座與樓板間須鋪設橡膠緩衝材（厚度 0.5 公分以上）或玻璃棉緩衝材（厚度 0.5 公分以上），架高空隙以密度在 60 公斤／立方公尺以上、厚度在 5 公分以上之玻璃棉、岩棉或陶瓷棉填充

(D) 鋼承板式鋼筋混凝土造樓板最大厚度在 19 公分以上，其上鋪設岩棉緩衝材（密度 100 至 150 公斤／立方公尺）厚度 2.5 公分以上，其上再鋪設混凝土造地板（厚度 5 公分以上，以鋼筋或鋼絲網補強），地板表面材得不受限

【解析】建築技術規則建築設計施工編§46-6 分戶樓板之衝擊音隔音構造

分戶樓板之衝擊音隔音構造，應符合下列規定之一。但陽臺或各層樓板下方無設置居室者，不在此限：

一、鋼筋混凝土造樓板厚度在十五公分以上或鋼承板式鋼筋混凝土造樓板最大厚度在十九公分以上，其上鋪設表面材（含緩衝材）應符合下列規定之一：

（一）橡膠緩衝材（厚度零點八公分以上，動態剛性五十百萬牛頓／立方公尺以下），其上再鋪設混凝土造地板（厚度五公分以上，以鋼筋或鋼絲網補強），地板表面材得不受限。(A)

（二）橡膠緩衝材（厚度零點八公分以上，動態剛性五十百萬牛頓／立方公尺以下），其上再鋪設水泥砂漿及地磚厚度合計在六公分以上。

（三）**橡膠緩衝材（厚度零點五公分以上，動態剛性五十五百萬牛頓／立方公尺以下），其上再鋪設木質地板厚度合計在一點二公分以上。**(C)

（四）玻璃棉緩衝材（密度九十六至一百二十公斤／立方公尺）厚度零點八公分以上，其上再鋪設木質地板厚度合計在一點二公分以上。(B)

（五）**架高地板其木質地板厚度合計在二公分以上者，架高角材或基座與樓板間須鋪設橡膠緩衝材（厚度零點五公分以上）或玻璃棉緩衝材（厚度零點八公分以上），架高空隙以密度在六十公斤／立方公尺以上、厚度在五公分以上之玻璃棉、岩棉或陶瓷棉填充。**

（六）玻璃棉緩衝材（密度九十六至一百二十公斤／立方公尺）或岩棉緩衝材（密度一百至一百五十公斤／立方公尺）厚度二點五

公分以上，其上再鋪設混凝土造地板（厚度五公分以上，以鋼筋或鋼絲網補強），地板表面材得不受限。(D)

（七）經中央主管建築機關認可之表面材（含緩衝材），其樓板表面材衝擊音降低量指標△Lw 在十七分貝以上，或取得內政部綠建材標章之高性能綠建材（隔音性）。

二、鋼筋混凝土造樓板厚度在十二公分以上或鋼承板式鋼筋混凝土造樓板最大厚度在十六公分以上，其上鋪設經中央主管建築機關認可之表面材（含緩衝材），其樓板表面材衝擊音降低量指標△Lw 在二十分貝以上，或取得內政部綠建材標章之高性能綠建材（隔音性）。

三、其他經中央主管建築機關認可具有樓板衝擊音指標 Ln, w 在五十八分貝以下之隔音性能。

緩衝材其上如澆置混凝土或水泥砂漿時，表面應有防護措施。

地板表面材與分戶牆間應置入軟質填縫材或緩衝材，厚度在零點八公分以上。

（C）17.下列有關玻璃與其特性之敘述，何者錯誤？

(A)鋼絲網玻璃：係指以金屬網夾入玻璃內部之板玻璃，主要用於耐高溫及防盜使用

(B)膠合玻璃：係兩片以上玻璃，中間以中間膜全面接著而成，即便受外力而破裂時，大部分玻璃碎片不致飛散

(C)強化玻璃：係指將板玻璃熱處理，使玻璃表面上形成壓縮應力層並增加強度，因不易破碎，可於安裝時切割施作

(D)雙層玻璃：係將兩片玻璃以一定之間隔，用金屬或其他材料焊接封閉其四邊，對其中間空隙注入純淨之乾燥空氣而製成者

【解析】(C) 強化玻璃由於玻璃內的應力需要平衡，所以如果強化玻璃上出現任何損壞或裂痕，整塊玻璃就會碎成指甲大小的碎片，所以**對玻璃的切割及打磨處理需在強化工序前進行**。

參考來源：https://zh.wikipedia.org/zh-tw/%E5%BC%B7%E5%8C%96%E7%8E% BB%E7%92%83

（#）18. 關於國內目前高性能綠建材，不包含下列何種性能？**【一律給分】**

(A)透水　(B)防火　(C)節能　(D)防音

【解析】高性能綠建材目前受理共有三類，分別是「**高性能防音綠建材**」、「**高性能透水綠建材**」及「**高性能節能綠建材**」等。(A)(C)(D)

其中「高性能防音綠建材」當中例如樓板表面材必須是結合地板材料的構

件，因為地板的性能是必須考慮到居住性，包括耐壓性能、防水性能、**防火性能**、耐久性能等。(B)

參考來源：https://gbm.tabc.org.tw/modules/pages/voice

（B）19.一般情況下，木構造建築物之簷高與樓層數限制為何？

(A)簷高不得超過 11 公尺，樓高不得超過 3 層樓

(B)簷高不得超過 14 公尺，樓高不得超過 4 層樓

(C)簷高不得超過 17 公尺，樓高不得超過 5 層樓

(D)簷高不得超過 20 公尺，樓高不得超過 6 層樓

【解析】建築技術規則建築構造編§171-1

(B) **木構造建築物之簷高不得超過十四公尺，並不得超過四層樓**。但供公眾使用而非供居住用途之木構造建築物，結構安全經中央主管建築機關審核認可者，簷高得不受限制。

（D）20.有關新建建築物居室牆體之空氣音隔音構造需求，下列敘述何者錯誤？

(A)分戶牆為鋼筋混凝土造者，其總厚度含粉刷須在 15 公分以上

(B)分間牆為紅磚之實心磚造，其總厚度含粉刷在 12 公分以上

(C)分間牆以輕型鋼骨架為底，兩面各覆以纖維水泥板，其板材總面密度在 55 公斤／平方公尺以上，板材間以密度在 60 公斤／立方公尺以上，厚度在 7.5 公分以上之玻璃棉填充，且牆總厚度在 10 公分以上

(D)分戶牆之採用須具經中央主管建築機關認可具有空氣音隔音指標 Rw 在 45 分貝以上之隔音性能

【解析】建築技術規則建築設計施工編§46-3 分間牆之空氣音隔音構造

分間牆之空氣音隔音構造，應符合下列規定之一：

二、紅磚或其他密度在一千六百公斤／立方公尺以上之實心磚造，含粉刷總厚度在十二公分以上。(B)

三、輕型鋼骨架或木構骨架為底，兩面各覆以石膏板、水泥板、纖維水泥板、纖維強化水泥板、木質系水泥板、氧化鎂板或硬質纖維板，其板材總面密度在四十四公斤／平方公尺以上，板材間以密度在六十公斤／立方公尺以上，厚度在七點五公分以上之玻璃棉、岩棉或陶瓷棉填充，且牆總厚度在十公分以上。(C)

建築技術規則建築設計施工編§46-4 分戶牆之空氣音隔音構造

分戶牆之空氣音隔音構造，應符合下列規定之一：

一、鋼筋混凝土造或密度在二千三百公斤／立方公尺以上之無筋混凝土

造，含粉刷總厚度在十五公分以上。(A)

四、其他經中央主管建築機關認可具有空氣音隔音指標 Rw 在五十分貝以上之隔音性能，或取得內政部綠建材標章之高性能綠建材(隔音性)。(D)

（B）21.以下關於鋼筋混凝土的描述，何者錯誤？

(A)混凝土抗壓強度高，鋼筋抗拉強度大。因此將這兩種材料組合在一起，形成可以承受各種變形的構造

(B)鋼筋與混凝土的熱膨脹率相差較大，因此常用表面凹凸利於混凝土握裹的竹節鋼筋，有利於避免因溫度變化引起的伸縮差異，造成混凝土龜裂

(C)混凝土的耐火性高，可以保護耐熱性差的鋼筋

(D)鋼筋較易生銹，在鹼性的混凝土中配置鋼筋可以避免生銹。然而，混凝土在空氣中會與 CO_2 等產生反應，逐漸中性化

【解析】(B)鋼筋與混凝土的熱膨脹率差異不是主要原因。主要是因為鋼筋和混凝土的溫度膨脹係數並不大，不太可能因此造成明顯的伸縮差異。在混凝土中使用表面凹凸的竹節鋼筋，主要是為了增加鋼筋和混凝土之間的附著力，而不是因為熱膨脹率的差異。

（#）22.有關綠建材標章之「生態綠建材」評定基準之敘述，下列何者錯誤？**【一律給分】**

(A)天然植物建材、天然石材、天然隔熱建材、非化學合成管線材、填縫劑、窗簾，均屬於評定項目

(B)評定木製建材「無匱乏危機」的要求水準，係木材部分應 100%產自永續經營或人工森林

(C)國產木竹材之產銷履歷農產品驗證（TAP）文件，可作為評定木製建材「無匱乏危機」的證明

(D)健康綠建材評定基準試驗報告書（E3 等級以上），可作為評定木製建材「低人工處理」的證明文件

【解析】(A)生態綠建材評定項目

1. 木製建材
2. 天然植物建材
3. 天然隔熱建材
4. 非化學合成管線材
5. 非化學合成衛浴
6. 木材染色劑

7. 外殼粉刷材

8. 塗料

9. 窗簾

10.壁紙

11.填縫劑

12.其他天然建材

13.天然石材

(B)木材部分應 100%產自永續經營或人工森林。

(C)一、無匱乏危機天然建材……國產木竹材之產銷履歷農產品驗證（TAP)、國際永續森林證明等相關資格證明文件（FSC、PEFC），提供材料產地無匱乏危機等證明……

(D)二、低人工處理……取得健康綠建材逸散等級 E3 等級以上者亦可作為為低人工處理的證明文件。

參考來源：財團法人台灣建築中心生態綠建材評定基準

https://gbm.tabc.org.tw/modules/pages/ecology

（C）23.混凝土的構成材料包括水、水泥、粗骨材、細骨材、混合劑等。下列何項不屬於混合劑的種類？

(A)AE 劑　(B)緩凝劑　(C)加水劑　(D)速凝劑

【解析】常用的混合劑：

(A)輸氣劑（AE 劑）

(B)(D)凝結劑：快凝劑與緩凝劑

(C)減水劑與強塑劑，非加水劑

（C）24.下列對於木構造柱樑構架住宅屋頂之敘述，何者正確？

(A)木構造住宅一般採用平屋頂形式，屋簷會懸挑出外牆面

(B)屋瓦自古以來即廣泛被利用於屋頂，但耐久性不佳隔熱性能低

(C)屋瓦依照素材分類，有以粘土為原料的粘土瓦和以水泥為主原料的水泥瓦

(D)屋瓦本身重量重，有利於強風與地震

【解析】(A)木構造住宅通常使用坡屋頂而非平屋頂形式。

(B)屋瓦通常具有良好的耐久性且能提供不錯的隔熱性能，取決於所使用的材料和製造工藝。

(D)屋瓦的重量過重實際上並不有利於強風和地震的情況。

（D）25.有關塗裝工程說明，下列何者錯誤？

(A)塗裝工程目的有美觀和保護，一般塗在混凝土、鐵、木材的表面

(B)塗裝可減低腐蝕並避免塵埃

(C)工廠可預做鋼構件表面的塗裝

(D)在工地現場對於構件和牆面進行塗裝，不需考慮氣象條件

【解析】(D)塗裝工程施工環境宜氣溫＜攝氏 5 度，室內相對濕度＜攝氏 85 度。避開陰雨天、過濕的梅雨季與低溫酷寒季節。

（A）26.日式木造建築中，此種榫接形式通常須由側面擊入兩支水平木栓，其主要作用為何？

(A)防止榫接部位受垂直剪力作用而脫榫　(B)抵抗垂直載重造成的彎矩

(C)抵抗水平剪力　(D)抵抗軸拉力

【解析】題目圖示為斜企口拼接

(A)日式木造建築中，斜企口拼接的主要作用是防止榫接部位受垂直剪力作用而脫榫，因此正確答案應該是防止榫接部位受垂直剪力作用而脫榫。這種連接方式可以增加連接的穩定性，防止垂直方向的剪切力使得榫頭脫出。

（D）27.下列有關材料在陽光下耐候性的敘述，何者正確？

(A)聚胺脂（Polyurethane,PU）塗布防水材對陽光皆具有良好的耐候性，因此適合採用露出工法，不適合採用覆蓋工法

(B)陽光中的紫外線會分解木材中的木質素（木材顏色的主要來源），是造成木材退色白化的主要原因

(C)氟材料的 C-F 鍵能抵抗陽光中的紅外線，且氟原子能包圍碳鏈骨架，提高耐候性。建築中常用的氟材料例如氟碳樹脂塗料、鐵氟龍（PTFE）膜材

(D)陽光中的紫外線會破壞聚合物的鍵結，是加速填縫材料劣化的主要原因之一

【解析】(A)聚胺脂可能具有良好的耐候性，但具體是否適合露出工法或覆蓋工法應該視具體應用情境而定。某些應用場合可能需要覆蓋以提供額外的保護，而另一些場合可能適合露出。

(B)陽光中的紫外線會分解木質素，導致木材退色和白化是木材顏色變化的主要原因之一，但可能還有其他複合成因。

(C) 氟材料具有抵抗紅外線的能力，並且氟原子的特性有助於提高耐候性。但材料的耐候性主要必須考慮紫外線。

（C）28.以下何種面材最不適合應用於「建築基地保水設計技術規範」規定之「透水鋪面」？（基層及接著層均採用透水良好的工法）

(A)無細骨材混凝土　　(B)多孔隙瀝青混凝土

(C)60 × 60 × 6 cm 的高壓混凝土磚　　(D)50 × 50 × 5 cm 的天然石材

【解析】建築基地保水設計技術規範 3.8 透水鋪面(A)(C)(D)

指表層及基層均具有良好透水性能的鋪面。其型式包括單元式透水鋪面、整體型透水鋪面、其他型式透水鋪面。

單元透水鋪面為不透水的塊狀硬質材料所構成，如連鎖磚、石塊、水泥塊、磁磚塊、木塊、高密度聚乙烯格框等硬質材料以乾砌方式拼成。其透水性能主要由表面材的乾砌間隙來達成。

整體型透水鋪面為整體成型之透水面狀材料所構成，如**透水性瀝青、透水性混凝土、多孔性混凝版構造或透水性樹脂混合天然石砂粒**等。其透水性能主要由表層材料本身孔隙來達成。

（A）29.關於地基調查，下列敘述何者錯誤？

(A)4 層以下非供公眾使用建築物之基地，如基地面積為 1000 平方公尺，且基礎開挖深度為 5 公尺以內及無地質災害潛勢者，得引用鄰地既有可靠之地下調查資料代替地下探勘調查

(B)供公眾使用之建築物位於砂土層有土壤液化之虞者，應辦理基地地層之液化潛能分析

(C)建築物地基調查計畫須考慮建築物之初步基礎設計

(D)淺基礎基腳之調查深度應達基腳底面以下至少 4 倍基腳寬度之深度，或達可確認之承載層深度

【解析】(A)建築技術規則建築構造編§64

四層以下非供公眾使用建築物之基地，且基礎開挖深度為五公尺以內者，得引用鄰地既有可靠之地下探勘資料設計基礎。無可靠地下探勘資料可資引用之基地仍應依第一項規定進行調查。但建築面積**六百平方公尺以上者，應進行地下探勘**。

（B）30.關於屋頂採用混凝土防水施工，下列敘述何者錯誤？

(A)採用混凝土防水時，頂層樓板的厚度宜在 15 cm 以上

(B)混凝土之坍度宜維持在 18 cm 左右，以確保其擁有良好的工作性

(C)澆置後宜將混凝土劃平夯實並做成 1/30 之洩水坡度

(D)與屋頂樓板接續之混凝土面應清除水泥乳沫，並打毛成粗面後再澆置混凝土

【解析】配比設計時坍度按購見部位、施工條件及施工機具決定，除經許可或合約另有規定，振動法搗實之混凝土坍度不大於 10 cm；添加摻料增加坍度之混凝土在澆置點最大坍度不超過 18 cm。

（A）31.下列之圖例，最有可能是那一種工法？

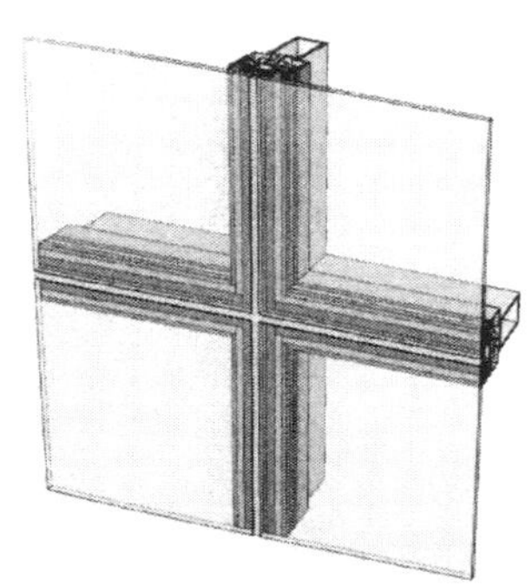

(A) SSG 工法（Structural Sealant Glazing）

(B) MPG 工法（Metal Point Glazing）

(C) DPG 工法（Dot Point Glazing）

(D) MJG 工法（Minimum Joint Glazing）

【解析】外牆面 SSG 架構工法主要是強調玻璃立面，利用結構用膠，結合玻璃與內支撐。

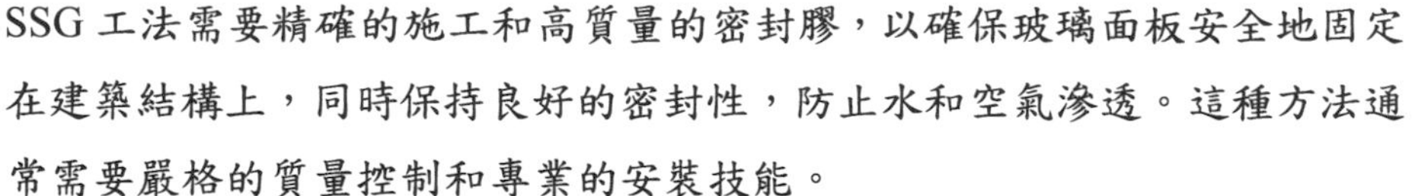

SSG 工法需要精確的施工和高質量的密封膠，以確保玻璃面板安全地固定在建築結構上，同時保持良好的密封性，防止水和空氣滲透。這種方法通常需要嚴格的質量控制和專業的安裝技能。

（B）32.下面何項不屬於 CNS 帷幕牆風雨試驗之項目？

(A)氣密性能試驗　　(B)耐久性能試驗

(C)層間變位吸收性能試驗　　(D)正風壓結構性能試驗

【解析】CNS11524 門窗性能試驗法通則，若執行上述三個試驗項目，其順序分別為：（1）氣密性試驗、（2）水密性試驗、（3）抗風壓性試驗。

參考來源：內政部建築研究所自行研究報告，內政部建築研究所自行研究報告，民國 99 年 12 月。

（A）33.關於外牆石材飾面工法，下列敘述何者錯誤？

(A)採用乾式工法之石板通常較厚重，因此施工速度較為緩慢

(B)乾式工法的耐震性通常優於濕式工法

(C)濕式工法較容易出現白華等現象

(D)濕式工法之耐衝擊性優於乾式工法

【解析】(A)乾式工法較常用於石板較厚、較重的情況，其施工成本較濕式工法高，但施作工期可比濕式工法短。

參考來源：2017-04-06 技師報，淺談外牆石材乾式施工作業。

（#）34. 外牆瓷磚採用非水泥砂漿類之黏著劑鋪貼後，如在一般標準環境下進行接著強度試驗，依據 CNS 其接著強度至少為何？**【答 B 或 C 或 D 者均給分】**

(A) 5 kgf/ cm^2　(B) 6 kgf/ cm^2　(C) 9 kgf/ cm^2　(D) 12 kgf/ cm^2

【解析】依照 CNS 12611 陶瓷面磚用接著劑接著強度試驗，證明其接著強度不小於 6 kgf / cm^2，並未規定上限，且題目未載明 CNS 幾號為標準。

（D）35. 依據我國之國家標準，吸水率為 20%之面磚屬於下列那一類？

(A) Ia 類　(B) Ib 類　(C) II類　(D) III類

【解析】CNS 9737

磁磚依依吸水率之區分

Ia 類：0.5 以下。

Ib 類瓷質：1200℃以上高溫燒成，吸水率 3.0 以下。

II類石質：1100~1200℃高溫燒成，吸水率 10.0 以下。

III類陶質：1000~1100℃高溫燒成，吸水率 50.0 以下。(D)

（C）36. 關於場鑄混凝土樁，下列敘述何者錯誤？

(A) 場鑄混凝土樁之混凝土規定抗壓強度不得小於 210 kgf/ cm^2

(B) 於水中或泥水中打設時，澆注時採用之混凝土強度應按規定抗壓強度再提高 35 kgf/ cm^2

(C) 基樁內主鋼筋最少不得少於 9 支，其主鋼筋直徑不得小於 19 mm，且鋼筋總斷面積不得小於樁斷面積之千分之五

(D) 基樁內主鋼筋保護層之淨厚度不得小於 7.5 cm

【解析】(C) 基樁內主鋼筋最少不得少於 **6 支**，其主鋼筋直徑不得小於 19 mm，且鋼筋總斷面積不得小於樁斷面積之千分之五，保護層之淨厚度不得 < 7.5 cm，箍筋直徑不得< 13 mm。

（C）37. 關於基地開挖，下列敘述何者錯誤？

(A) 深井排水工法適用於地質均一，透水性大之土壤

(B) 對於深開挖工程，調查深度應視地層性質、軟硬程度及地下水文條件而定，至少應達 1.5～2.5 倍開挖深度之範圍或不透水層之深度

(C) 高地下水位且透水性良好之砂質地層適合採用邊坡式開挖

(D) 擋土壁下方為透水性佳之砂質土壤，且擋土壁未貫入不透水層時，即應檢討其抵抗砂湧之安全性

【解析】通常在高地下水位且透水性良好的砂質地層中進行開挖時，邊坡式開挖並

不一定適合。即使地層為砂質且水位高，這種情況下地層可能因為水的流動而不穩定。高地下水位下進行開挖可能導致邊坡崩塌、坍塌或泥流等危險。透水性良好的地層也可能增加水壓，對開挖工程造成影響。

（D）38.關於混凝土的成分、材料特性、以及較為特殊的混凝土製品的敘述，下列何者正確？

(A)飛灰、爐碴等卜作嵐材料屬於再生建材，可以應用在建築構造上，有助於提升水密性與耐久性

(B)一般來說，混凝土的強度與其水膠比呈正比，水膠比越高、強度也會越高

(C)混凝土澆灌時有時會產生蜂窩現象，這個問題係與養護有關，若能在硬化過程中有效地提供水化作用所需的水，可以減少蜂窩的情形

(D)輕質混凝土達成輕量化的作法，其中一種是用輸氣或發泡的方式製造空隙，另一種則是直接使用陶粒等比重較低的粒料

【解析】(A)飛灰、爐碴及矽灰等混用作為膠結材料時，總量不超過 50%，其中飛灰不超過 15%，選項沒有寫清楚。

(B)水膠比即水灰比，混凝土的強度、耐久度與水膠比成反比。

(C)混凝土拆模後的表面不平整、蜂窩等缺陷與養護無關。

（D）39.有關室內裝修工程的敘述，下列何者錯誤？

(A)浮動地板構造常應用於機房來隔振隔音

(B)採點狀支撐架的高架地板應考慮適當的斜撐構造，以防止地震時支撐架傾倒導致地板塌陷

(C)圖書館書架通常不屬於建築技術規則第 3 章「建築物之防火」中第 88 條所稱的「內部裝修材料」限制範圍

(D)「踢腳板」是室內牆壁與地板接合部的一種傳統收頭方式。一般而言應先施作踢腳板，再施作地坪鋪面，以保護牆面裝修材

【解析】(C)建築技術規則建築設計施工編§88，表（十）至（十四）所列建築物包括圖書館所屬 D 類建築物，得不在內部裝修限制內。（詳見原法條圖表）

(D)「踢腳板」之設置要顧及結構體狀況、開口部周圍處理，地板、牆面底層材料再決定。踢腳的裝設可分先施設與後施設兩種。

參考來源：營造法與施工（下），吳卓夫、葉基棟，CH.17 裝修工程。

（C）40.有關室內裝修工程的敘述，下列何者錯誤？

(A)一般室內隔間用的磚牆雖為非結構牆，但是壁量的多寡有可能會影響建築結構體在地震時的行為，如欲拆除既有牆面應審慎評估

(B)表面採用矽酸鈣板或石膏板的乾式輕鋼架隔間牆，如果要釘掛重物，必須增設補強板於骨架上

(C)具 1 小時防火時效的木構造框組壁，其兩側應使用耐燃一級的板材。至於壁內通常使用岩棉填充的主要目的為隔音，與防火無關

(D)輕鋼架明架天花板與牆面的接合部經常採用 L 形角鋁收邊，應有兩鄰邊鎖固於收邊材上，另外兩邊的骨架應採輥接型式（roller，浮置而無鎖固的方式），並與牆面脫開 12 mm 的空隙

【解析】木構造建築防火安全技術規範 Ch.9 建築物之防火

9.3 木構造防火設計

（2）框組壁式

（b）防火被覆用板材與填充材等應於防火時效內能維持壁體或樓板之防火性能。兩側採用厚度為 15 mm 以上之耐燃一級石膏板材或厚度為 12 mm 以上之耐燃一級矽酸鈣板之防火被覆用板材，與壁內填充材為厚度 50 mm 以上密度 60 kg/m^2 以上之岩棉所構成壁體，防火時效可認定為一小時。

（c）壁內通常使用岩棉填充有防火功能。

（D）41.有關室內裝修工程的敘述，下列何者錯誤？

(A)以木料為骨架的 1 小時防火時效乾式隔間牆，其壁內填充岩棉的主要目的是減緩木料因受熱而在壁內空腔產生並蓄積可燃氣體

(B)乾式輕鋼架隔間牆的壁體內有充分的空間，在尚未封板前有利於配管。但是完工後如果要修改配管，會受到輕鋼架骨料的限制反而不甚便利

(C)整體衛浴的底盤通常採用架高的工法，以利調整底盤水平、使排水順暢

(D)為了防止在地震時掉落，輕鋼架明架天花板的主架和副架都必須有適當的懸吊線固定於上方結構體。至於燈具和出風口只要固定在天花板骨架上即可

【解析】(D)輕鋼架明架天花板的主架和副架都必須有適當的懸吊線固定於上方結構體只承吊天花板桿件與板材重量，燈具和出風口需要另外固定。

（B）42.有關室內裝修工程的敘述，下列何者錯誤？

(A)不同材料或構造之隔間牆接合部，比較容易因溫濕度變化或地震而發生裂縫

(B)機房浮動地板上的設備基座，應貫穿浮動地板直接固定於樓板結構，以確保安全及防水的完整性

(C)如果隔間牆的頂端固定於輕鋼架明架天花板，在地震時天花板會更容易破壞，除非天花板的構件及斜撐能夠支撐隔間牆在地震時產生的水平向作用力

(D)可調整高度式的活動高架地板通常為金屬製品，或填充水泥的複合材料。因為板片的水平向剛性很好，所以此類構造的耐震性極佳

【解析】(B)設備基座不應該直接貫穿浮動地板固定於樓板結構上，這樣做會破壞浮動地板的設計特點，影響其功能。相反，應該在浮動地板的表面或底部考慮合適的設備固定方式，例如使用專門的固定裝置或支撐架來固定設備基座，以確保安全並保持浮動地板的功能。

（D）43.有關廠製金屬三明治板外牆，下列敘述何者錯誤？

(A)廠製金屬三明治板外牆屬乾式外牆，乾式外牆的製造尺寸範圍，在工廠製造加工時就已決定

(B)廠製金屬三明治板外牆基於強度上的理由，對第二度加工（切口、鑿孔）有許多限制條件

(C)廠製金屬三明治板外牆應確保帷幕牆的形狀，及耐火、隔熱、隔音等性能之需要

(D)廠製金屬三明治板外牆採用矽酸鈣板或岩棉隔熱板等當作被墊材料，無須和金屬板膠合在一起

【解析】(D)鋁板、不鏽鋼或鋁擠型料經加工成型及表面處理後，背面噴附石棉或礦棉厚約 25 mm 做為防火隔熱材料，並非此選項所述無須和金屬板膠合在一起。

參考來源：營造法與施工（下），吳卓夫、葉基棟，CH.13 帷幕牆。

（D）44.有關預力混凝土構材之澆灌，下列敘述何者錯誤？

(A)工作人員須戴上眼罩設備

(B)灌漿前應檢查所有管線

(C)為確保管線可以暢通無阻，可以壓縮空氣實施檢查

(D)為了觀察水泥砂漿有無從管道末端湧出，必要時得直接以眼窺視管道內部狀況

【解析】(D)套管與端錨的接頭要用防水膠帶纏緊，以防混凝土進入管內，非以眼窺視管道內部狀況的方式。

參考來源：營造法與施工（下），吳卓夫、葉基棟，CH.10 預力混凝土。

（D）45.有關人字臂起重桿之安全管理，下列敘述何者錯誤？

(A)設置於屋外之人字臂起重桿，瞬間風速有超過每秒 30 公尺之虞時，為預防吊桿動搖，致人字臂起重桿破損，應採取吊桿固定緊縛於主桿或地面固定物等必要措施

(B)操作人員於起重桿吊有荷重時，不得擅離操作位置

(C)因強風、大雨、大雪等惡劣氣候，致作業有危險之虞時，應禁止工作

(D)牽索人字臂起重桿之拉條數為 2 條以上；單索人字臂起重桿之拉條數為 1 條以上

【解析】起重升降機具安全規則§49

一、設置於屋外之人字臂起重桿，瞬間風速有超過每秒三十公尺之虞時，為預防吊桿動搖，致人字臂起重桿破損，應採取吊桿固定緊縛於主桿或地面固定物等必要措施。(A)

二、操作人員於起重桿吊有荷重時，不得擅離操作位置。(B)

四、因強風、大雨、大雪等惡劣氣候，致作業有危險之虞時，應禁止工作。(C)

起重升降機具安全規則§50

雇主對於人字臂起重桿之拉條，應依下列規定辦理：

一、**牽索人字臂起重桿之拉條數，為六條以上；單索人字臂起重桿之拉條數，為三條以上**。(D)

（C）46.依營造安全衛生設施標準規定，對於施工構臺應辦理項目，下列敘述何者錯誤？

(A)支柱應依施工場所之土壤性質，埋入適當深度或於柱腳部襯以墊板、座鈑等以防止滑動或下沉

(B)支柱、支柱之水平繫材、斜撐材及構臺之梁等連結部分、接觸部分及安裝部分，應以螺栓或鉚釘等金屬之連結器材固定，以防止變位或脫落

(C)高度 2 公尺以上構臺之覆工板等板料間隙應在 5 公分以下

(D)構臺設置寬度應足供所需機具運轉通行之用，並依施工計畫預留起重機外伸撐座伸展及材料堆置之場地

【解析】營造安全衛生設施標準§62-1

雇主對於施工構臺，應依下列規定辦理：

一、支柱應依施工場所之土壤性質，埋入適當深度或於柱腳部襯以墊板、座鈑等以防止滑動或下沈。(A)

二、支柱、支柱之水平繫材、斜撐材及構臺之梁等連結部分、接觸部分及安裝部分，應以螺栓或鉚釘等金屬之連結器材固定，以防止變位或脫落。(B)

三、**高度二公尺以上**構臺之覆工板等板料**間隙應在三公分以下**。(C)

四、構臺設置寬度應足供所需機具運轉通行之用，並依施工計畫預留起重機外伸撐座伸展及材料堆置之場地。(D)

（D）47.木構造框組壁式工法之設計原則，下列何種做法較不恰當？

(A)構框組壁式 2 × 4 工法之最小間柱斷面為 38 mm × 89 mm，牆間柱之中心距不得超過 455 mm

(B)構框組壁式 2 × 6 工法之最小間柱斷面為 38 mm × 140 mm，牆間柱之中心距不得超過 610 mm

(C)壁內填充材可採用最小厚度 50 mm，密度 60 kg/m^3 以上之岩棉

(D)外壁覆蓋至少 15 mm 之結構用合板（或是 OSB 板），則防火時效認定為 1 小時

【解析】木構造建築物設計及施工技術規範 9.3 木構造系統防火設計

木構造系統防火設計涵蓋基本木構造系統，包含框組壁式系統、梁柱構架系統、原木層疊系統等。

9.3.1 框組壁式系統(D)

（1）壁體、樓板及屋頂之主構材斷面應符合該系統相關設計及施工規範最小斷面尺寸之規定。

（2）牆壁：

（a）具垂直承重性能：防火被覆用板材與填充材等，應於防火時效內能維持壁體之垂直承重性能與防火性能。牆骨架採用斷面為 38 mm × 89 mm 或 38 mm × 140 mm 木料，載重比小於 1.0。**兩側防火被覆用板材各採用厚度為 15 mm 以上之耐燃一級石膏板（GBR 或 GBF 種類）二層，或厚度為 12 mm 以上之耐燃一級矽酸鈣板二層，或厚度為 15 mm（5/8 in 或 15.9 mm）以上之特殊耐火級石膏板一層，與壁內填充材為厚度 50 mm 以上密度 60 kg/m^3 以上之岩棉所構成壁體，防火時效可認定為一小時。**

（A）48.下列關於帷幕牆的描述，何者有錯誤？

(A)地震發生時，為了維持帷幕牆不受地震破壞，必須將帷幕牆上下端均固定在結構體上，並且避免帷幕牆有平移或轉動等現象發生

(B)為了維持帷幕牆的水密性，必須防止雨水從隙縫中滲入，主要防水工法有填縫接

頭及開放接頭兩種。開放接頭不完全封閉面板間的接縫，藉由消除外部空氣與接縫內的氣壓差，使得雨水很難進入接縫內，幾乎不需要特別維護

(C)填縫接頭是廣泛使用的工法，主要施作方式為將室外側（一次密封）和室內側（二次密封）的接縫填滿。由於帷幕牆板片之間的接縫是在現場進行填縫，可能因施工不良、年久老化、地震等因素造成損壞，需定期保養更換

(D)主要構件由鋁等之金屬構件所構成的帷幕牆稱為金屬帷幕牆，由預鑄混凝土構件構成的帷幕牆稱為 PCa 帷幕牆

【解析】(A)固定繫件要有三向度調整性，前後、上下、左右三個方向可以做微細調整，必須將帷幕牆上下端均固定在結構體上這個敘述不正確。

參考來源：營造法與施工（下），吳卓夫、葉基棟，CH.13 帷幕牆。

（A）49.關於建築物隔震工法的施作說明，下列何者錯誤？

(A)將隔震橡膠設置於建築物中間層時，考慮到地震及火災的影響，應以不設置在柱頭為原則

(B)若建築物於底部設置隔震層，則建築物與周邊擋土牆之間需要適度脫開，稱為間隔層

(C)建築物若有地下層，則地下層越深，設置於建築物底部之間隔需要更大，以避免地震時建築物水平移動所造成的碰撞

(D)隔震施工之精度依種類不同雖有差異，但應控制在位置精度正負 3～5 mm 以內

【解析】(A)將隔震橡膠設置於建築物中間層時，柱頭隔震與柱下端隔震，要依目標性能、設置部位限制、施工條件與施工費用等綜合考量選用。

參考來源：營造法與施工（下），吳卓夫、葉基棟，CH.9 鋼筋混凝土構造物之損壞與修補。

（#）50. 有關版基礎開挖後之回填，下列敘述何者正確？【答 B 給分】

(A)版基礎結構完成後，四周之回填應於基礎混凝土澆置後，立刻開始回填

(B)基礎開挖後之回填，應達到適宜之承載力及儘少之壓密沉陷兩大目標

(C)回填材料不得使用現場之開挖料

(D)回填料須為具有壓實效果之材料，應盡量採用容易壓實之沉泥或粘土

【解析】(A)基礎混凝土澆置後，等待混凝土達到足夠的強度後再進行回填，而不是立刻開始回填。立即開始回填可能會對混凝土的固化和強度產生不利影響。

(C)視工程實際狀況回填材料可能使用現場之開挖料

(D)回填料並不一定需要是具有壓實效果的材料，有可能會使用較鬆散的填料，例如碎石或碎磚，不一定要使用容易壓實的沉泥或粘土作回填料。

（C）51.場鑄樁所使用之材料包括混凝土、鋼筋、穩定液，有關材料之品質規定，下列敘述何者錯誤？

(A)水：混凝土拌合用水必須為潔淨可飲用且不得含有害混凝土或鋼筋之物質

(B)水泥：除另有規定外，其成分及品質應符合中華民國國家標準 CNS61-R2001 波特蘭水泥第一型之規定

(C)鋼筋：鋼筋以使用竹節鋼筋為原則，竹節鋼筋應符合中華民國國家標準 CNS 560 A 2006 或 ASTM A706，其分段接續之主筋不得使用聯接器

(D)穩定液：不得含有毒性或污染地下水之物質，並需要按施工圖說規定之方法及標準檢核其品質

【解析】經濟部水利署施工規範第 03210 章鋼筋

2.1.1 鋼筋(C)

（1）**竹節鋼筋：須符合 CNS 560 A2006 鋼筋混凝土用鋼筋之規定。**

（2）**光面鋼筋：須符合 CNS 8279 G1019 熱軋直棒鋼與捲狀棒鋼之形狀、尺度、重量及其許可差之規定。**

2.1.2 除契約另有規定外，工程使用之鋼筋應為熱軋鋼筋，及不得使用熱處理鋼筋（水淬鋼筋）。

2.1.3 鋼筋直徑不小於 10 mm 者均應使用竹節鋼筋，小於 10 mm 以下者得使用光面鋼筋。

選項未陳述完整。

（C）52.既有房屋結構進行結構耐震補強時，下列何者並非有效補強工法？

(A)擴增鋼筋混凝土柱尺寸　(B)增設鋼筋混凝土翼牆

(C)增加樓層中無開口磚牆量體　(D)增設鋼框架斜撐構架

【解析】(C)樓層中無開口磚牆量體通常用於隔間牆使用，與整體建築結構無絕對關係。

（A）53.依結構耐震施工品質管制規定，施工品質管制計畫報告書中不包括下列何者？

(A)工程品質管制表　(B)一般工程概要

(C)使用之材料與施工方法　(D)試驗與檢查部位

【解析】建築耐震設計與施工品管作業手冊

耐震結構施工品質管制(B)(C)(D)

施工品質管制計畫報告書至少應包括：

（1）一般工程概要。

（2）使用之材料與施工方法。

（3）試驗與檢查部位。

（#）54.有關建築物結構體耐震設計基本原則中，下列何者錯誤？**【一律給分】**

(A)於中小度地震下，主結構體中之位移型消能元件不得產生降伏

(B)於中小度地震下，容許結構體產生塑性變形

(C)主結構體於中小度地震下須保持在彈性限度內

(D)於最大考量地震下，結構體之變形可達規定之韌性容量

【解析】建築技術規則建築構造編§42

建築物構造之耐震設計、地震力及結構系統，應依下列規定：

一、耐震設計之基本原則，係使建築物結構體在中小度地震時保持在彈性限度內，設計地震時得容許產生塑性變形，其韌性需求不得超過容許韌性容量，最大考量地震時使用之韌性可以達其韌性容量。

（C）55.鋼筋混凝土造的古蹟或歷史建築，在修復上會運用碳纖維包覆補強的工法。其施工過程所使用的機械設備，下列何者之組合項目是通常都會用到的？

①挖土機　②電動磨石機　③毛刷滾輪　④千斤頂　⑤砂輪機

⑥高壓空氣槍　⑦切割機　⑧噴霧器　⑨手提電動攪拌機

(A)①②③　(B)③④⑤　(C)⑤⑥⑦　(D)⑦⑧⑨

【解析】在碳纖維包覆補強鋼筋混凝土結構時，通常會使用以下機械設備：

（1）高壓清洗機：用於清洗鋼筋混凝土表面，確保表面乾淨以便於碳纖維的黏附。

（2）壓力泵和攪拌機：用於混合和攪拌補強所需的黏合劑或粘合劑，如特定的膠黏劑或灌漿材料。

（3）擴張器或補強工具：用於將碳纖維片或布料放置在結構表面。這些器材可幫助在結構表面均勻地施加碳纖維材料。

（4）滾壓器或擠壓器：用於確保碳纖維材料與混凝土表面緊密結合，減少氣泡和空隙。

（5）熱風槍或熱空氣機：在特定的碳纖維補強方法中，用於加速粘合劑或灌漿材料的固化。

（6）施工車架或支撐：在進行高空或高處作業時，提供工作平台和安全支撐。

這些機械設備通常在碳纖維補強工程中被使用，以確保補強材料能夠有效且安全地應用於古蹟或歷史建築的鋼筋混凝土結構上。

參考來源：古蹟修復工作工法程序與工作手冊之研究，內政部建築研究所94/11 研究報告。

(#) 56. 挖土機（及其長臂與挖斗）是營建過程中常見的建築機械。在作業中的工程安排與注意事項，何者正確？**【答 C 或 D 者均給分】**

(A) 在使用時為求便利以挖斗掛載人員

(B) 挖土機對傾卸車裝料時，彼此之間的位置距離應注意，若距離太遠，挖斗外伸浪費時間；若距離太近，則挖斗內之土易於溢漏

(C) 對傾卸車裝料時，需考量施工動線，其迴旋角度應在 60 度角以內，以能有最佳的循環時間

(D) 迴旋半徑內禁止站立，迴旋時以無線電通知配合施工人員和指揮人員

【解析】(A)(B)兩項描述存在安全風險。

(A) 在使用時為求便利以挖斗掛載人員是不安全的做法。挖土機挖斗不是設計用於載運人員的，站在挖斗上是危險的行為，可能導致嚴重的事故和傷害，不應該讓人員站在挖斗上。

(B) 挖土機對傾卸車裝料時的位置距離忽略了安全性。過於靠近傾卸車可能會導致挖斗與車輛發生碰撞，增加工人受傷的風險。而距離太遠可能會導致土方遺失或土壤溢出，同時增加工作時間和效率，挖土機和傾卸車在作業時應保持適當的距離。

(B) 57. 有一棟三層樓木造建築物欲使用花旗松作為樑柱結構材料，並利用燃燒炭化深度來設計樑柱結構在火害時所需的斷面。已知花旗松在火災燃燒時的炭化速率為 0.67 mm/min，樑柱結構所需要的燃燒炭化深度為何？

(A) 20.1 mm　(B) 40.2 mm　(C) 60.3 mm　(D) 80.4 mm

【解析】炭化深度是評估木材在火災中燃燒後的深度。炭化深度取決於木材種類以及火災燃燒的時間。給定花旗松的炭化速率為 0.67 毫米／分鐘，若要計算樑柱所需的燃燒炭化深度，需要知道所需的耐火時間。

假設所需耐火時間為 60 分鐘，則計算燃燒後的炭化深度：

燃燒炭化深度 = 炭化速率 × 燃燒時間

燃燒炭化深度 = 0.67 毫米／分鐘 × 60 分鐘 = 40.2 毫米

因此，若樑柱結構需要耐火時間為 60 分鐘，則所需的燃燒炭化深度為 40.2 毫米。

（C）58. 下方詳圖為 15 cm RC 樓板上方鋪設隔音材料之詳圖，下列那種材料組合符合建築技術規則建築設計施工篇第 46 條之 6 有關分戶樓板之衝擊音隔音構造？

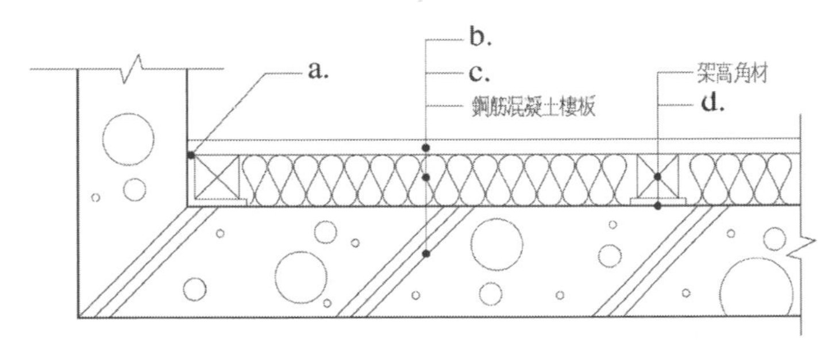

(A) a.橡膠緩衝材（厚度 0.4 cm 以上），b.架高地板其木質地板厚度合計在 1.2 cm 以上者，c.密度在 50 kg/m³ 以上、厚度在 5 cm 以上之玻璃棉、岩棉或陶瓷棉填充，d.橡膠緩衝材（厚度 0.4 cm 以上）

(B) a.橡膠緩衝材（厚度 0.5 cm 以上），b.架高地板其木質地板厚度合計在 1.8 cm 以上者，c.密度在 55 kg/m³ 以上、厚度在 5 cm 以上之玻璃棉、岩棉或陶瓷棉填充，d.橡膠緩衝材（厚度 0.5 cm 以上）

(C) a.橡膠緩衝材（厚度 0.5 cm 以上），b.架高地板其木質地板厚度合計在 2 cm 以上者，c.密度在 60 kg/m³ 以上、厚度在 5 cm 以上之玻璃棉、岩棉或陶瓷棉填充，d.橡膠緩衝材（厚度 0.5 cm 以上）

(D) a.玻璃棉緩衝材（厚度 0.6 公分以上），b.架高地板其木質地板厚度合計在 2 cm 以上者，c.密度在 60 kg/m³ 以上、厚度在 5 cm 以上之玻璃棉、岩棉或陶瓷棉填充，d.玻璃棉緩衝材（厚度 0.6 公分以上）

【解析】建築技術規則建築設計施工編§46-6

分戶樓板之衝擊音隔音構造，應符合下列規定之一。但陽臺或各層樓板下方無設置居室者，不在此限：

（三）橡膠緩衝材（**厚度零點五公分以上，動態剛性五十五百萬牛頓／立方公尺以下**），**其上再鋪設木質地板厚度合計在一點二公分以上**。(A)(B)(C)

（六）玻璃棉緩衝材（密度九十六至一百二十公斤／立方公尺）或岩棉緩衝材（密度一百至一百五十公斤／立方公尺）**厚度二點五公分以上，其上再鋪設混凝土造地板（厚度五公分以上，以鋼筋或鋼絲網補強）**，地板表面材得不受限。(D)

（C）59.下列何者不符合有關建築物無障礙設施設計規範中通行寬度之規定？（尺寸單位：公分）

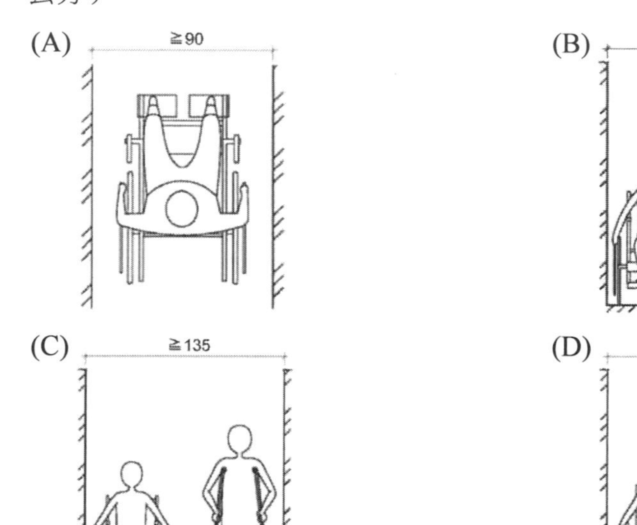

【解析】建築物無障礙設施設計規範 A102.2.4

(C) 1 名輪椅使用者和拐杖使用者雙向通行：所需寬度為 150 公分以上

（C）60.傳統建築疊斗式大木構架係以斗栱支撐桁楹，以下有關此處斗拱之敘述何者錯誤？

(A)可分擔桁楹兩端的載重

(B)有助於降低桁楹跨度中央在均布載重作用下的彎矩

(C)可提升整體大木構架之耐震力

(D)相當於縮小桁楹的跨度

【解析】(C)斗栱是出簷的輔助結構與整體大木構架之耐震力無關。

參考來源：營造法與施工（上），吳卓夫、葉基棟，CH.5 木構造。

（A）61.下圖為一種屋頂防水收頭的縱剖面圖，下列敘述何者錯誤？

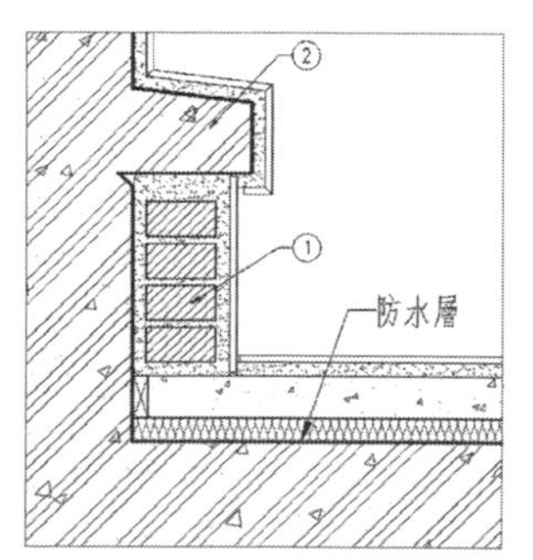

(A)①的主要功能包括支撐②，以防止②下垂開裂

(B)①的主要功能包括防止垂直面的防水層剝落

(C)②的主要功能包括防止水由防水層的端部進入

(D)①的主要功能包括保護垂直面的防水層，並且提供裝修材料一個較佳的黏著面

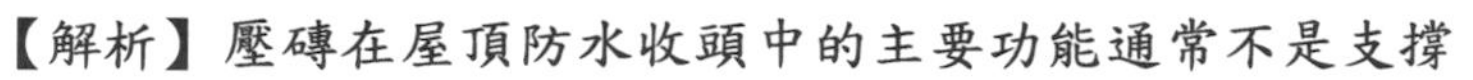

【解析】壓磚在屋頂防水收頭中的主要功能通常不是支撐女兒牆。壓磚一般用於防水層的收尾，以防止水分滲入屋頂結構下方。它們位於屋頂邊緣，與女兒牆上緣通常是分開的。

其主要功能是：

（1）防水：壓磚的主要目的是防止雨水滲入屋頂的邊緣，保護屋內不受損壞。

（2）裝飾：它們可以提供裝飾性質，美化屋頂邊緣。

（3）支撐作用：壓磚通常不是用來支撐女兒牆。女兒牆本身可能有其他結構支撐，並不直接依賴於壓磚。

(A) 綜上，**壓磚的主要功能是在屋頂邊緣形成一個防水層，防止水分滲入屋頂結構，而非主要用於支撐女兒牆。**

（A）62.下圖為外牆石材乾掛工法常見作法的縱剖面圖，以下敘述何者錯誤？

(A)①上通常有垂直方向的長孔，用以調整石材水平方向的位置

(B)②的主要功能是調整石材的進出面位置

(C)當③採用空縫設計（不填縫）時，①②④均應採用不生鏽之材質為宜

(D)④可在現場鑽孔或開槽

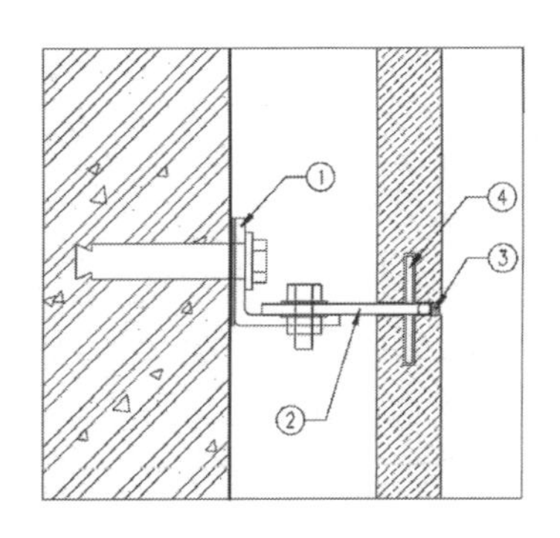

【解析】(A) 固定於結構體的繫件上通常有垂直方向的長孔，用以調整石材**垂直**方向的位置。

參考來源：營造法與施工（下），吳卓夫、葉基棟，CH.13 帷幕牆。

（D）63.下圖為 RC 外牆龜裂誘發縫的橫剖面圖，以下敘述何者最不適當：

(A)①②③皆須於灌漿前預埋接縫材（角材或其他斷面的材料），通常$(d1 + d2 + d3)/d$須＞0.2 才有誘發裂縫的效果

(B)①是外牆外側裂縫預期產生的位置，應考慮適當的防水處理，例如彈性填縫劑

(C)②的目的是減低壁體強度以誘導應力集中，牆內預埋的水電管線也有類似效果

(D)外牆面採用磁磚裝修時，打底水泥砂漿及磁磚的厚度皆可以計入 d1，如此便能使磁磚縫與誘裂縫對齊

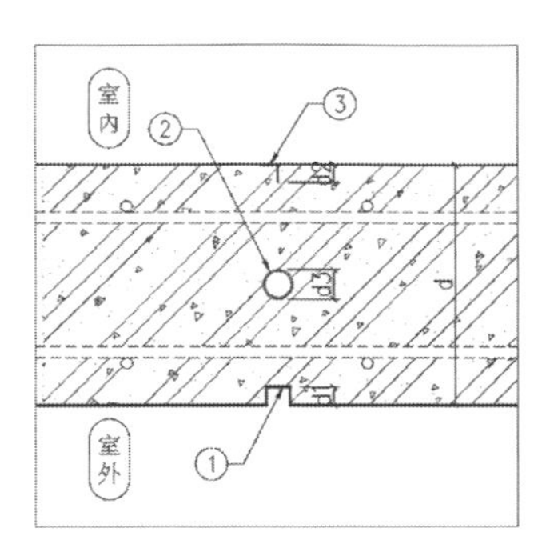

【解析】(D)鋼筋混凝土外牆龜裂誘發縫是為了控制結構的龜裂，與外牆面的裝修並不直接相關。

選擇適當的磁磚尺寸、縫隙大小，以確保磁磚縫的位置與結構的誘發縫相對齊，同時也要兼顧外觀美觀和裝修的持久性。

參考來源：營造法與施工（下），吳卓夫、葉基棟，CH.17 裝修工程。

（C）64.下列何者是正確的鋼材防蝕方法？

(A)戶外構件不塗漆，淋雨形成保護層　(B)以混凝土包覆保持酸性

(C)以鍍膜處理表面　(D)塗抹鹽水進行防護

【解析】(A)戶外構件不塗漆，淋雨形成保護層係因為一些金屬會在長期暴露於自然環境中，特別是在淋雨和風化的情況下形成一層氧化保護膜，這種方法不適用於所有金屬，效果可能受到環境因素的影響。

(B)混凝土中含有過多的酸性成分，反而可能對鋼材造成腐蝕。

(D)鹽水含有鹽分，而鹽分是鋼材腐蝕的促進因素之一，塗抹鹽水不會防止鋼材的腐蝕，反而可能加速其腐蝕。

（C）65.依據營建工程空氣污染防制設施管理辦法中相關用詞之敘述，下列何者錯誤？

(A)路面色差：指道路表面因砂土等粒狀污染物附著，造成與乾淨路面有顏色差異之情形

(B)簡易圍籬：指以金屬、混凝土、塑膠等材料製作，至少離地高度 80 公分以內使用非鏤空材料製作之拒馬或紐澤西護欄等實體隔離設施簡易圍籬

(C)半阻隔式圍籬：指離地高度 60 公分以上使用網狀鏤空材料，其餘使用非鏤空材料製作之圍籬

(D)防溢座：指設置於營建工地圍籬下方或洗車設備四周，防止廢水溢流之設施

【解析】營建工程空氣污染防制設施管理辦法§2

本辦法用詞，定義如下：

一、營建工程工地（以下簡稱營建工地）：指營建工程基地、施工或堆置物

料之區域。

二、全阻隔式圍籬：指全部使用非鏤空材料製作之圍籬。

三、半阻隔式圍籬：指離地高度八十公分以上使用網狀鏤空材料，其餘使用非鏤空材料製作之圍籬。(C)

四、簡易圍籬：指以金屬、混凝土、塑膠等材料製作，至少離地高度八十公分以內使用非鏤空材料製作之拒馬或紐澤西護欄等實體隔離設施。(B)

五、防溢座：指設置於營建工地圍籬下方或洗車設備四周，防止廢水溢流之設施。(D)

六、防塵布：指以布料、帆布或塑膠布等材料製作，防止粉塵逸散之設施。

七、防塵網：指以網狀材料製作，防止粉塵逸散之設施。

八、粗級配：指舖設地面，防止粉塵逸散之骨材。

九、粒料：指礫石、碎石或其他防止粉塵逸散之粒狀物質。

十、路面色差：指道路表面因沙土等粒狀污染物附著，造成與乾淨路面有顏色差異之情形。(A)

（D）66.有關建築工程常用的各種填縫材，下列敘述何者正確？

(A)丁基橡膠類（BUTYL）與丙烯酸酯類（ACRYLIC）的填縫材皆適用於伸縮量 30% 以上的縫隙

(B)矽酮類（SR）填縫材適用於混凝土與混凝土之間的間隙接縫

(C)聚硫化物類（PS）填縫材適用於石材與石材之間的間隙填縫，且表面硬化後容易著色與油漆

(D)聚胺酯類（Polurethane）填縫材與玻璃的接著性不良，不適用於玻璃與玻璃之間的間隙填縫

【解析】公共工程施工綱要規範第 07921 章

2.1.1　填縫劑

各類接縫填封劑依材料之主要成分可分為下列數類，其實際之選用則應符合契約圖說之規定。

（1）矽酮類（SR）：(B)

a. 應符合 CNS 8903 A2136 耐久性分類 9030 之規定，有單成分型及雙成分型兩種。

b. 適用於伸縮量 30%以下之縫隙。

c. **適用於玻璃與玻璃，玻璃與金屬框間隙填縫**，避免用於混凝

土、水泥砂漿及石材間。

（2）聚硫化物類（PS）：(C)

a. 應符合 CNS 8903 A2136 耐久性分類 8020 之規定，有單成分型及雙成分型兩種。

b. 適用於伸縮量 20%以下之縫隙。

c. **適用於混凝土、金屬窗框以及水泥砂漿與石材為被著體之填縫，伸縮性良好，表面硬化後不易著色。**

（3）聚胺酯類（Polyurethane）：(D)

a. 應符合 CNS 6985 A2090 之規定，為雙成分型材料。

b. **適用於以混凝土、水泥砂漿及石材為被著體之一般性填縫，**表面硬化後可著色及油漆，但與玻璃接著不良，應避免使用。

（4）丙烯酸酯類（AC）：(A)

a. 應符合 CNS 8903 A2136 耐久性分類 7020 之規定，為單成分型材料。

b. 適用於**伸縮量 20%以下**之縫隙。

（5）苯乙烯丁二烯橡膠類（SB）：

a. 應符合 CNS 8903 A2136 耐久性分類 7020 之規定，為單成分型材料。

b. 適用於伸縮量 20%以下之縫隙。

（6）丁基橡膠類（BU）：(A)

a. 應符合 CNS 8903 A2136 耐久性分類 7005 之規定，為單成分型材料。

b. 適用於**伸縮量 5%以下**之縫隙。

（A）67.下列有關高爐石混凝土的敘述何者正確？

(A)高爐石混凝土的單位體積質量比普通混凝土稍低

(B)與普通混凝土相比，高爐石混凝土的早期強度發展較快，後期強度較低

(C)結構用混凝土中的高爐石粉，多使用電弧爐煉鋼所產生之爐碴

(D)普通混凝土比高爐石混凝土具有較佳的澆置性，且易於搗實

【解析】公共工程高爐石混凝土使用手冊

1.2 內容說明(B)

高爐石混凝土有部份水泥以高爐石粉取代，其強度發展較一般混凝土慢，早期強度較低，故施工時應注意澆置後之養護與拆模等作業。

6.2 高爐石粉規格及添加量之選定(C)

CNS 3654 或 CNS 12549 對卜特蘭高爐水泥或高爐爐石粉之添加物、化學成份及物理性質等已有基本規定，並要求訂購時應指定所需卜特蘭高爐水泥之種類或指定所需水淬爐碴粉之等級及任選之物理或化學性質要求。

7.4 混凝土澆置(D)

高爐石混凝土比普通混凝土具有較佳的澆置性，易於搗實，尤其使用高量及高細度之高爐石粉時，混凝土稠度將增加。

（C）68.某鋼構之商場興建工程的現場監工，欲運用非破壞方法檢查鋼構件的接合部品質，下列何者最適合用於銲道內部缺陷的檢測？

(A)磁粒檢測（MT）　(B)目式檢測（VT）

(C)超音波檢測（UT）　(D)液滲檢測（PT）

【解析】(B) 目式檢測（VT）：通常用於可見部分的檢測，無法進行銲道內部缺陷的檢測。

(C) 對於檢測銲道內部缺陷，最適合的非破壞檢測方法是超音波檢測(UT)。這種方法通過將超音波引入材料中並評估其反射來檢查材料的內部結構，特別適用於檢測銲接接合處的缺陷或問題。

(D) 液滲檢測（PT）：主要用於表面開放的裂紋或孔洞等，對於銲道內部缺陷的檢測也無法提供幫助。

（D）69.某建築師欲針對一棟地上六層、地下一層之綜合醫院的各個樓層，進行防煙壁與排煙口設置之檢討，若依據各類場所消防安全設備設置標準，則下列各種設計策略中，何者合乎規定？

(A)利用耐燃石膏板作為防煙壁

(B)室內空間的天花板與牆面，若全面使用耐燃一級的裝修材料，則不需以每 500 平方公尺設防煙壁作區劃

(C)各排煙設備之排煙口、風管及其他與煙接觸部分，使用耐燃二級以上材料

(D)地下一樓主要功能為停車場，防煙壁採固定式，並自天花板下垂 60 公分

【解析】各類場所消防安全設備設置標準§188 (A)(C)

一、每層樓地板面積每五百平方公尺內，以防煙壁區劃。但戲院、電影院、歌廳、集會堂等場所觀眾席，及工廠等類似建築物，其天花板高度在五公尺以上，且**天花板及室內牆面以耐燃一級材料裝修者**，不在此限。

建築技術規則設計施工篇§1

二十九、耐火板：木絲水泥板、**耐燃石膏板**及其他經中央主管建築機關認定符合**耐燃二級**之材料。

各類場所消防安全設備設置標準§188 (B)

二、地下建築物之地下通道**每三百平方公尺**應以防煙壁區劃。

（A）70.某建築師在一棟 RC 造的集合住宅設計案中，針對昇降機房的樓板等進行各種材料組合方案的評估。在 RC 樓板厚度為 15 公分的場合，下列那個方案符合建築技術規則設計施工編第 46 條之 7「昇降機房等放置機械設備空間與下層居室分隔之樓板」之衝擊音隔音構造的規定？

(A) 橡膠緩衝材（厚度 1.6 cm 以上，動態剛性 40 MN/m^3 以下），其上再鋪設混凝土造地板（厚度 7 cm 以上，以鋼筋或鋼絲網補強），地板表面材塗布環氧樹脂

(B) 架高地板其木質地板厚度合計在 2 cm 以上，架高角材或基座與樓板間鋪設橡膠緩衝材（厚度 0.5 cm 以上），架高空隙以密度在 60 kg/m^3 以上、厚度在 5 cm 以上之玻璃棉填充

(C) 橡膠緩衝材（厚度 0.8 cm 以上，動態剛性 50 MN/m^3 以下），其上再鋪設水泥砂漿及 PVC 地磚厚度合計在 6 cm 以上

(D) 岩棉緩衝材（密度 100～150 kg/m^3）厚度 2.5 cm 以上，其上再鋪設混凝土造地板（厚度 5 cm 以上，以鋼筋或鋼絲網補強），地板表面材採用鋪貼花崗石地磚

【解析】建築技術規則設計施工編§46-7

昇降機房之樓板，及置放機械設備空間與下層居室分隔之樓板，其衝擊音隔音構造，應符合前條第二項及第三項規定，並應符合下列規定之一：

一、鋼筋混凝土造樓板厚度在十五公分以上或鋼承板式鋼筋混凝土造樓板最大厚度在十九公分以上，其上鋪設表面材（含緩衝材）須符合下列規定之一：

（一）**橡膠緩衝材（厚度一點六公分以上，動態剛性四十百萬牛頓／立方公尺以下），其上再鋪設混凝土造地板（厚度七公分以上，以鋼筋或鋼絲網補強），地板表面材得不受限。**(A)(C)

（二）玻璃棉緩衝材（密度九十六至一百二十公斤／立方公尺）或岩棉緩衝材（密度一百至一百五十公斤／立方公尺）厚度五公分以上，其上再鋪設混凝土造地板（厚度七公分以上，以鋼筋或鋼絲網補強），地板表面材得不受限。(D)

建築技術規則建築設計施工編§46-6

（五）架高地板其木質地板厚度合計在二公分以上者，架高角材或基座與

樓板間須鋪設橡膠緩衝材（厚度零點五公分以上）或玻璃棉緩衝材（厚度零點八公分以上），架高空隙以密度在六十公斤／立方公尺以上、厚度在五公分以上之玻璃棉、岩棉或陶瓷棉填充。(D)

（#）71. 因氣候變遷導致超過原有防洪設施保護標準之降雨事件頻傳，過往「完全由河川或排水承納洪水」的思維轉換成「由河川或排水與土地共同承納洪水」，採逕流抑制、逕流分散、逕流暫存、低地與逕流積水共存之原則。其中逕流暫存措施原則，在建築設計上可採行的方式為何？**【答 A 或 B 者均給分】**

(A)筏基新增滯蓄洪空間　(B)景觀貯集滲透池
(C)設置防水閘門　(D)設置滲透排水管

【解析】在逕流暫存措施中

(C) 設置防水閘門不是暫存洪水的最佳選擇。防水閘門的主要功能是防止水流進入特定區域，不是暫存或控制洪水。

(D) 設置滲透排水管是基地保水措施，使雨水更好的滲入土壤，不能算逕流暫存措施。

（B）72.傳統建築的構造與工法，經常可以做為現代生態工法的參考。土角牆（或稱土墒牆）所興建的建築物，所具有的特性何者錯誤？

(A)隔熱性強　(B)結構系統屬於構架系統
(C)就地取材　(D)防水性不足

【解析】土角牆（或土墒牆）通常用於傳統建築中，是一種利用黏土或土壤等天然材料堆砌而成的牆體。這種牆體主要作為承重牆或支撐結構，提供建築物的穩定性和耐震性，並非屬於構架系統。

（D）73.有關正確施工估價之要點，下列敘述何者錯誤？

(A)依圖面上一定之順序進行估算
(B)工期較長之工程須注意物價波動之影響
(C)研究市場行情的研究
(D)要精算任何材料不須考慮其損耗量

【解析】在施工估價中，應該考慮材料的損耗量。在施工過程中，材料可能會因為裁切、加工或運輸而有一定程度的損耗，在估價時需要考慮這些損耗。

（#）74. 依政府採購法施行細則規定，機關辦理採購，得於招標文件訂定評分項目、各項配分、及格分數等審查基準，並成立審查委員會及工作小組，採評分方式審查，就資格及規格合於招標文件規定，且總平均評分在及格分數以上之廠商開價格標，其採那一方式決標？**【答 A 或 B 者均給分】**

(A)最有利標　(B)最低標　(C)最高標　(D)分段標

【解析】政府採購法施行細則§64-2 第一項

機關依本法第五十二條第一項第一款或第二款辦理採購

政府採購法§52

採購應符合最低價或最有利標之精神

一、訂有底價之採購，以合於招標文件規定，且在底價以內之最低標為得標廠商。

二、未訂底價之採購，以合於招標文件規定，標價合理，且在預算數額以內之最低標為得標廠商。

三、以合於招標文件規定之最有利標為得標廠商。

四、採用複數決標之方式：機關得於招標文件中公告保留之採購項目或數量選擇之組合權利，但應合於最低價格或最有利標之競標精神。

得於招標文件訂定評分項目、各項配分、及格分數等審查基準，並成立審查委員會及工作小組，採評分方式審查，就資格及規格合於招標文件規定，且總平均評分在及格分數以上之廠商開價格標，採最低標決標。

題目沒有敘明機關依本法第五十二條第一項第一款或第二款辦理採購其答案應為最低標或最有利標。

政府採購法施行細則§64-2 條 第二項

依前項方式辦理者，應依下列規定辦理：

三、審查委員會及工作小組之組成、任務及運作，準用採購評選委員會組織準則、採購評選委員會審議規則及「最有利標評選辦法」之規定。

（B）75. 關於木構造估價要點，下列敘述何者錯誤？

(A)木料數量按體積計算，一般民間以「才」為計算單位

(B)刨光之木料，每邊應加計 0.5 cm

(C)加工後的木製品，其單價應包括木料、五金及人工

(D)估算木料須加計其損耗量

【解析】刨光木料裁切時的損耗，會在每邊加計一定的裕量以應對可能的裁切損失。裕量的數值會因不同的情況而有所不同，而非固定的 0.5 公分。

（D）76.關於磁磚張貼完成後的檢查作業，下列敘述何者錯誤？

(A)外觀檢查

(B)敲擊聽音檢查

(C)手貼式磁磚應實施接著力試驗機進行拉張強度試驗

(D)接著強度試驗體每 100 m^2 或其零數取 1 個且最少應有 5 個以上

【解析】(D)依照 CNS 12611 陶瓷面磚用接著劑接著強度試驗，證明其接著強度不小於 6 kgf / cm^2，非選項所描述的以面積與個數做試驗體。

（D）77.下列關於總價承包契約（lump-sum contracts）之特性敘述，何者錯誤？

(A)金額固定，預算單純　(B)工作內容明確，管理容易

(C)業主無法瞭解實際工程成本　(D)變更設計無須加減帳

【解析】(D)總價承包契約中，如果發生變更設計，通常會有相應的程序來處理這些變更。這些程序可能包括變更設計的評估、成本評估以及協商，當有變更設計或其他額外工作時，可能會進行價格的調整，總價承包契約在面對變更設計時仍需要進行價格的調整。

（C）78.我國公共工程三級品管制度中，一級品管負責品質管制，二級品管負責品質保證，三級品管負責施工查核。其中，二級品管由下列那一單位負責？

(A)由承包廠商負責　(B)由縣市政府負責

(C)由監造單位負責　(D)由行政院公共工程委員會負責

【解析】公共工程的品管制度常被分為三級：

(A) 第一級品管：指的是施工現場的工地品管，由承包商負責。這層品管主要著重於工地的實際執行、品質管控、工作程序的合規性以及現場安全等。

(C) 第二級品管：由**監造或顧問**負責，在現場品管之外進行品質控制，確保施工符合設計和合約規範。這層品管通常包括定期的檢查、品質驗證和程序的遵循。

(B)(D) 第三級品管：由業主或政府部門負責，涵蓋整個工程的總體品質控制，確保工程整體達到合約規定的標準，並符合相關法規要求。此層級通常會進行驗收、最終審查和確認等工作，以確保工程的品質。

（B）79. 假設某一建築工程之作業項目、作業時間及前置作業關係如下表所示，該建築工程最短總工期需要多少日？

(A) 11　(B) 12　(C) 13　(D) 14

作業項目	作業需時	前置作業
A	2	--
B	3	--
C	3	A
D	4	A
E	1	B
F	2	C
G	2	E
H	5	D,F,G

【解析】 A + C + F + H = 12

（C）80. 依據下表「新砌 1/2B 磚牆」之單價分析表，試算新砌 1/2B 磚牆之工程單價每平方公尺多少元？

工作項目：新砌 1/2B 磚牆					單位：m^2
工料分析	單位	數量	單位	複價	備註
產品，砌紅磚，(紅磚，23 × 11 × 6 cm)	塊	70	3.0		
1:3 水泥砂漿及黏著劑	m^3	0.03	2,500.0		
砌工	時	1	400.0		
工具損耗及零星工料	式	1	20.0		
合計	m^2				

(A) 2,923 元／m^2　(B) 1,105 元／m^2　(C) 705 元／m^2　(D) 650 元／m^2

【解析】 單價 × 數量 = 複價

$$70 \times 3 + 0.03 \times 2500 + 1 \times 400 + 1 \times 20 = 705$$

112年 專門職業及技術人員高等考試試題／建築環境控制

甲、申論題部分：(40 分)

一、試以減少室內熱得（heat gain）、都市光害與自然採光的角度，說明建築外殼採用玻璃時，應注意那些玻璃的物理特性？並說明這些物理特性的數值大小所代表之性能高低。（20 分）

參考題解

（一）玻璃有反射、透射等特性，雙層玻璃甚至可利用中空層隔熱；一般玻璃的反射率與遮蔽性越高越能減少室內熱得，但反射率過高的玻璃會導致都市光害，因此法規禁止採用可見光反射率 0.2 以上的高反射玻璃設計；而遮蔽性過高的玻璃又會阻礙室內自然採光效果，因此利用雙層隔熱的 LOW-E 玻璃則是兼顧採光與隔熱的選擇。

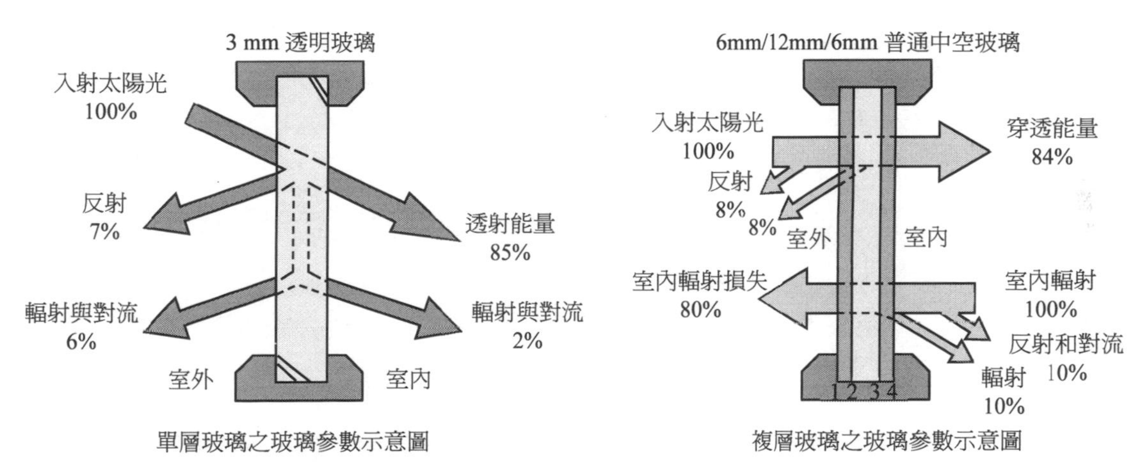

單層玻璃之玻璃參數示意圖　　複層玻璃之玻璃參數示意圖

（二）玻璃的物理特性

1. 遮蔽係數 Sc 值（shading coefficient）：

   代表玻璃建材對建築外殼耗能之影響程度；高性能節能玻璃綠建材之遮蔽係數評定基準不得大於 0.35。

   （遮蔽係數越低代表玻璃建材阻檔外界熱能進入建物之能量越少）

   玻璃遮蔽性能（日射透過率 ηi 值）與其表面的金屬塗膜有密切關係，遮陽性能以反射玻璃最佳，吸熱玻璃次之，透明玻璃最差。

2. 可見光反射率：

為太陽光之可見光部分照射至玻璃建材後反射之比例；反射率越高代表玻璃建材造成環境光害之程度愈大，性能節能玻璃綠建材之可見光反射率評定基準不得大於 0.2。

（反射率越高代表玻璃建材造成環境光害之程度愈大）

3. 可見光穿透率：

可見光穿透率為太陽光之可見光部分照射至玻璃建材後直接穿透進入室內之比例，高性能節能玻璃錄建材之可見光穿透率評定基準為不得小於 0.5。

（可見光穿透率愈高代表太陽光轉為有效室內照明之效益愈大）

二、智慧建築標章中安全防災指標之目的為何？（10 分）

參考題解

（一）安全防災指標是於評估建築物透過自動化系統，分別從「偵知顯示與通報性能」、「侷限與排除性能」、「避難引導與緊急救援」三個層面下，對於可能危害建築物或威脅使用者人身安全之災害，達到事先防範、防止其擴大與能順利避難之智慧化性能指標。

（二）安全防災主要目標（Goals）是以保命護財為核心，以更有效且符合人性化與生活化設計為方向，提供使用者一安全無虞之使用及生活環境。

（三）執行目標（Objectives）並不是漫無止盡的投資與增設系統，而是於現階段科技發展下，思考以合法規設之安全相關設備如何以可行、有效之方式，產生適當的連動順序，進而達到設備減量與系統整合，以及主動性防災智慧化程度。

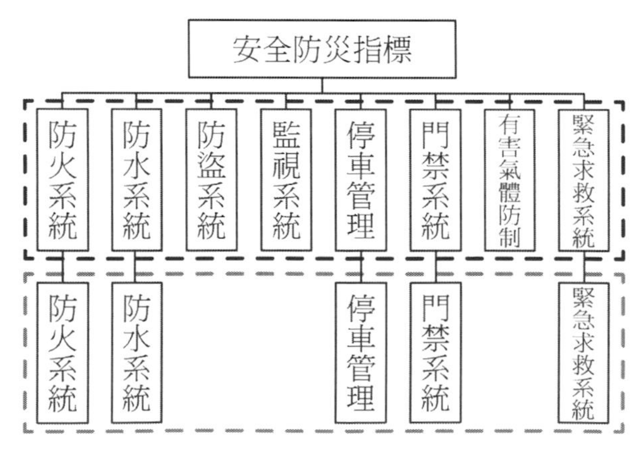

參考來源：內政部

三、有關無障礙設施設計，請問：

（一）建築物設置戶外行動無障礙停車空間時，應符合那些規定？（5 分）

（二）試繪圖說明戶外設置無障礙停車空間時，如何兼具基地保水的功能以減緩都市熱島效應？（5 分）

參考題解

（一）依建築物無障礙設施設計規範：

第八章 停車空間

801 適用範圍：建築物依規定應設置無障礙停車位者，應符合本章規定。

802 通則：無障礙停車位應設置於最靠近建築物無障礙出入口或無障礙昇降機之便捷處。

803 引導標誌

入口引導：車道入口處及車道沿路轉彎處應設置明顯之指引標誌，引導無障礙停車位之方向及位置。入口引導標誌應與行進方向垂直，以利辨識。

803.2 車位標誌

803.2.1 室外標誌：應於停車位旁設置具夜光效果之無障礙停車位標示，標誌尺寸應為長、寬各 40 公分以上，下緣距地面 190 公分至 200 公分（如圖 803.2.1）。

803.2.2 室內標誌：應於停車位上方、鄰近牆或柱面旁設置具夜光效果，且無遮蔽、易於辨識之懸掛或張貼標誌，標誌尺寸應為長、寬各 30 公分以上，下緣距地板面不得小於 190 公分。

803.3 地面標誌：停車位地面上應設置無障礙停車位標誌，標誌圖尺寸應為長、寬各 90 公分以上，停車格線之顏色應與地面具有辨識之反差效果，下車區應以斜線及直線予以區別（如圖 803.3）。

圖803.2.1

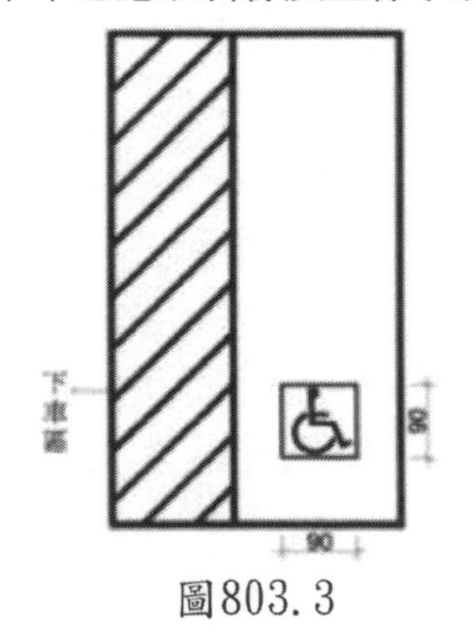

圖803.3

803.4　停車格線：停車格線之顏色應與地面具有辨識之反差效果，下車區應以斜線及直線予以區別（如圖 803.3）；下車區斜線間淨距離為 40 公分以下，標線寬度為 10 公分（如圖 803.4）。

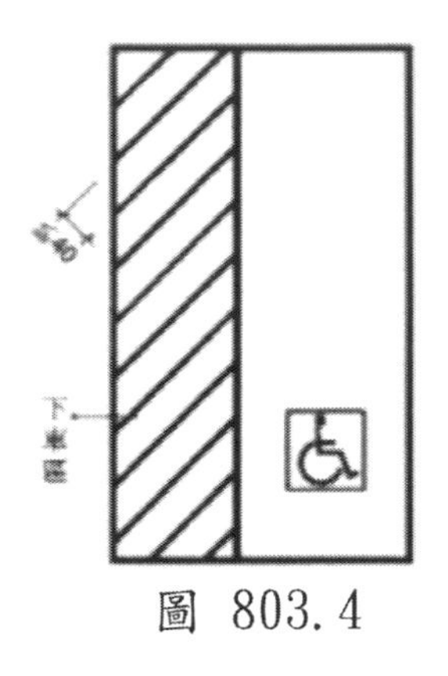

圖 803.4

803.5　停車位地面：地面應堅硬、平整、防滑，表面不可使用鬆散性質之砂或石礫，高低差不得大於 0.5 公分，坡度不得大於 1/50。

804　汽車停車位

804.1　單一停車位：汽車停車位長度不得小於 600 公分、寬度不得小於 350 公分，包括寬 150 公分之下車區（如圖 804.1）。

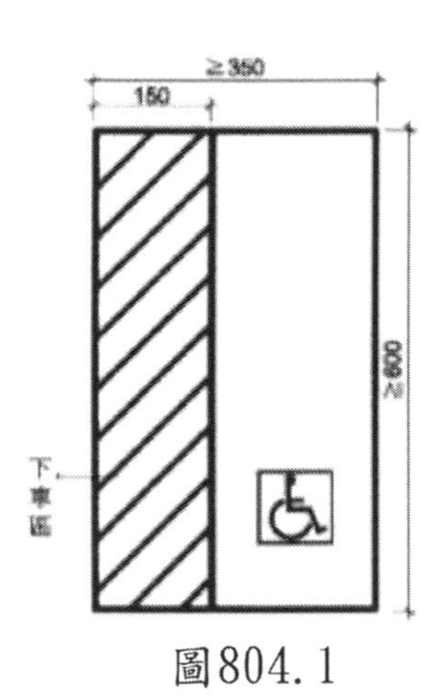

圖804.1

804.2　相鄰停車位：相鄰停車位得共用下車區，長度不得小於 600 公分、寬度不得小於 550 公分，包括寬 150 公分之下車區（如圖 804.2）。

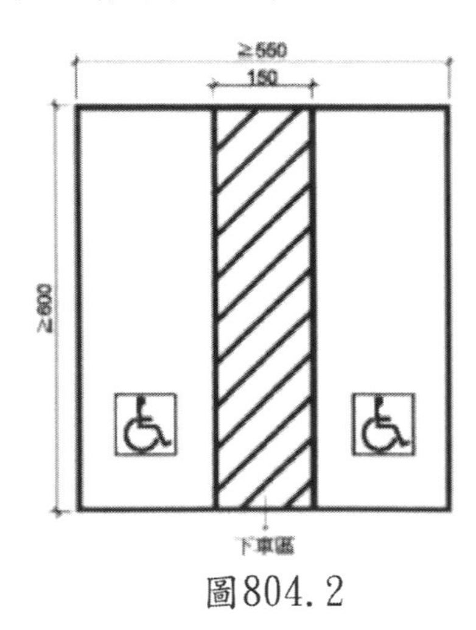

圖804.2

805　機車停車位及出入口

805.1　停車位：機車位長度不得小於 220 公分，寬度不得小於 225 公分，停車位地面上應設置無障礙停車位標誌，標誌圖尺寸應為長、寬各 90 公分以上（如圖 805.1）。

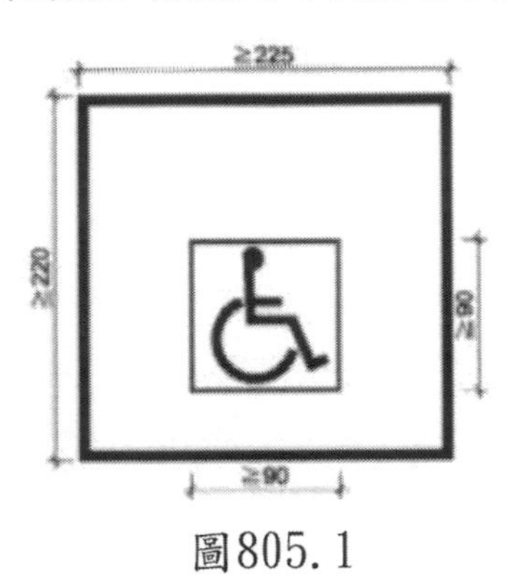

圖805.1

805.2　出入口：機車停車位之出入口寬度及通達無障礙機車停車位之車道寬度均不得小於 180 公分。

（二）

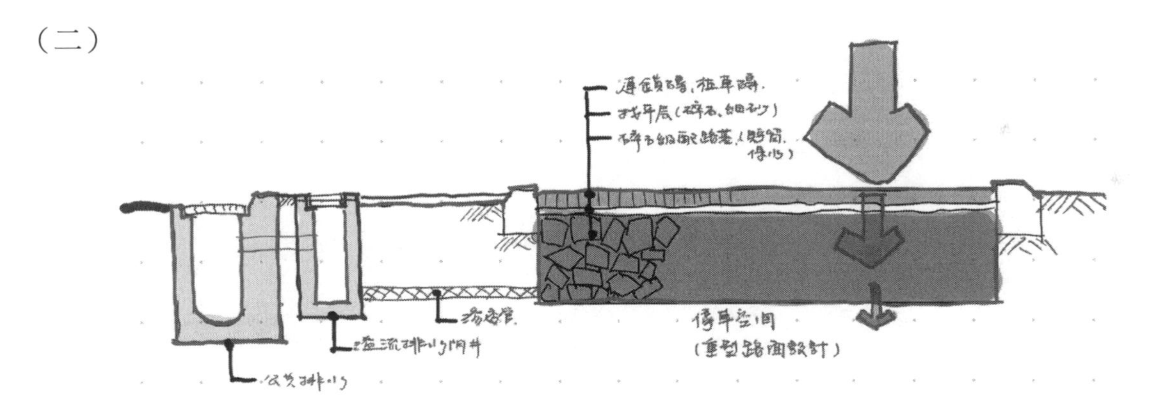

參考來源：建築物無障礙設施設計規範。

註：部份【解析】內容後方出現的(A)(B)(C)(D)為題目選項的對應解析。

乙、測驗題部分：(60 分)

（A）1. 相較於有效溫度（ET），新標準有效溫度（SET*）新增了那些溫熱要素？

(A)周壁輻射、著衣量、人體代謝量　(B)濕球溫度、周壁輻射、氣流風速

(C)氣流風速、著衣量、人體代謝量　(D)乾球溫度、濕球溫度、黑球溫度

【解析】(A)新標準有效溫度（SET*）新增了要素有：標準化濕度 50%、靜態氣流（0.1 m／秒）、MRT＝室溫（無輻射影響）、坐椅子（代謝量）、著衣量 0.6 clo 的狀態、人體代謝量。

（D）2. 下列何種換氣方式適合新冠肺炎（COVID-19）病人的隔離病房？

(A)自然排氣，機械給氣　(B)機械排氣，機械給氣（給排氣風量相同）

(C)自然排氣，自然給氣　(D)機械排氣，自然給氣

【解析】(D)特殊傳染疾病隔離要採用負壓隔離病房，機械排氣，自然給氣。

（A）3. 有關綠建材標章之防音綠建材評估要項，下列敘述何者正確？

(A)防音綠建材是歸屬於高性能綠建材標章

(B)外牆、屋頂板、分戶牆、分間牆之基準為 $Rw \geqq 36$ dB

(C)窗、門之基準為 $Rw \geqq 52$ dB

(D)樓板表面材之基準為 $\alpha W \geqq 0.8$

【解析】(B)外牆、屋頂板、分戶牆、分間牆之基準為 RW≧52 dB

(C)窗、門之基準為 RW≧36 dB

(D)樓板表面材（含緩衝材）基準 $\Delta Lw \geqq 21$ dB

參考來源：https://gbm.tabc.org.tw/modules/pages/voice

財團法人台灣建築中心高性能防音綠建材評定基準表

（B）4. 有關無障礙廁所盥洗室之說明，下列何者錯誤？

(A)由無障礙通路進入廁所盥洗室不得有高差，止水宜採用截水溝

(B)廁所盥洗室空間內應設置迴轉空間，其直徑不得小於 120 公分

(C)廁所盥洗室空間應採用橫向拉門，出入口之淨寬不得小於 80 公分

(D)廁所盥洗室應設於無障礙通路可到達之處

【解析】建築物無障礙設施設計規範

(A)602.3　高差：由無障礙通路進入無障礙浴室不得有高差，止水得採用截水溝。

(B)504　廁所盥洗室設計

504.1 淨空間：無障礙廁所盥洗室應設置直徑 150 公分以上之迴轉空間，其迴轉空間邊緣 20 公分範圍內，如符合膝蓋淨容納空間規定者，得納入迴轉空間計算

(C)604 門：應採用橫向拉門，出入口淨寬不得小於 80 公分

(D)602.1 位置：無障礙浴室應設於無障礙通路可到達之處。

（B）5. 單層均質材料的隔音性能與面密度有關，在質量控制頻域下，依質量法則（Mass Law）公式推算，某單層均質材料之面密度為 20 kg/m^2，於 500 Hz 中心頻率的聲音透過損失 TL（Transmission Loss），最接近多少 dB？

(A) 43　(B) 33　(C) 38　(D) 28

【解析】(B)根據質量法則（Mass Law），計算單層均質材料的聲音透過損失（Transmission Loss）使用以下公式：

$$TL = 20 \times \log_{10}\left(\frac{f}{fc}\right) + 10 \times \log_{10}\left(\frac{m}{m0}\right)$$

TL 是聲音透過損失(dB)

f 是聲音的頻率(Hz)

f_0 是參考頻率，通常設定為 1000 Hz

m 是材料的面密度(kg/m^2)

m_0 是參考密度，通常設定為 10 kg/m^2

材料的面密度＝20

m＝20 kg/m^2，而中心頻率 f＝500 Hz。代入公式中計算 TL 值

$TL = 20 \times \log_{10}\left(\frac{500}{1000}\right) + 10 \times \log_{10}\left(\frac{20}{10}\right) \fallingdotseq 30.1$ dB，選項(B)為最接近答案

（B）6. 小巨蛋演唱會彩排進行時，舞台上 3 組分散式監聽揚聲器同時驅動，測得聲壓級均為 80 dB，試算舞台上所測得總聲能最接近多少 dB？

(A) 80　(B) 85　(C) 90　(D) 95

【解析】(B)聲壓級加法公式：$L_{total} = 10 \times \log_{10} (\sum_{i=1}^{n} = 10^{\frac{Li}{10}})$

$$L_{total} = 10 \times \log_{10} (10^{\frac{80}{10}} + 10^{\frac{80}{10}} + 10^{\frac{80}{10}})$$

$$L_{total} = 10 \times \log_{10} (3 \times 10^8) = 10 \times (\log_{10} 3 + 8)$$

$$L_{total} = 10 \times 8 \times 48 = 84.8 \text{ dB} \fallingdotseq 85 \text{ dB}$$

（D）7. 有關室內空氣污染物產生之來源，下列敘述何者錯誤？

(A)瓦斯爐等設備燃燒主要產生一氧化碳及二氧化碳

(B)油漆及塗料主要產生甲醛等揮發性有機物

(C)抽煙主要產生一氧化碳、二氧化碳以及室內懸浮微粒

(D)辦公室事務機主要產生生物氣膠

【解析】(D)辦公室事務機主要產生臭氧。

（#）8. 在一座游泳池體育館中，有關體育館餘（迴）響時間的敘述，下列何者錯誤？

(A)餘響時間的長短變化決定於聲能在空氣中傳遞的衰減情形，也就是受空氣之溫度及相對濕度高低影響

(B)為降低餘響時間，館中天花板適合採用沖孔金屬板作為吸音構造

(C)為降低餘響時間，館中側牆適合採用玻璃棉張貼作為吸音構造

(D)館中使用廣播系統的聲音清晰性能決定於館中餘響時間的長短**【一律給分】**

【解析】(A)體育館餘響時間的長短主要受到建築結構和材料的影響，而非空氣中溫度和相對濕度的影響。餘響時間是指聲音在房間內彈射、反射和衰減的時間，通常是使用吸音材料、擴散器和建築設計來調節和控制的，餘響時間的變化不是由空氣溫度和濕度的變化所主導。

(B)為了降低體育館的餘響時間，可以在天花板上使用吸音材料，如沖孔金屬板。沖孔金屬板具有良好的吸音性能，可以有效地減少聲音的反射和回音，改善聲音品質和減少餘響時間。

(C)在體育館中，為了降低餘響時間，側牆上可以使用吸音材料，例如玻璃棉，作為吸音構造。減少聲音的反射和回音，改善聲音品質，降低餘響時間。

(D)餘響時間影響著體育館內聲音的反射和回音情況，進而影響了廣播系統的聲音清晰性能。當餘響時間過長時，聲音容易產生混淆和干擾，影響廣播系統的聲音清晰度，調整館內的餘響時間是提高廣播系統聲音清晰度的重要措施之一

（C）9. 有關音樂廳內的回音產生原因與解決方法的敘述，下列何者錯誤？

(A)回音現象是發生於相同聲源的聲音到達耳朵的能量因傳遞距離不同，有先後時間遲延過多所造成

(B)鞋盒式音樂廳的優點在主要側向回音與舞台直達音之間的聲音遲延較低

(C)過多的回音在音樂廳中會有破壞音樂聆聽清晰性能的缺點，所以應提高餘響時間來校正

(D)扇形或梯田型音樂廳內避免過長的先後聲能量時間的遲延，應適當以有效天花板反射來彌補

【解析】(C) 過多的回音會降低音樂廳中的聽覺品質，導致聲音混淆、模糊和吵雜，使音樂聆聽變得困難。解決方法不是提高餘響時間，是減少回音，通常是透過使用吸音材料、擴散器和適當的布置等方式。

（C）10.下列那一個物理指標與眩光程度的關係最密切？

(A)照度　(B)色溫度　(C)輝度　(D)照度均齊度

【解析】(A)照度＝燈源散發光度／面積

(B)色溫度是光源光色的尺度

(C)**輝度是照明的品質**即關乎眩光程度

(D)均齊度是空間中作業面照度的均一程度

（D）11.下列何者的採光用窗或開口面積，符合建築技術規則的規定？

(A)醫院病房的採光用窗或開口面積等於樓地板面積之 1/9

(B)幼兒園的採光用窗或開口面積等於樓地板面積之 1/8

(C)住宅居室的採光用窗或開口面積等於樓地板面積之 1/10

(D)學校教室的採光用窗或開口面積等於樓地板面積之 1/4

【解析】建築技術規則建築設計施工編§41

建築物之居室應設置採光用窗或開口，其採光面積依下列規定：

一、幼兒園及學校教室不得小於樓地板面積五分之一。(D)

二、住宅之居室，寄宿舍之臥室，醫院之病房及兒童福利設施包括保健館、育幼院、育嬰室、養老院等建築物之居室，不得小於該樓地板面積八分之一。(A)(B)

三、位於地板面以上七十五公分範圍內之窗或開口面積不得計入採光面積之內。

（A）12.室內空間有眩光問題產生時，下列那些手法較可能減緩眩光的程度？

①減少燈具的數量　②調整燈具的位置　③提高燈具光源的演色性

(A) ①②　(B) ②③　(C) ①③　(D) ①②③

【解析】眩光程度與①燈具的數量、②燈具的位置相關性較高，演色性高則是色彩表現能力接近標準光源。

（D）13.根據 2019 年版綠建築評估手冊之照明節能評估指標，下列何者並非評估項目？

(A)照明功率密度基準　(B)空間面積

(C)燈具功率　(D)平均照度

【解析】依綠建築評估手冊表 2-4.11 照明節能效率 EL 計算總表
包括有(B)空間面積，燈具型號，燈具數量，(A)(C)燈具功率並帶入規範之係數合併計算。

（B）14.有關結露的敘述，下列何者錯誤？

(A)壁體表面溫度低於鄰近空氣露點溫度時，就容易產生結露

(B)空氣的絕對濕度愈高時，露點溫度就愈低

(C)「反潮」的物理原理即為結露現象

(D)壁體的結露現象可能造成室內生物性污染

【解析】(B)有關結露，空氣的絕對濕度愈高時，露點溫度就愈高，兩者成正比。

（B）15.下列關於相對濕度的敘述何者錯誤？

(A)空氣溫度上升時，相對濕度降低

(B)空氣溫度上升時，飽和水蒸氣壓不會改變

(C)相對濕度即空氣中實際水蒸氣壓與飽和水蒸氣壓的比值

(D)阿斯曼（Assmann）通風溫濕度計只能量到乾球溫度與濕球溫度，無法直接量測相對濕度

【解析】(B)相對濕度是某溫度時空氣所含有水蒸氣量與同溫度同空氣飽和水蒸氣量比值，空氣溫度上升時，飽和水蒸氣壓提高，相對濕度也提高。

（D）16.依據我國室內空氣品質標準，下列敘述何者錯誤？

(A)二氧化碳的標準為 1000 ppm（8 小時平均）

(B)一氧化碳的標準為 9 ppm（8 小時平均）

(C)甲醛的標準為 0.08 ppm（1 小時平均）

(D)$PM_{2.5}$的標準為 75 μg/m^3（24 小時平均）

【解析】(D)環保署室內空氣品質標準 PM2.5 的標準為 35 μg/m^3（24 小時平均）

（B）17.關於 Predicted Mean Vote（PMV）的敘述，何者錯誤？

(A)PMV 的數值範圍由-3 到+3，-3 為冷、+3 為熱

(B)PMV 公式適用於戶外籃球運動之熱舒適評估

(C)風速大於 0.2 m/s 時，根據 PMV 值在-0.5 到+0.5 的範圍設定熱舒適區間

(D)影響 PMV 的參數包含室溫、溼度、平均輻射溫度、風速、衣物、活動強度

【解析】(B)Predicted Mean Vote（PMV）公式適用於室內參數穩定且在人體周圍均勻分佈的熱環境，不適用於非穩定的熱環境或人體周圍參數非均勻分佈的熱環境。

（B）18.關於 600 W 攜帶式石英燈管電暖器的熱效應現象，下列敘述何者正確？

(A)與人體主要的熱交換是透過熱對流

(B)加熱人體的效果，在乾燥空氣中效果比在潮濕空氣中的效果好

(C)風吹過石英管，可提高輻射熱的輸出

(D)室溫 20°C無風環境下，石英管表面溫度由 30°C升高到 40°C，所發出的熱能增為兩倍

【解析】(A)(C)石英燈管電暖器的熱效應與人體主要的熱交換是透過熱輻射；不是透過熱對流，風吹過石英管與輻射熱的輸出無關。

(D)石英管表面溫度由 30°C升高到 40°C，參考斯特凡-波茲曼定律（Stefan-Boltzmann Law）。該定律表明，理想黑體單位面積在單位時間內輻射出的總能量，和黑體的絕對溫度的四次方成正比。

（A）19.下列那一個空間較適合安裝 CAV 空調系統？

(A)國中教室　(B)大學教室　(C)咖啡廳　(D)藝廊

【解析】適合安裝 CAV 定風量空調系統的類型為小空間或具固定負載特性場所，(A)國中教室相對其他選項屬於具變動負載特性場所。

參考來源：空調系統空氣側節能應用技術指引，二、變風量空調系統（經濟部能源局指導，財團法人台灣綠色生產力基金會編印，中華民國一百零六年十二月）。

（A）20.關於安裝機械式空調之空間，與其相鄰空間正負壓的規劃，下列敘述何者正確？

(A)手術室應為正壓空間　(B)傳染病病房應為正壓空間

(C)急救室候診區應為正壓空間　(D)病理實驗室應為正壓空間

【解析】有污染的空間用負壓，首重排氣(B)(C)(D)，其他空間用正壓，首重供氣(A)。

（D）21.根據建築物給水排水設備設計技術規範，有關儲水設備設置之敘述，下列何者錯誤？

(A)直接與公共自來水系統接管之水池容器設備，稱為受水槽

(B)為減壓或是加壓目的而設置於各區劃樓層之水池，稱為中間水槽

(C)受水槽之牆壁及平頂應與其它結構物分開，並保持至少 60 cm 人員維修空間

(D)受水槽之設計容量應有設計每日用水量 1/10 以上容量

【解析】(D)建築物給水排水設備設計技術規範 3.2.3 受水槽容量應為設計用水量 2/10 以上；其與屋頂水槽或水塔容量合計應為**設計用水量 4/10 以上至 2 日用水量**以下。屋頂水槽（水塔）之設計容量應有設計每日用水量 1/10 以上容量。

（B）22. 有關存水彎設備敘述，下列何者錯誤？

(A)存水彎之水封喪失或減少，使得管內空氣得以流通至室內之情形稱為破封

(B)存水彎裝置封水深度是指溢水面至水底面之水深

(C)設備落水口至存水彎堰口之垂直距離，不得大於 60 cm

(D)存水彎裝置應附有清潔口或可拆卸之構造，得以隨時排除阻塞之情況

【解析】(B)存水彎裝置封水深度是指溢水面至水底面之水深。

（D）23. 下列何種系統最早使用於工廠生產線上，作為遠距離監控的工具，後來廣泛應用於建築物的防災及防罪？

(A) CATV　(B) CCTV　(C) CTV　(D) ITV

【解析】(D)ITV（Interactive Television）：互動電視是一種可以讓觀眾在觀看電視節目的同時參與互動的技術。這種技術可以用於各種應用，包括遠距監控、教育、娛樂等領域。在建築物的防災和防罪方面，互動電視可能被用於監視系統、安全系統或者其他類似的應用。

（B）24. 火害發生時，煙物質與煙層分布說明，下列敘述何者錯誤？

(A)若無排煙裝置輔助，初期煙層會迅速往上蔓延，並於天花中蓄積

(B)為了讓煙層有效排出到建物外，管道間與聯接建築物樓層之通道與開口需全部開啟，以利排放

(C)隨著燃燒時間劇增，煙層將周圍空氣捲入，煙層分布與溫度將持續增加與向下擴散

(D)火害發生之煙層分布與室內換氣條件及熱流速度等因子有關

【解析】(B)管道間與聯接建築物樓層之通道與開口不需要全部開啟，而是需要提供足夠的通風口和排煙口，以確保煙氣可以有效地排出建築物外部。開啟所有通道和開口可能會導致氣流分散，使排煙效果不佳。通風系統的設計應該考慮到合適的通風口位置和大小，以確保煙層可以有效排出。

（B）25. 某建商將規劃雨水收集回收之量能，目前已知基地日降雨量為 6.5 mm／日，可集雨面積為 1500 m^2，日降雨概率為 0.3，該區日集雨量為多少公升／日？

(A) 2900　(B) 2925　(C) 2950　(D) 2975

【解析】(B)計算該區日集雨量公式：

日集雨量＝基地日降雨量×可集雨面積×日降雨槽率

日集雨量＝基地日降雨量×可集雨面積×日降雨槽率

代入題目所述數值：

日集雨量＝6.5 mm／日 × 1500 m^2 × 0.3

日集雨量＝6.5 mm／日 × 1500 m^2 × 0.3

日集雨量＝2925 公升／日

（B）26.關於高層建築電梯與梯廳之配置規劃，下列敘述何者錯誤？

(A)高層建築電梯配置規劃需設定空中轉換層或分流系統來調節

(B)電梯數量多時，應採單一向並列方式，有效節省一周運轉時間，提升人員輸送能力

(C)高層建築電梯輸送依服務樓層、運行距離及電梯速度等因素來規劃運轉效率

(D)高層建築區劃中，60 層以上建議設置空中轉換層來轉換

【解析】(B)「單一向並列方式」並不一定能夠有效節省一周運轉時間，也不一定能提升人員輸送能力。

高層建築中，電梯配置的考量因素包括：

1. 使用人口流量：考慮每天進出建築物的人數、人群的峰值時間等。
2. 建築物用途：不同功能的區域可能需要不同數量或不同類型的電梯。
3. 安全要求：高層建築的安全標準可能需要額外的電梯以應對緊急情況。
4. 空間限制：建築物內部空間限制可能會影響電梯配置的選擇。

（C）27.關於空調設備系統使用與設計原則，下列敘述何者正確？

(A)大型宴會廳的空調設計應採用線條型出回風口，以達到良好的冷氣射程，可避免產生短循環影響冷氣效果

(B)大型體育館的空調系統應採用多部氣冷式箱型空調機，可有效降低耗能

(C)天氣寒冷時使用冷暖氣機的暖氣功能，可提高室內氣溫並降低相對濕度，但無法有效移除室內水氣

(D)室內高度 2.5 m 的辦公空間，空調採下吹式線條型風口設計，可減少不適的冷擊現象

【解析】(A)在大型宴會廳的空調設計中，出風口的選擇不只有線條型的出風口，宴會廳的大小和形狀會影響出風口的選擇。有時可能需要不同形狀和類型的出風口以確保冷氣的均勻分佈

(B)設計大型體育館的空調系統時，應該考慮體育館大空間和人流，需要能夠有效覆蓋整個空間並應對人流量的空調系統。體育館可能會舉辦各種活動，包括運動比賽、音樂會等，因此空調系統應該能夠應對不同的活動場景和熱負荷。不一定只有氣冷式箱型空調機才能提供高效的空調效果。風冷式冷水機組、地源熱泵系統等也可能是更節能的選擇，具體取

決於建築的特點和環境條件。

(D)對於室內高度較低的空間，特別是小型辦公室或商業場所，最好的空調設計是將風口設置在適當的位置，確保冷氣能夠均勻地分佈，避免直接對人員造成不適的冷擊現象。下吹式線條型風口可能更適合用於較高室內空間，例如大型會議廳或購物中心等樓高較高的空間。

（C）28.某棟 11 層集合住宅，2 至 11 樓為住戶樓層，每層樓有 5 戶住戶、每戶 4 人，當電梯「5 分鐘集中率」為 25%時，為請問尖峰 5 分鐘時段使用電梯人數為多少人？

(A) 40　(B) 45　(C) 50　(D) 55

【解析】(C)「5 分鐘集中率」是指在特定的 5 分鐘時間段內，使用電梯的人數占整個時間段內所有住戶的比例。當「5 分鐘集中率」為 25%時，表示在任何給定的 5 分鐘時間段內，有 25%的住戶會使用電梯。

這棟 11 層集合住宅 2 至 11 樓每層有 5 戶住戶，總共有：

$10 \times 5 = 50$ 戶住戶。

每戶住戶有 4 人，因此總共有 $50 \times 4 = 200$ 人住在這棟集合住宅。

「5 分鐘集中率」即尖峰 5 分鐘時段使用電梯的人數為 25%，

$200 \times 0.25 = 50$ 人。

（D）29.依據 2019 年版綠建築標章的日常節能指標，空調系統節能之評估不包括下列何項目？

(A)中央空調系統　(B)個別空調系統　(C)變風量系統　(D)空氣清淨機

【解析】綠建築評估手冊-基本型 2-4.2.2　空調節能效率 EAC 計算法

EAC 計算可分為：

（一）空調系統主機總容量＞50USRT 之中央空調系統(A)

（二）空調系統主機總容量≦50USRT 之中央空調系統

（三）個別空調系統(B)

（四）負壓風扇通風系統等四種方法(C)

（C）30.下圖為某冷媒的 p-h 線圖（Mollier Chart），關於冷凍循環之敘述何者錯誤？

(A) 1→2 為壓縮機，將氣態冷媒壓縮成高壓氣態

(B) 2→3 為冷凝器，冷媒在此由高壓氣態變成高壓液態

(C) 3→4 之過程為膨脹閥，此時冷媒變成純氣態

(D) 4→1 之過程為蒸發器，冷媒藉由蒸發吸收空氣中之熱量

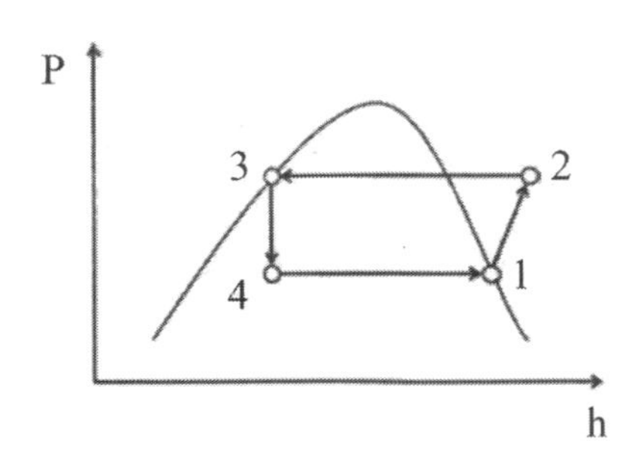

【解析】(C) 在冷凍循環 p-h 線圖（Mollier Chart）中，P 表示壓力，而 h 則表示比焓。P 值上升，代表系統中的壓力增加，但不意味冷媒變成純氣態。冷媒狀態取決壓力和比焓的組合，不只是壓力。在冷凍循環中，冷媒的狀態會根據其壓力和比焓的組合，可能是氣態、液態或兩者的混合。

（D）31.有關空調系統冰水主機性能係數（COP）是指何者與冷卻消耗電功率的比值？

(A)冷房負荷　(B)冷凍噸　(C)冷房度時　(D)冷卻能力

【解析】(D)壓縮機性能係數 COP = 冷氣能力(KW) ÷ 耗電量 KW，(coefficient of performance) 1KW = 3412 BTU / Hr

（A）32.有關電力系統的敘述，下列何者錯誤？

(A)單相三線式會使用兩條中性線與一條電壓線

(B)一般住宅以單相三線式為主

(C)三相三線式主要是供應大型空調設備或動力機器使用

(D)高壓電流引進建築基地後，須用變壓器降為低壓電流再分派到幹線與配電盤

【解析】(A) 單相三線式電力系統通常只使用一條中性線和一條電壓線。在單相三線式系統中，中性線用於提供電流回路的返回路徑，電壓線用於提供電流的正向路徑。這種系統中只有一條中性線和一條電壓線，不是兩條中性線。

（C）33.有關照明節能計畫，下列敘述何者錯誤？

(A)高效率光源是指 l m/W 數值較高的光源

(B)螢光燈管長度越長，通常 l m/W 越高

(C)照度均齊度不因光源配置位置的不同而改變

(D)良好的採光計畫有利於照明節能

【解析】(C) 照度均齊度是指照明場所中各點的照度分佈是否均勻，通常會受到光源配置位置的影響而改變。光源配置的不同位置可能會導致照度均齊度的變化。

（B）34.下列有關植栽敘述及對自然通風的影響，何者正確？

(A)常春藤類之灌木叢易於透風

(B)植栽可增強或減弱自然通風

(C)落葉植物不因季節變化而影響通風效果

(D)植栽與建築物的距離遠近不會影響通風效果

【解析】(A) 常春藤等藤本植物通常具有茂密的葉片和交錯的枝蔓，此特徵會阻礙風的通過，可能會在特定情況下阻礙自然通風。

(C) 落葉植物在秋季會脫落大部分葉片，這會改變植物的形態和結構，導致通風效果可能會有所不同。在落葉季節，落葉植物的通風效果可能會降低，缺少了葉片作為阻力，空氣的流動性會增加。

(D) 植栽與建築物的距離遠近會影響通風效果。植栽與建築物之間的距離可以改變風的流動模式，影響風的速度和方向，進而影響建築物內部的通風情況。

（B）35.進行建築空調計算時，室內熱負荷來源與類別的敘述，下列何者錯誤？

(A)透過玻璃窗進入室內的輻射熱為外部負荷，僅包含顯熱

(B)間隙風（infiltration）所產生的負荷為外部負荷，僅包含潛熱

(C)室內電腦所產生的熱量屬於內部負荷，僅包含顯熱

(D)人體所產生的熱量屬於內部負荷，包含顯熱與潛熱

【解析】(B) 間隙風（infiltration）所產生的負荷不僅包含潛熱，還包括顯熱。間隙風是指從室外空氣通過建築物的裂縫、開口或不完全密封的部分進入室內空間的空氣。進入室內的空氣會攜帶著室外的溫度和濕度，因此間隙風會帶來潛熱和顯熱的熱負荷。建築空調計必須考慮這兩種熱負荷來確保室內環境的舒適性。

（D）36.建築物採用自然通風引入外氣時可減少空調的使用量，依據「建築物節約能源設計技術規範」，下列敘述何者錯誤？

(A)Vac 是對於在涼爽季節中可開窗而自然通風之建築物所執行之節能優惠計算

(B)Vac 是由自然通風潛力 VP 求得的

(C)若 Vac = 0.87，表示建築因自然通風條件良好而可節約空調能源 13%

(D)Vac 適用於住宿類建築，不適用於辦公類建築

【解析】(D)建築物節約能源設計技術規範

9.3.6　計算 AWSG 指標之相關規定

9.3.6.1 由於學校類建築物多為通風大致良好之教室類建築，大型空間類建

築物通常以密閉空調為主流，因此 AWG 指標不再提供通風優惠評估之計算。此與前述 ENVLOAD、Req 指標中有通風節能率 Vac 不同之處提請注意。

（B）37.當建築進行節能減碳設計時，下列那一項設計策略正確？

(A)為增加建築生命週期避免提早拆除，給排水衛生管路應設計於柱梁內，以增加管路耐用度

(B)全年空調型建築的節能設計，應將建築量體儘量設計的飽滿方正，可減少外氣對建築的空調負荷

(C)可採用爐碴替代約 30%的骨材作為混凝土材料，用於房屋結構體，可達到減碳與廢棄物再利用的功能

(D)低輻射 Low-E 玻璃可隔離大部分輻射能量中的紫外線熱能

【解析】(A)將給排水衛生管路設計於柱梁內可能會導致維修困難及空間限制等問題，且管路設計於結構內部可能會增加管路損壞的風險。

(C)使用爐碴替代部分骨材製作混凝土確實可以達到減碳和廢棄物再利用的目的，但是爐碴替代骨材時混凝土的品質可能不足以滿足建築結構的需求，另爐碴可能含有有害物質或重金屬，如果未經適當處理和控制可能對環境造成污染。

(D)低輻射 Low-E 玻璃確實可隔離太陽輻射能量中的紫外線熱，但這屬於建築物因為某些條件限制已經存在無法節能的設計的彌補手段，題目問的是建築進行節能減碳設計應泛指在允許條件下盡可能使用的手法。

（D）38.何者不是臺灣都市低層建築常面臨的環境議題？

(A)噪音　(B)空氣污染　(C)熱島效應　(D)日照過多

【解析】(D)在臺灣都市低層建築中通常不是一個主要的環境議題，臺灣更常見的問題是日照不足或不均勻。這是因為日照過多可能會導致建築內部溫度上升，增加冷卻負荷，並可能對居住者或使用者產生不適。在臺灣的許多城市中，建築物之間通常非常密集，高樓大廈會互相遮蔽，導致一些低層建築無法充分接受日照，反而面臨日照不足的問題。

（C）39.根據建築技術規則「綠建築基準」，規範範圍內需檢討評估的建築，下列那一敘述正確？

(A)基地面積 100 m^2 以下者，方能免檢討基地綠化

(B)根據技術規則所屬之山坡地建築，需執行基地保水設計手法，以維持山坡地水土保持

(C)地下水位小於 1 m 之建築基地，可免檢討建築基地保水

(D)學校類建築樓地板面積低於 1000 m^2 者，可免檢討建築外殼節能 AWSG

【解析】建築技術規則設計施工編 CH.17§298

一、建築基地綠化：指促進植栽綠化品質之設計，其適用範圍為新建建築物。**但個別興建農舍及基地面積三百平方公尺以下者，不在此限。**(A)

二、建築基地保水：指促進建築基地涵養、貯留、滲透雨水功能之設計，其適用範圍為新建建築物。但本編第十三章**山坡地建築、地下水位小於一公尺之建築基地、個別興建農舍及基地面積三百平方公尺以下者，不在此限。**(B)

三、建築物節約能源：指以建築物外殼設計達成節約能源目的之方法，其適用範圍為學校類、大型空間類、住宿類建築物，及同一幢或連棟建築物之新建或增建部分之地面層以上樓層（不含屋頂突出物）之樓地板面積合計超過一千平方公尺之其他各類建築物。但符合下列情形之一者，不在此限：(D)

（一）機房、作業廠房、非營業用倉庫。

（二）地面層以上樓層（不含屋頂突出物）之樓地板面積在五百平方公尺以下之農舍。

（三）經地方主管建築機關認可之農業或研究用溫室、園藝設施、構造特殊之建築物。

（A）40.依據 2016 年版智慧建築評估手冊，安全防災指標不包括以下那一個項目？

(A)防震系統　(B)防火系統　(C)防水系統　(D)防盜系統

【解析】(A)智慧建築評估手冊，表 2-8 安全防災指標評估表：

一、防火系統

二、防震抗風系統

三、防水系統

112年 專門職業及技術人員高等考試試題／敷地計畫與都市設計

一、申論題：（30 分）

進行基地分析時，首先都會針對該基地的相關因素進行分析，例如對於氣候、地質與土壤、水文、植物、動物、土地使用、交通、噪音、景觀調查、環境污染、土地適宜性等項目的調查與分析。這些項目均為了解基地現況與特性的重要且基本的項目，而且相關的調查分析結果，均可以量化的數據來呈現，獲得科學且客觀的資訊。

相對地，由於一塊基地尚有許多非屬視覺的或非屬可被量化的因素，特別是位處於擁有長久歷史之都市內的基地，或曾經發生過重要事件的基地等。這些基地都擁有許多社會、歷史、文化、記憶或其他相關因素的特色，可作為進行都市設計或建築設計時的重要依據，也因此進行基地分析時如何了解並發掘出這些特色，應是非常重要的工作。

請詳述面對這類型的基地時，基地調查與分析的項目、分析的方法及可從那些管道獲得相關資訊等課題。

二、設計題：（70 分）

（一）題目：公益教育研修中心

某大型新創公司於都市中心地區購置一塊土地，預計設置一處各級主管的教育研修中心，並作為公益使用。該設施除作為該公司專用的研修中心及會議空間外，大部分機能也將提供給公眾使用，成為具有開放性、公共性、休閒性及永續性，並對都市環境友善的公益教育設施。

（二）基地說明：

1. 基地為一矩形，長約 120 M，寬約 70 M。屬商業區及住宅區，建蔽率及容積率平均約為 55%及 360%。
2. 基地西側鄰 30 M 道路，上方有一條高架道路（約 10 M 高）通過，車輛噪音及震動極為明顯；隔著道路為商業區，多為 12 至 15 層樓之辦公室，一、二樓則多為餐廳及商店。
3. 基地南側鄰 20 M 道路；隔著道路為商業區，多為 12 層樓之辦公室，一樓則多為餐廳。

4. 基地北側鄰 15 M 道路；隔著道路為商業區及住宅區，商業區多為 12 至 15 層樓之辦公室，住宅區則為 7 至 9 層樓之集合住宅，住宅區之間有一處鄰里公園。
5. 基地東側鄰 10 M 道路；隔著道路為商業區及住宅區。
6. 從歷史地圖中可以發現該地區曾經有一條具有歷史意義的水圳穿越基地（如基地圖中的虛線），目前地面雖無水圳，但地面下可能仍保有水圳的遺址，而且從基地南北之道路，亦可推測出該水圳的走向。
7. 基地東北角留有既有的樹木群。

（三）規劃內容：

1. 會議室（兼教室）—大會議室 3 間，合計 500 平方公尺；小會議室 10 間，合計 500 平方公尺
2. 演講廳—階梯式 200 個座位；面積自訂
3. 圖書館—1,000 平方公尺
4. 室內多目的空間（含兩座羽球場及附屬空間）—1,200 平方公尺
5. 健身房—300 平方公尺
6. 餐廳（大、中、小各 1 間，合計 3 間；含廚房）—合計 600 平方公尺
7. 住宿單元（15 間）—合計 600 平方公尺
8. 管理及教育中心辦公室—200 平方公尺
9. 入口大廳、服務入口門廳—面積自訂
10. 相關附屬服務空間—面積自訂
11. 無障礙電梯、樓梯、機電設備空間、廁所等—面積自訂
12. 地下停車場—汽車（含無障礙車位）30 輛、機車 20 輛；地下樓層數自訂
13. 戶外景觀空間、庭園、廣場、休憩空間、兒童遊戲場等

註：

1. 除會議室（兼教室）及住宿單元屬該公司專用外，其餘空間均可對外開放。
2. 各建築空間之面積，可依據規劃想法適度微調。

（四）圖面要求：

1. 規劃說明及全區配置圖—說明各建築配置、與臨地土地使用的關係、對高架道路之因應對策、建築出入口及室內外空間關係、地下停車場出入口、地下室開挖範圍（開挖率）、景觀設計、開放空間系統、動線系統、與水圳遺址的關係等。

2. 全區建築機能組織圖—含水平及垂直關係圖；說明各建築機能的區位位置，及與周邊環境的關係。
3. 全區剖立面圖—至少 2 向；說明各建築樓層（含地下室）與高度、天際線等。
4. 外部空間局部透視圖—至少 2 處。

註：上述各圖面之比例可在圖紙範圍內，依據規劃構想與內容，選擇適當之比例繪製圖面。

（五）基地圖：

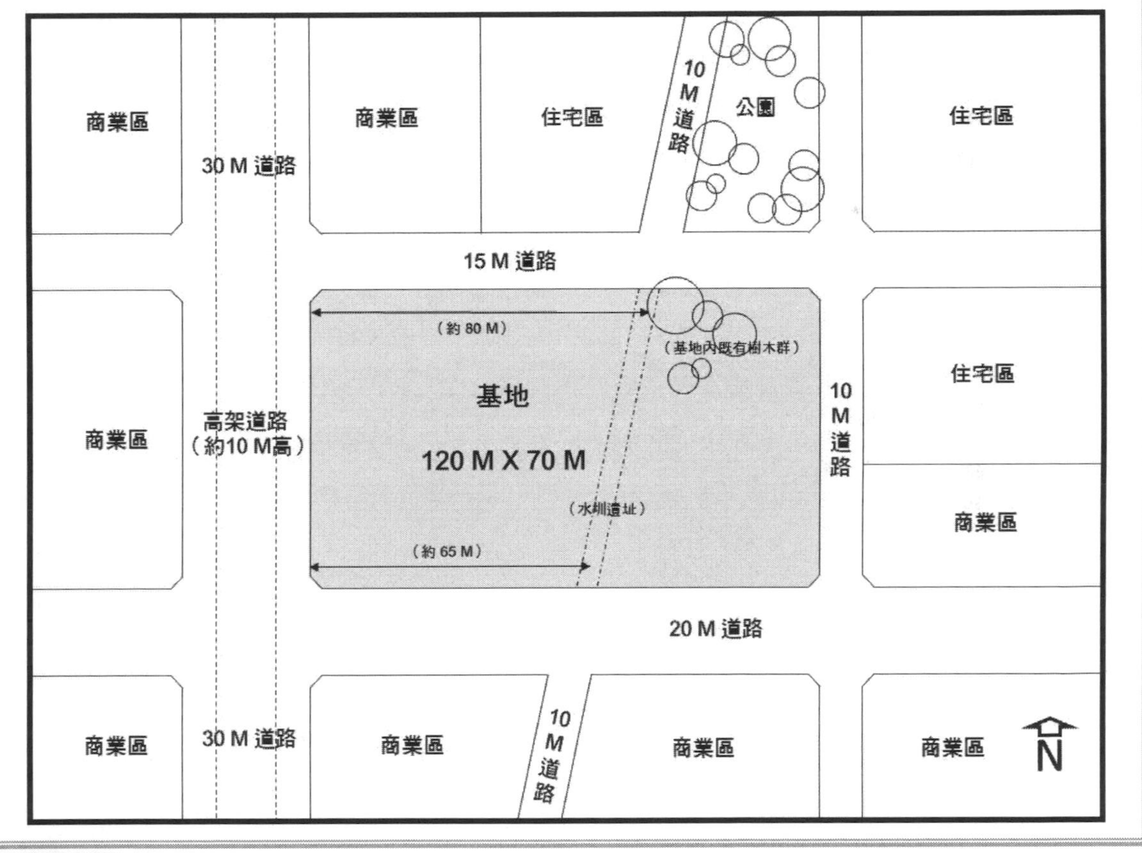

參考題解

請參見附件二 A、附件二 B、附件二 C。

112年 專門職業及技術人員高等考試試題／建築計畫與設計

一、題目：小學附設幼兒園設計

二、題旨：臺灣自從九二一新校園運動以來，校園設計多元活潑，擺脱過去刻板僵化，以管理為出發點的軍營式校舍。小學校園又與其他校園如中學特色不同，小學為服務兒童教育，提供探索有趣空間，鼓舞遊戲中成長經驗。同時又必須兼顧安全、管理等基本要求。校園必須開放對外做社區服務，教室資源可以提供社區做終身學習，及滿足無障礙需求。建築必須符合永續、節能、低碳之要求。小學內附設幼兒園，可以服務學校老師，以及周圍社區之幼兒教育需求。

三、基地環境：（詳七、基地圖）

基地位於都市計畫外，某南部之傳統閩南農村聚落內，基地周圍非常多傳統紅磚、紅瓦建築。現有一所國民小學附設幼兒園，除了現有活動中心保留外，必須面臨全部校舍改建（不必考慮安置計畫）。主要社區聚落集中在西、北側。冬季東北季風，夏季炎熱，日照紫外線非常強烈，但有舒適之西南季風。基地面積大約 2.2 公頃，建蔽率 40%，容積率 120%。整體國小西、北、東側面臨道路，各需退縮 3.5 公尺人行道，以及牆面退縮 3.5 公尺，共退縮 7 米。

四、空間需求

普通教室 12 間，每間服務 25 個學童，每間面積約 60 M^2

幼兒園活動室 2 間，每間服務 30 個幼童，每間面積約 90 M^2

專科教室 3 間，每間面積約 90 M^2

圖書室 1 間，面積約 180 M^2

保健室 1 間，面積約 60 M^2

校長室 1 間，面積約 60 M^2

教師辦公室 1 間，面積約 180 M^2

會議室 1 間，面積約 30 M^2

檔案、儲藏室 1 間，面積約 60 M^2

其他如廁所、樓梯、電梯等請合理配置

200 公尺操場 1 座

籃球場 1 座

五、設計課題

1. 充分考慮校門口選擇，停車與接送。周圍交通平時不會太繁重，但仍須考慮接送避免影響外部交通。停車位需要符合法規要求，建議至少 20 部停車，1 部無障礙停車，摩托車與腳踏車停車位若干。
2. 校園建築配置需考慮綠建築、永續節能設計策略。
3. 回應兒童教育需求的空間設計。
4. 回應地方特色之校園設計。
5. 滿足校舍設計法規，如步行距離、無障礙設計需求等。
6. 合理結構系統設計。
7. 其他，請自由補充描述。

六、建築設計

建築計畫說明（30 分），至少包括：

1. 請表達校園規劃設計之概念，如何對應氣候與周圍社區
2. 表達校舍中各功能空間之相互關係
3. 空間定性定量，教育所需空間之描述
4. 永續校園景觀設計之概念
5. 合理耐震結構系統之概念

設計圖說要求（70 分），至少包括：

1. 校園配置圖，含景觀、鋪面植栽等比例：1/500～1/1000
2. 各層校舍平面圖（標示重要尺寸）比例：1/200
3. 詳細教室單元（含家具、設備等，標示尺寸）比例：1/30～1/50
4. 主要立面圖（標示材質、尺寸）比例：1/100～1/200
5. 重要剖面圖（標示材質、尺寸）比例：1/100～1/200
6. 重要角度透視圖，比例自訂

七、基地圖

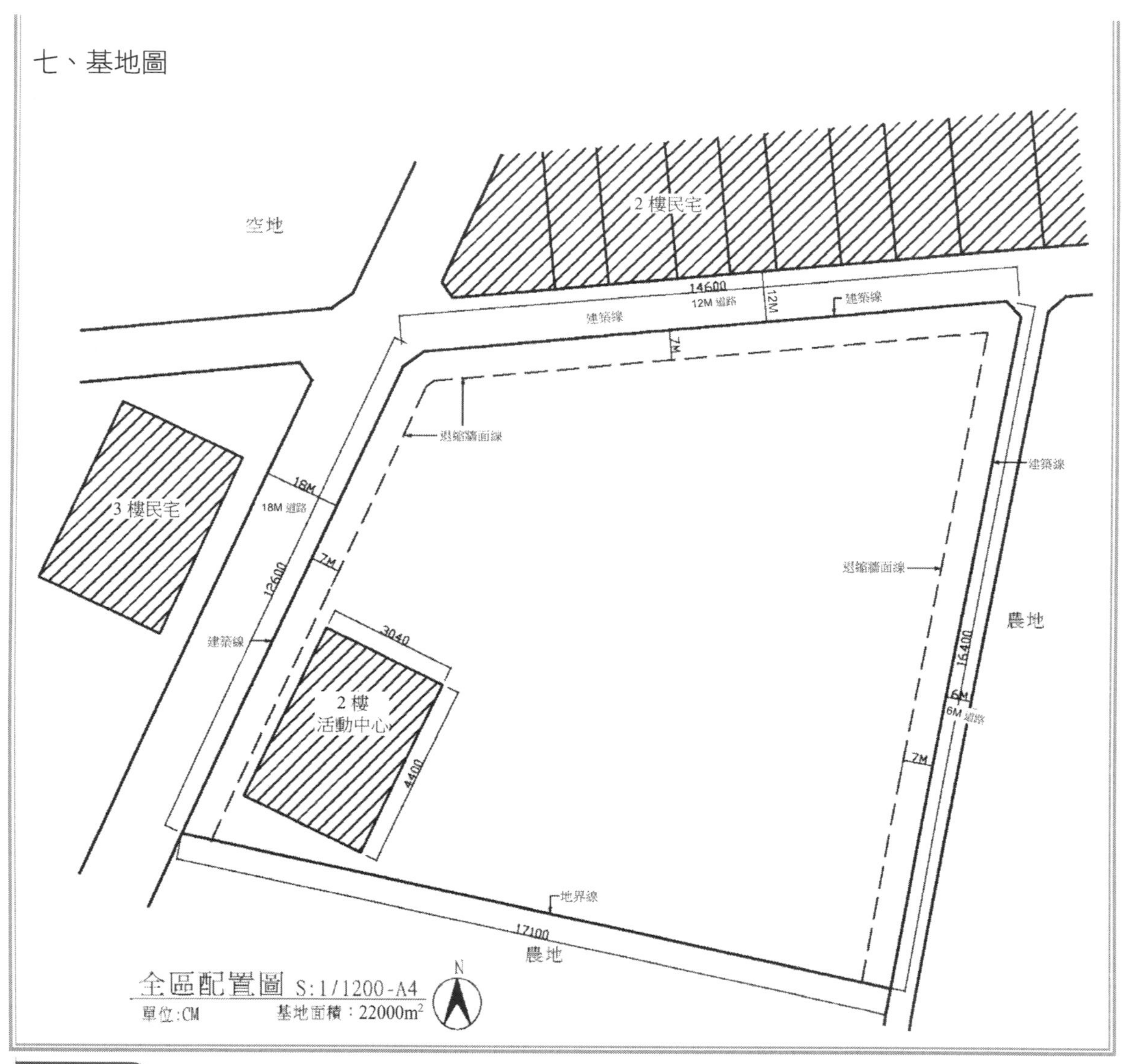

參考題解

請參見附件三 A、附件三 B、附件三 C。

4
地方特考三等
單元

112年 特種考試地方政府公務人員考試試題／營建法規

一、請依國土計畫法規定，説明國土計畫之規劃基本原則，並敘述國土保育地區分類之劃設原則及使用原則。（25 分）

參考題解

台灣地區現行與未來計畫體系圖

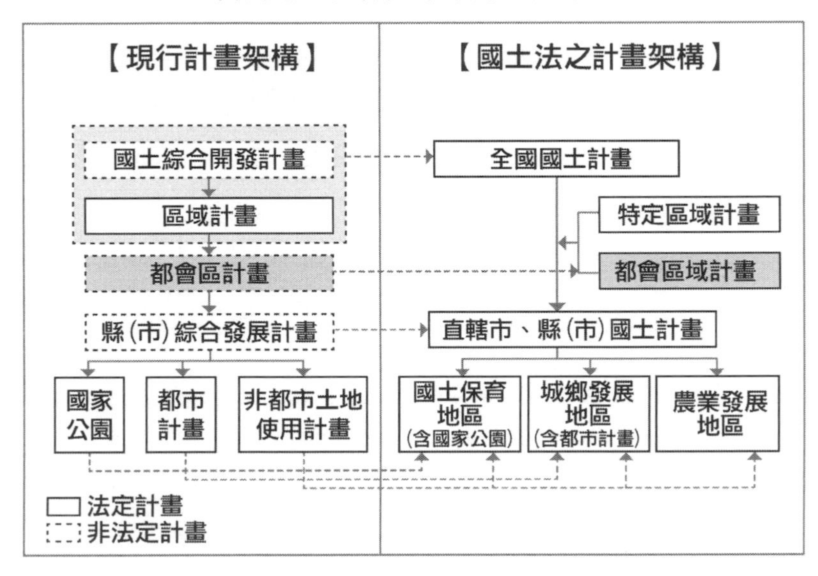

<u>國土計畫法§20</u>

各國土功能分區及其分類之劃設原則如下：

一、國土保育地區：依據天然資源、自然生態或景觀、災害及其防治設施分布情形加以劃設，並按環境敏感程度，予以分類：

（一）第一類：具豐富資源、重要生態、珍貴景觀或易致災條件，其環境敏感程度較高之地區。

（二）第二類：具豐富資源、重要生態、珍貴景觀或易致災條件，其環境敏感程度較低之地區。

（三）其他必要之分類。

二、海洋資源地區：依據內水與領海之現況及未來發展需要，就海洋資源保育利用、原住民族傳統使用、特殊用途及其他使用等加以劃設，並按用海需求，予以分類：

（一）第一類：使用性質具排他性之地區。

（二）第二類：使用性質具相容性之地區。

（三）其他必要之分類。

三、農業發展地區：依據農業生產環境、維持糧食安全功能及曾經投資建設重大農業改良設施之情形加以劃設，並按農地生產資源條件，予以分類：

（一）第一類：具優良農業生產環境、維持糧食安全功能或曾經投資建設重大農業改良設施之地區。

（二）第二類：具良好農業生產環境、糧食生產功能，為促進農業發展多元化之地區。

（三）其他必要之分類。

四、城鄉發展地區：依據都市化程度及發展需求加以劃設，並按發展程度，予以分類：

（一）第一類：都市化程度較高，其住宅或產業活動高度集中之地區。

（二）第二類：都市化程度較低，其住宅或產業活動具有一定規模以上之地區。

（三）其他必要之分類。

二、請說明都市計畫細部計畫之變更，其有關公開展覽、層報核定及發布實施，應如何辦理？（25 分）

參考題解

都市計畫之實施進度：（都計-17、23）

（一）第一期發展地區應於主要計畫發布實施後，最多二年完成細部計畫。

（二）細部計畫應於核定發布實施後一年內豎立樁誌計算座標，辦理地籍分割測量，並將道路及其他公共設施用地、土地使用分區之界線測繪於地籍圖上，以供公眾閱覽或申請謄本之用。

（三）細部計畫發布後，最多五年完成公共設施。其他地區應於第一期發展地區開始進行後，次第訂定細部計畫建設之。

三、建築物非經申請直轄市、縣（市）（局）主管建築機關之審查許可並發給執照，不得擅自拆除，請說明何種情況不在此限，如違反規定擅自拆除應如何處理？（25 分）

參考題解

免經申請直轄市、縣（市）（局）主管建築機關之審查許可並發給執照，得建造或使用或拆除之建築物：（特種原則-1、建築法-16、25、78、83、98）

（一）特種建築物

1. 涉及國家機密之建築物。
2. 因用途特殊，適用建築法確有困難之建築物。
3. 因構造特殊，適用建築法確有困難之建築物。
4. 因應重大災難後復建需要，具急迫性之建築物。
5. 其他適用建築法確有困難之建築物。

（二）免先請領拆除執照之建築物

1. 建築物及雜項工作物造價在一定金額以下或規模在一定標準以下者。
2. 因實施都市計畫或拓闢道路等經主管建築機關通知限期拆除之建築物。
3. 傾頹或朽壞有危險之虞必須立即拆除之建築物。
4. 違反本法或基於本法所發布之命令規定，經主管建築機關通知限期拆除或由主管建築機關強制拆除之建築物。

※但經指定為古蹟之古建築物、遺址及其他文化遺跡，地方政府或其所有人應予管理維護，其修復應報經古蹟主管機關許可後，始得為之。

建築法　第八章 罰則（建築法-85～95-1）

事由	行政罰	刑罰
擅自建造者	處以建築物造價千分之五十以下罰鍰，並勒令停工補辦手續；必要時得強制拆除其建築物。	-
擅自使用者	處以建築物造價千分之五十以下罰鍰，並勒令停止使用補辦手續；並得封閉其建築物，限期修改或強制拆除之。	-
擅自拆除者	處一萬元以下罰鍰，並勒令停止拆除補辦手續。	-

四、請依建築技術規則規定，說明建築物高度及屋頂突出物，何種狀況得不計入建築物高度？（25 分）

參考題解

建築技術規則§1

九、建築物高度：自基地地面計量至建築物最高部分之垂直高度。但屋頂突出物或非平屋頂建築物之屋頂，自其頂點往下垂直計量之高度應依下列規定，且不計入建築物高度：

（一）第十款第一目之屋頂突出物高度在六公尺以內或有昇降機設備通達屋頂之屋頂突出物高度在九公尺以內，且屋頂突出物水平投影面積之和，除高層建築物以不超過建築面積百分之十五外，其餘以不超過建築面積百分之十二點五為限，其未達二十五平方公尺者，得建築二十五平方公尺。

（二）水箱、水塔設於屋頂突出物上高度合計在六公尺以內或設於有昇降機設備通達屋頂之屋頂突出物高度在九公尺以內或設於屋頂面上高度在二點五公尺以內。

（三）女兒牆高度在一點五公尺以內。

（四）第十款第三目至第五目之屋頂突出物。

（五）非平屋頂建築物之屋頂斜率（高度與水平距離之比）在二分之一以下者。

（六）非平屋頂建築物之屋頂斜率（高度與水平距離之比）超過二分之一者，應經中央主管建築機關核可。

十、屋頂突出物：突出於屋面之附屬建築物及雜項工作物：

（一）樓梯間、昇降機間、無線電塔及機械房。

（二）水塔、水箱、女兒牆、防火牆。

（三）雨水貯留利用系統設備、淨水設備、露天機電設備、煙囪、避雷針、風向器、旗竿、無線電桿及屋脊裝飾物。

（四）突出屋面之管道間、採光換氣或再生能源使用等節能設施。

（五）突出屋面之三分之一以上透空遮牆、三分之二以上透空立體構架供景觀造型、屋頂綠化等公益及綠建築設施，其投影面積不計入第九款第一目屋頂突出物水平投影面積之和。但本目與第一目及第六目之屋頂突出物水平投影面積之和，以不超過建築面積百分之三十為限。

112年 特種考試地方政府公務人員考試試題／建築營造與估價

一、依照「鋼構造建築物鋼結構設計技術規範」規定，鋼結構之基本接合型式可分 3 種，請依種類分別說明其定義。（25 分）

參考題解

（一）完全束制接合型式，係假設梁與柱之接合為完全剛性，亦即構材間之交角在載重前後能維持不變。

（二）部分束制接合型式，係假設梁與柱間，或小梁與大梁之端部接合無法達完全剛性，亦即在載重前後其構材間之交角會改變。

（三）簡支接合，本規範對於完全束制接合並無特別之限制條件；對於部分束制接合結構則與所預期之端部束制程度有關；如果不考慮端部束制，一般稱為「簡支接合」，亦即表示小梁或大梁之端部接合在垂直載重作用下，僅承受剪力並能自由轉動。使用「簡支接合」時須滿足下列規定：

1. 承受垂直載重時，在接合處及所連接之構材得依簡支梁設計。
2. 接合處及所連接之構材必須能夠抵抗側向載重。
3. 垂直載重與側向載重同時作用時，接合處必須有足夠之非彈性轉動能力以避免螺栓或電銲處承受過大應力。設計接合構材或分析整體結構之穩。

參考來源：鋼構造建築物鋼結構設計技術規範。

二、請繪圖説明地盤改良工法中「砂井（樁）排水法」的原理及施工步驟。（25 分）

參考題解

砂井（樁）排水法

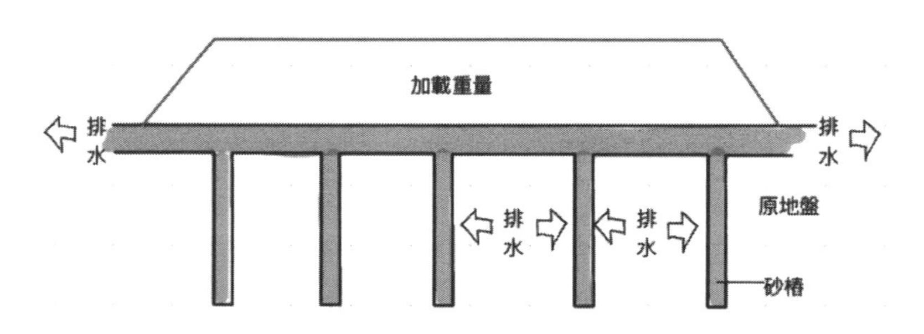

施工步驟	於原地盤中（黏土）打入砂樁，地面鋪設砂土層，上方加載重量，水分由原地層排向地面砂土層，再抽排出基地。
原理	常用於黏土地盤，因水分閉塞現象難以重力排水支土層，係利用上方加載重量，增加地盤壓力，水分受壓藉由砂樁透排水層擠出，達到降低水位、固化地盤、快速壓密等效果。

三、我國建築技術規則已加入住宅分戶樓板衝擊音隔音之規定，請繪製剖面大樣圖分別説明符合規定之「濕式浮面地板」及「乾式架高地板」此 2 種隔音地板的構法。（25 分）

參考題解

【參考九華講義-構造與施工 第 25 章 樓地版】

建築技術規則 46-6 條

◎分戶樓板之衝擊音隔音構造，應符合下列規定之一。但陽臺或各層樓板下方無設置居室者，不在此限：

一、鋼筋混凝土造樓板厚度在十五公分以上或鋼承板式鋼筋混凝土造樓板最大厚度在十九公分以上，其上鋪設表面材（含緩衝材）應符合下列規定之一：

（一）橡膠緩衝材（厚度零點八公分以上，動態剛性五十百萬牛頓／立方公尺以下），其上再鋪設混凝土造地板（厚度五公分以上，以鋼筋或鋼絲網補強），地板表面材得不受限。

（二）橡膠緩衝材（厚度零點八公分以上，動態剛性五十百萬牛頓／立方公尺以下），其上再鋪設水泥砂漿及地磚厚度合計在六公分以上。

（三）橡膠緩衝材(厚度零點五公分以上,動態剛性五十五百萬牛頓／立方公尺以下),其上再鋪設木質地板厚度合計在一點二公分以上。

（四）玻璃棉緩衝材(密度九十六至一百二十公斤／立方公尺)厚度零點八公分以上,其上再鋪設木質地板厚度合計在一點二公分以上。

（五）架高地板其木質地板厚度合計在二公分以上者，架高角材或基座與樓板間須鋪設橡膠緩衝材(厚度零點五公分以上)或玻璃棉緩衝材(厚度零點八公分以上),架高空隙以密度在六十公斤／立方公尺以上、厚度在五公分以上之玻璃棉、岩棉或陶瓷棉填充。

（六）玻璃棉緩衝材（密度九十六至一百二十公斤／立方公尺）或岩棉緩衝材（密度一百至一百五十公斤／立方公尺）厚度二點五公分以上，其上再鋪設混凝土造地板（厚度五公分以上，以鋼筋或鋼絲網補強),地板表面材得不受限。

（七）經中央主管建築機關認可之表面材（含緩衝材),其樓板表面材衝擊音降低量指標△Lw在十七分貝以上,或取得內政部綠建材標章之高性能綠建材(隔音性)。

二、鋼筋混凝土造樓板厚度在十二公分以上或鋼承板式鋼筋混凝土造樓板最大厚度在十六公分以上，其上鋪設經中央主管建築機關認可之表面材（含緩衝材),其樓板表面材衝擊音降低量指標△Lw在二十分貝以上,或取得內政部綠建材標章之高性能綠建材（隔音性)。

三、其他經中央主管建築機關認可具有樓板衝擊音指標Ln,w在五十八分貝以下之隔音性能。

◎緩衝材其上如澆置混凝土或水泥砂漿時，表面應有防護措施。

◎地板表面材與分戶牆間應置入軟質填縫材或緩衝材，厚度在零點八公分以上。

<u>隔音地板的構法</u>

（一）濕式浮面地板

地坪與結構體樓版間採用橡膠彈性隔墊區隔，以達到隔音效果，應注意排水、地坪與牆體交界面彈性填縫等問題。其厚度等應依建築技術規則相關規定辦理。

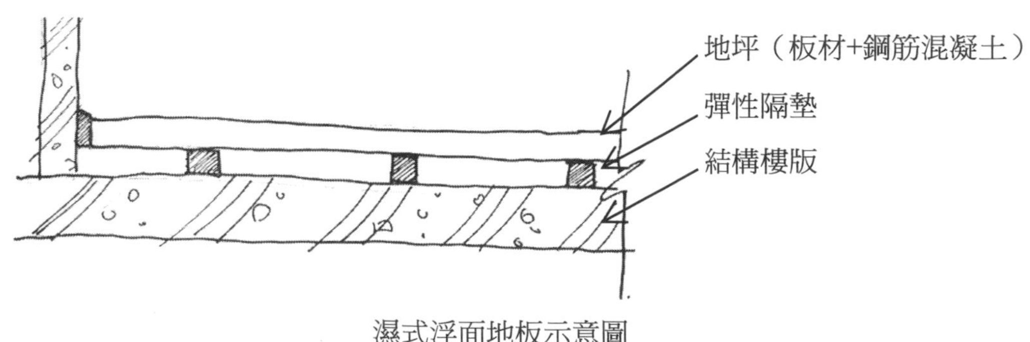

濕式浮面地板示意圖

（二）濕式浮面地板

高架地板使用安裝角架組成，腳架與結構體樓版間採用彈性降膠墊區隔，以達到隔音效果，應注意安裝精度、排水、牆面彈性填縫等問題。

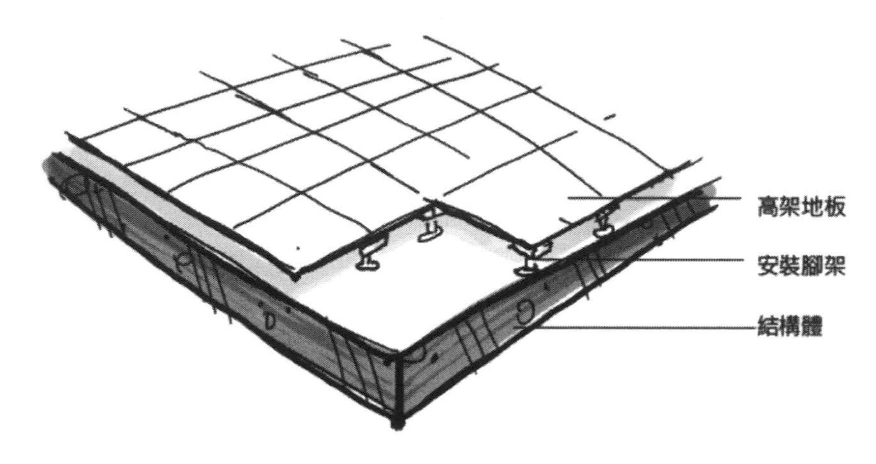

濕式浮面地板示意圖

參考來源：建築技術規則。

四、請以一個常見的廁所整修工程為例，列出工程預算書之「預算總表」內的各項次費用名稱（含發包工程費及間接工程費），並針對其中一項「1:3 水泥砂漿打底粉光清理批土面漆彩色塗料」工項，製作單價分析表（單價若不知可合理假設）。（25 分）

參考題解

廁所整修工程
預算總表

項次	項　　目	單位	數量	單價	複價
	發包工程費				434,562
壹	直接工程費				
壹.一	假設工程	式	1	4,000	4,000
壹.二	拆除工程	式	1	355,000	355,000
壹.三	裝修工程	式	1	10,000	10,000
壹.四	機電工程	式	1	15,000	15,000
壹.五	給水衛生設備工程	式	1	18,000	18,000
	直接工程費合計（壹.一~壹.五）				402,000

項次	項　　目	單位	數量	單價	複價
貳	間接工程費				
貳.一	職業安全衛生管理費	式	1		2,412
貳.二	工程品質管理費用	式	1		4,020
貳.三	管理及利潤（含營造綜合保險費（含第三人責任險）、清潔維護費等）	式	1		26,130
	合計（壹～貳）				434,562
叁	加值營業稅	式	1		21,727
	總計（壹～參）				456,289

單價分析表

壹.三.7	工作項目：1：3 水泥砂漿打底粉光清理批土面漆彩色塗料		單位：M2		計價代碼：0922032002	
	工料名稱	單位	數量	單價	複價	編碼（備註）
	卜特蘭水泥，袋裝	包	0.180	450.00	81.00	
	粒料，細粒料	M3	0.020	3,500.00	70.00	
	批土	M2	1.000	25.00	25.00	
	彩色塗料，室內用，一底二度（綠建材）	M2	1.000	100.00	100.00	
	技術工	工	0.150	3,500.00	525.00	
	普通工	工	0.150	2,200.00	330.00	
	零星工料	式	1.000	44.00	44.00	
	工具損耗	式	1.000	25.00	25.00	
	合計	M2	1.000		1,200.00	
			每 M2 單價計		1,055	

112年 特種考試地方政府公務人員考試試題／建築環境控制

一、請依據「建築物節約能源設計技術規範」回答下列問題：

（一）屋頂平均熱傳透率 Uar 的基本門檻為何？（10 分）

（二）請說明何謂外周區、非空調區，以及外殼熱性能固定之大空調空間？（15 分）

參考題解

（一）受建築節約能源管制建築物之屋頂平均熱傳透率應低於 0.8 瓦／（m^2・度）。

（二）1. 外周區：

（1）建築物受到外殼熱流進出影響之外圍空間區域，以外牆中心線起算 5 m 深度內之所有空間爲外周區。

（2）外周區主要受日射影響，依方位不同各具不同的熱負荷傾向，因此外周區的空調耗能會受到開窗率、建材、遮陽構造方式等建築設計之影響。

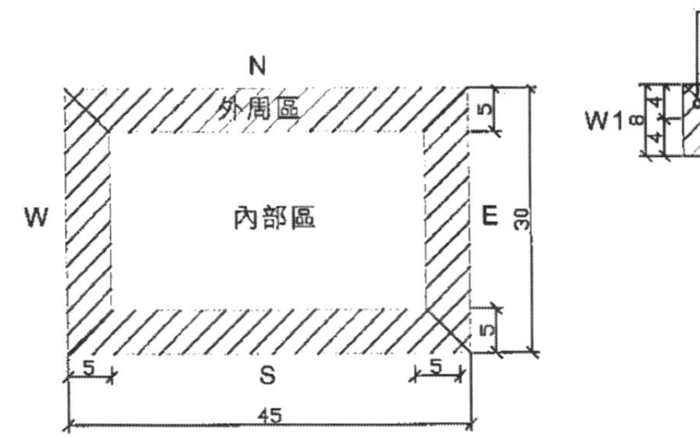

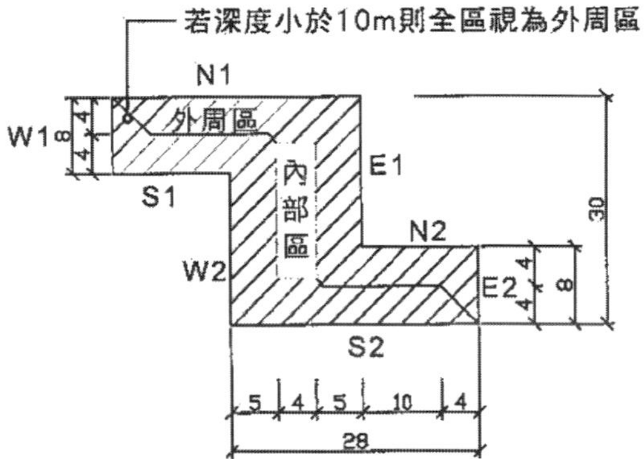

2. 非空調區：

係指建築物中通常不採用空調之空間，包括管道間、機械間、樓梯間、電梯坑道、浴室、廁所盥洗室、茶水間、儲藏室、車庫等。此部份之樓地板面積不計入空調樓地板面積 Afp。

參考來源：內政部，辦公廳類建築物節約能源設計技術規範。

3. 外殼熱性能固定之大空調空間：

（1）係指單一空間樓地板面積大於 100 m^2 之無塵室、開刀房、電信機房、電腦中心、攝影棚、水族館、電影院放映廳、展覽廳、演藝廳、集會廳、宴會廳、冷凍冷藏室、工廠製程、倉儲空間等幾近全密閉空調之空間視為無法改變外殼條件之空間。

（2）在執行 ENVLOAD 指標計算前，應先將「外殼熱性能固定之大空調空間」逐一排除後（排除面積應完整），再以賸餘樓地板面積部分檢討 ENVLOAD 指標。

（3）但該類大空調空間所附屬之前廳、辦公、走廊等附屬空間或該類大空調空間未達 100 m^2 者，皆應納入 ENVLOAD 指標檢討範圍。

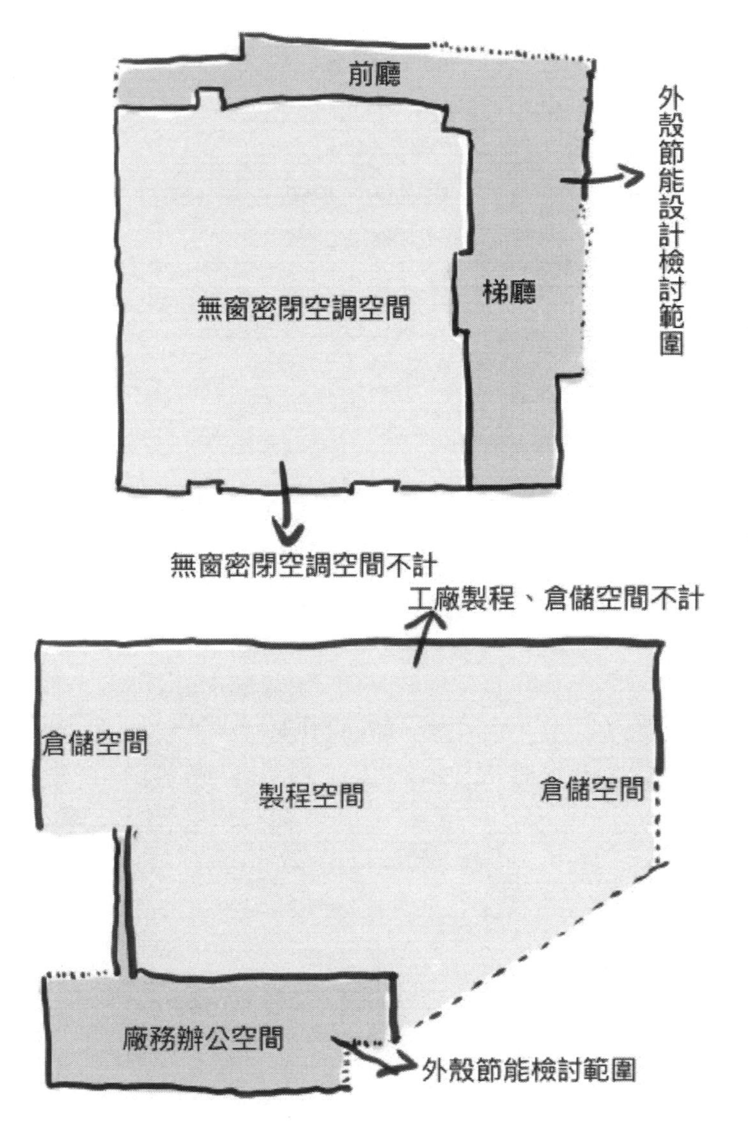

二、依據「各類場所消防安全設備設置標準」，各類場所消防安全設備包含那些項目？（25分）

參考題解

【參考九華講義-設備 第5章 消防設備】

各類場所消防安全設備包含那些項目：

一、滅火設備：指以水或其他滅火藥劑滅火之器具或設備。	1. 滅火器、消防砂。 2. 室內消防栓設備。 3. 室外消防栓設備。 4. 自動撒水設備。 5. 水霧滅火設備。 6. 泡沫滅火設備。 7. 二氧化碳滅火設備。 8. 乾粉滅火設備。 9. 簡易自動滅火設備。
二、警報設備：指報知火災發生之器具或設備。	1. 火警自動警報設備。 2. 手動報警設備。 3. 緊急廣播設備。 4. 瓦斯漏氣火警自動警報設備。 5. 一一九火災通報裝置。
三、避難逃生設備：指火災發生時為避難而使用之器具或設備。	1. 標示設備：出口標示燈、避難方向指示燈、觀眾席引導燈、避難指標。 2. 避難器具：指滑臺、避難梯、避難橋、救助袋、緩降機、避難繩索、滑杆及其他避難器具。 3. 緊急照明設備。
四、消防搶救上之必要設備：指火警發生時，消防人員從事搶救活動上必需之器具或設備。	1. 連結送水管。 2. 消防專用蓄水池。 3. 排煙設備（緊急昇降機間、特別安全梯間排煙設備、室內排煙設備）。 4. 緊急電源插座。 5. 無線電通信輔助設備。 6. 防災監控系統綜合操作裝置。
五、其他經中央主管機關認定之消防安全設備。	

參考來源：各類場所消防安全設備設置標準。

三、某超高層建築物採用重力給水，請問：

（一）依據「建築物給水排水設備設計技術規範」，給水壓力超過多少時，應設置中間水槽或減壓閥等措施，以調整給水壓力？（10 分）

（二）請繪製 3 種採用中間水槽方式時之給水配管分區方式。（15 分）

參考題解

【參考九華講義-設備 第 4 章 給排水設備】

（一）建築物一般給水壓力，超過 3.5 kg/cm^2 之限度時，應設置中間水槽或減壓閥等，以調整給水壓力。

（二）

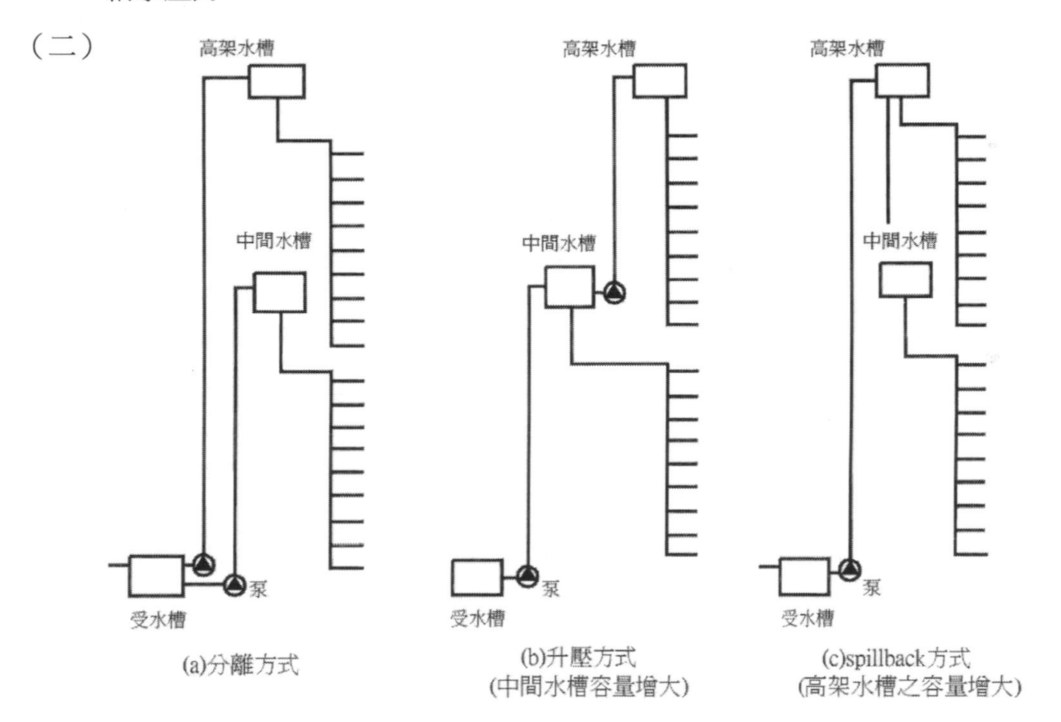

(a)分離方式　(b)升壓方式 (中間水槽容量增大)　(c)spillback方式 (高架水槽之容量增大)

參考來源：建築物給水排水設備設計技術規範。

四、請依據我國綠建築評估手冊－建築能效評估系統（2022 年版），回答下列問題：
（一）近零碳建築與淨零建築的定義為何？（10 分）
（二）非住宅類的既有建築能效評估系統有那幾種？（15 分）

參考題解

（一）近零碳建築與淨零建築的定義

1. 近零碳建築：

顧名思義為「接近淨零碳的建築」，各國基於「零耗能建築」的概念，意即建築物本身一年的淨能源消耗等於零（年消耗能源等於年生產的能源），建立適合該國氣候特點、建築類型及生活習慣的零耗能相關建築技術標準及技術體系，因此各國提出了相似但又有差異的零耗能建築定義。

臺灣因環境條件與人口密度高等，難以達成淨零耗能建築的願景，所以將「近零能源建築」作為施行方向，並朝向淨零耗能建築邁進。

參考來源：淨零耗能建築平台。

2. 淨零建築：

又稱為「零排放建築」，顧名思義是沒有碳排放的建築物，但是建築物在建造施工及建材運輸過程中勢必會消耗大量能源及產生大量碳排放，因此「淨零建築」的理念是在建築盡量減少能源消耗的同時，建築物於使用運作過程中還可以自行生產再生能源，用以抵銷運作時因能源消耗而產生的碳排放。

（二）非住宅類的既有建築能效評估系統有那幾種

「建築能效標示制度」（Building Energy-Efficiency Rating System，簡稱 BERS）整合綠建築、建築能效標示及近零能建築：

1. 綠建築評估手冊-建築能效評估系統」草案：針對新建建築物，以綠建築標章日常節能指標計算建築能源效率。
2. 「綠建築評估手冊-既有建築類」草案：針對無改善行為之既有建築物，採電費單之實測耗電數據進行評估。（建築能效等級由高至低依序分為第 1 至 7 級，並評估定義近零碳建築及淨零建築等級。）

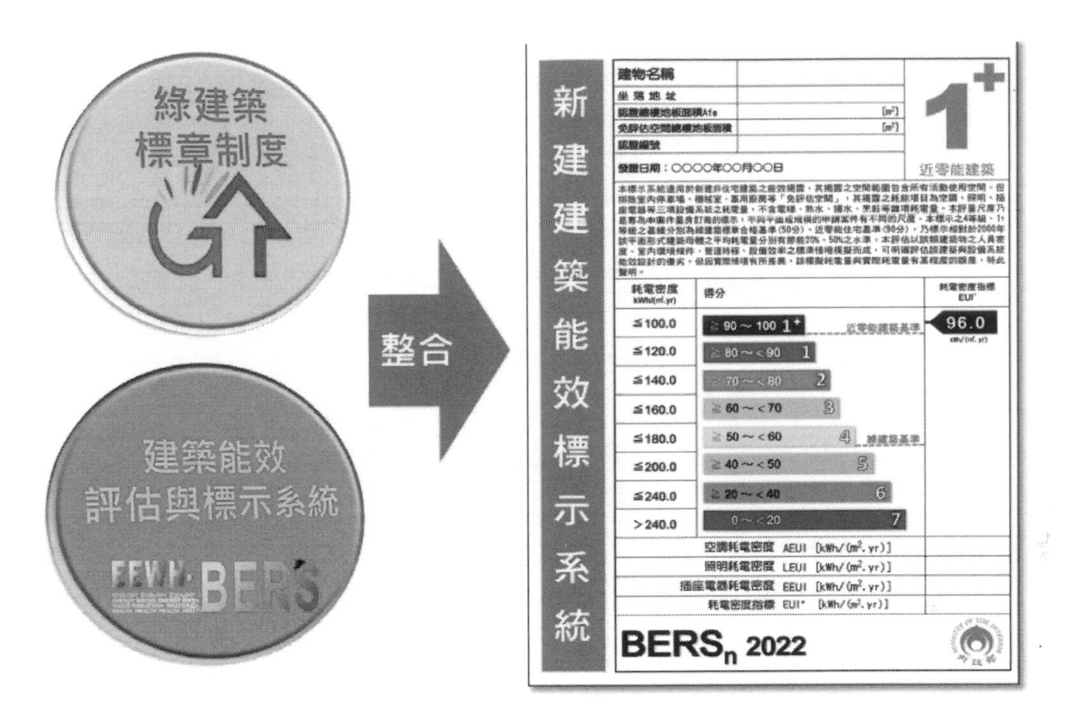
綠建築
標章制度
建築能效
評估與標示系統
EEWH·BERS
整合
新建建築能效標示系統
建物名稱
坐落地址
認證總樓地板面積Afe [m²]
免評估空間總樓地板面積 [m²]
認證編號
發證日期：○○○○年○○月○○日
1+
近零能建築
耗電密度 kWh/(m².yr)
得分
耗電密度指標 EUI*
≦100.0
≧90～100 1+
近零能建築基準
96.0
≦120.0
≧80～<90 1
≦140.0
≧70～<80 2
≦160.0
≧60～<70 3
≦180.0
≧50～<60 4
綠建築基準
≦200.0
≧40～<50 5
≦240.0
≧20～<40 6
>240.0
0～<20 7
空調耗電密度 AEUI [kWh/(m².yr)]
照明耗電密度 LEUI [kWh/(m².yr)]
插座電器耗電密度 EEUI [kWh/(m².yr)]
耗電密度指標 EUI* [kWh/(m².yr)]
BERSn 2022

參考來源：內政部。

112年 特種考試地方政府公務人員考試試題／建管行政

一、依建築法規定，直轄市、縣（市）（局）政府應視當地實際情形，規定建築基地最小面積之寬度及深度。請詳細說明何謂建築基地？並請詳細說明建築法之適用地區為何？（25分）

參考題解

（一）建築法適用地區（範圍）：（建築法-3）

1. 實施都市計畫地區。
2. 實施區域計畫地區。
3. 經內政部指定地區。
4. 供公眾使用及公有建築物。

（二）建築基地：（建築法-11）

為供建築物本身所占之地面及其所應留設之法定空地。（※建築基地原為數宗者，於申請建築前應合併為一宗。）

二、建築物設計人或監造人，如有侵害他人財產，或肇致危險或傷害他人時，應視其情形，分別依法負其責任。請依建築師法規定，分別詳細說明建築師受委託辦理建築物設計及監造時，各應遵守之規定為何？（25分）

參考題解

建築師之責任：（建築師-17~27）

（一）受委託設計之圖樣、說明書及其他書件：

1. 應合於建築法及基於建築法所發布之建築技術規則、建築管理規則及其他有關法令之規定。
2. 設計內容應能使營造業及其他設備廠商，得以正確估價，按照施工。

（二）受委託辦理建築物監造時，應遵守下列各款之規定：

1. 監督營造業依照前條設計之圖說施工。
2. 遵守建築法令所規定監造人應辦事項。（配合申報開工、申報勘驗、申請使用執照）
3. 查核建築材料之規格及品質。
4. 其他約定之監造事項。

（三）建築師受委託辦理建築物之設計，應負該工程設計之責任；其受委託監造者，應負監督該工程施工之責任。但有關建築物結構與設備等專業工程部份，除五層以下非供公眾使用之建築物外，應由承辦建築師交由依法登記開業之專業技師負責辦理，建築師並負連帶責任。

（四）建築師受委託辦理各項業務，應遵守誠實信用之原則。

（五）建築師對於承辦業務所為之行為，應負法律責任。

（六）建築師對於公共安全、社會福利及預防災害等有關建築事項，經主管機關之指定，應襄助辦理。

（七）建築師不得兼任或兼營左列職業：

1. 依公務人員任用法任用之公務人員。
2. 營造業、營造業之主任技師或技師，或為營造業承攬工程之保證人。
3. 建築材料商。

（八）建築師不得允諾他人假借其名義執行業務。

（九）建築師對於因業務知悉他人之秘密，不得洩漏。

三、依公寓大廈管理條例規定，共用部分及其相關設施之拆除、重大修繕或改良，應依區分所有權人會議之決議為之，其費用由公共基金支付或由區分所有權人按其共有之應有部分比例分擔。請詳細說明何謂共用部分？並請詳細說明公共基金的來源有那些？（25 分）

參考題解

（一）共用部分：（公寓-3）

指公寓大廈專有部分以外之其他部分及不屬專有之附屬建築物，而供共同使用者。

（二）公寓大廈公共基金來源、儲存、管理、運用：（公寓-18）

1. 來源：

（1）起造人就公寓大廈領得使用執照一年內之管理維護事項，應按工程造價一定比例或金額提列。

（2）區分所有權人依區分所有權人會議決議繳納。

（3）本基金之孳息。

（4）其他收入。

依前項第一款規定提列之公共基金，起造人於該公寓大廈使用執照申請時，應提出繳交各直轄市、縣（市）主管機關公庫代收之證明；於公寓大廈成立管理委員會或推選管理負責人，並完成依第五十七條規定點交共用部分、約定共用部分及其附屬設施設備後向直轄市、縣（市）主管機關報備，由公庫代為撥付。同款所稱比例或金額，由中央主管機關定之。

2. 儲存：應設專戶儲存。
3. 管理：由管理負責人或管理委員會負責管理。如經區分所有權人會議決議交付信託者，由管理負責人或管理委員會交付信託。
4. 運用：應依區分所有權人會議之決議為之。

（※區分所有權人對於公共基金之權利應隨區分所有權之移轉而移轉；不得因個人事由為讓與、扣押、抵銷或設定負擔。）

四、依都市計畫法規定，直轄市及縣（市）政府對於都市計畫範圍內之土地，得限制其使用人為妨礙都市計畫之使用。請詳細說明何謂都市計畫？並請詳細說明那些地方應擬定市（鎮）計畫？（25分）

參考題解

（一）都市計畫：（都計-3）

係指在一定地區內有關都市生活之經濟、交通、衛生、保安、國防、文教、康樂等重要設施，作有計畫之發展，並對土地使用作合理之規劃而言。

（二）應擬定市（鎮）計畫之地方：（都計-10）

1. 首都、直轄市。
2. 省會、市。
3. 縣（局）政府所在地及縣轄市。
4. 鎮。
5. 其他經內政部或縣（市）（局）政府指定應依本法擬定市（鎮）計畫之地區。

112年 特種考試地方政府公務人員考試試題／建築結構系統

一、如圖所示之外伸梁，A 點為鉸支承而 D 點為滾支承。若 B 與 C 二點各承受一集中載重，DE 間為均佈載重作用，各施力大小請參考下圖所示，試回答下列問題：

（一）A 及 D 點之支承反力為何？（10 分）

（二）試繪製外伸梁之剪力與彎矩圖（須標示各轉折點數值）。（15 分）

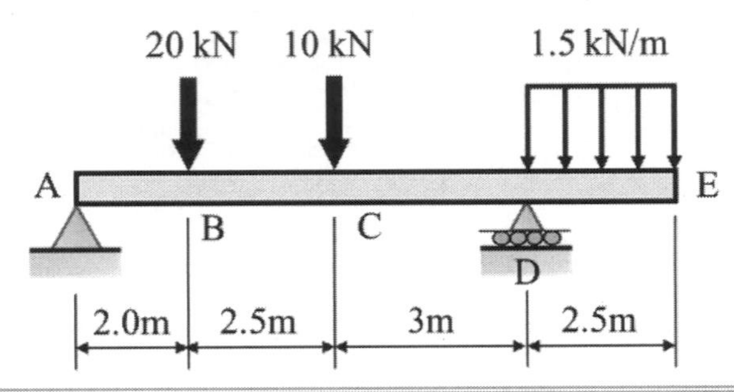

參考題解

（一）A 及 D 點的支承反力

1. $\sum M_A = 0$，$20\times2+10\times4.5+(1.5\times2.5)(8.75)=R_D\times7.5\ \therefore R_D=15.71\ kN$

2. $R_A+R_D^{15.71}=20+10+1.5\times2.5\ \therefore R_A=18.04\ kN$

（二）繪製剪力彎矩圖

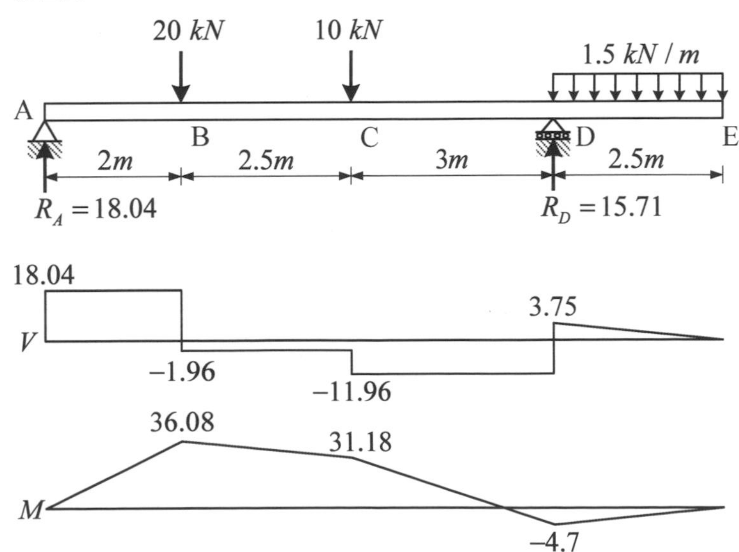

二、如圖所示之簡單桁架系統，D 點為滾支承而 F 點為鉸支承。若 A、B 及 C 三個節點上各承受一集中載重，各施力大小請參考下圖所示，試回答下列問題：

（一）D 及 F 點之支承反力為何？（10 分）

（二）各桿件內力分別為何？（15 分）

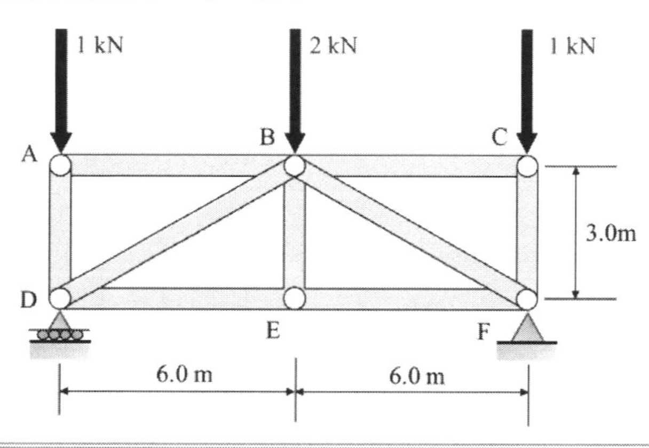

參考題解

（一）計算支承反力

1. $\sum M_D = 0$，$R_F \times 12 = 2\times 6 + 1\times 12 \ \therefore R_F = 2\ kN(\uparrow)$

2. $\sum F_y = 0$，$R_D + R_F = 1+2+1 \ \therefore R_D = 2\ kN(\uparrow)$

3. $\sum F_x = 0$，$H_F = 0$

（二）以節點法計算各桿內力，如下圖所示

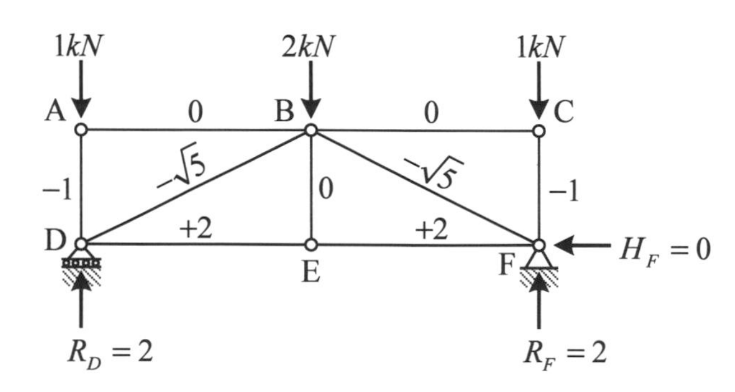

三、建築物之水平載重抵抗系統，一般可採用斜撐、加大構材斷面或剪力牆等方式，若以剪力牆進行設計時，其平面與立面配置原則為何？試就其抵抗扭轉及避免軟弱層效應等要項，請配合圖示論述。（25 分）

參考題解

（一）剪力牆為建築結構中常用來抵抗水平力的構材，面內之水平向勁度常遠大於柱，平面上影響建築物剛心位置，若與質心偏移太大，產生過大扭矩，嚴重影響耐震性能，立面上，因剪力牆勁度大，負擔較大水平力，若不連貫，影響力量傳遞及可能造成軟弱層，配置原則如下：

1. 平面上：盡量均勻對稱配置，避免交會於一點，平面上可沿著建築周邊配置形成核狀（外周剪力牆）或者在內部圍成密封的形狀（核心剪力牆）等不同配置方式，整體組成核形寬度越大抗扭力越佳，並具較大的抗傾覆能力，而且要使剛心和質心盡量接近，以減少額外扭矩。

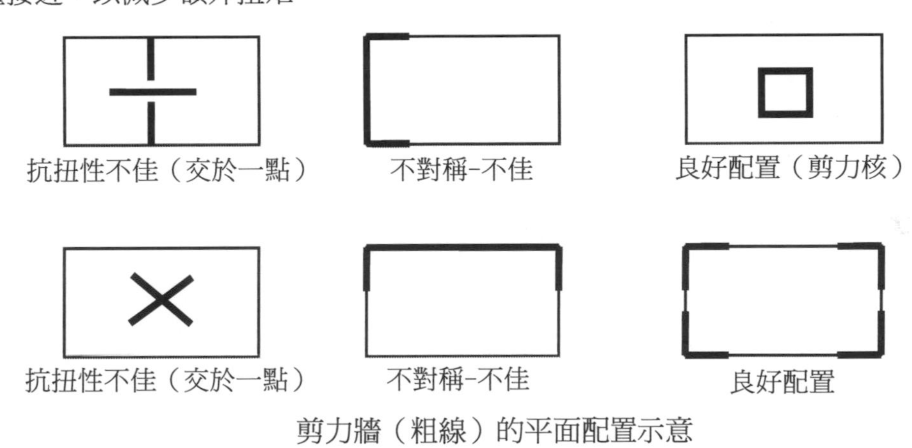

剪力牆（粗線）的平面配置示意

2. 立面上：盡量連續配置，避免中途中斷或由一處跳至另一處。

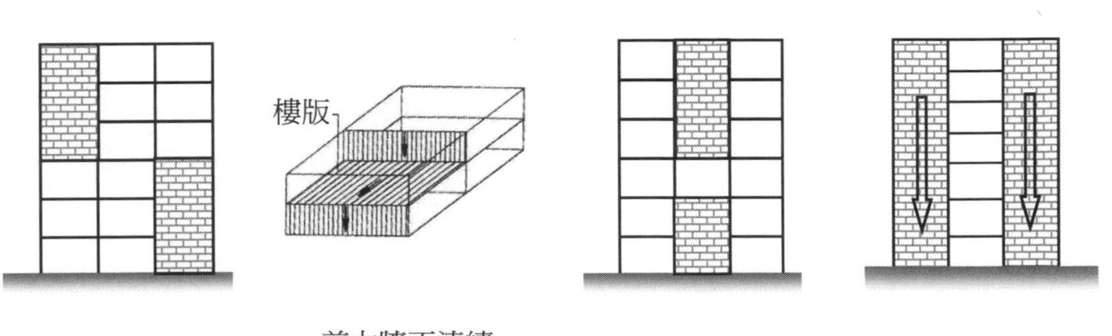

剪力牆不連續（面內不連續）-不佳　　剪力牆不連續之力量傳遞（面外不連續）-不佳　　剪力牆中斷不連續-不佳　　剪力牆連續配置-佳

四、因應國家淨零碳排之永續發展策略，以鋼筋混凝土造之建築物而言，若為增加結構體之使用年限或延長其耐用壽命，除安全性相關設計須提升外，以耐久性而言，於設計階段中可進行何種要項調整或強化，則可減少混凝土內部鋼筋鏽蝕之風險，可就建築物混凝土結構設計規範中相關要項論述之。（25 分）

參考題解

以減少混凝土內部鋼筋鏽蝕之風險，提高耐久性，就設計階段配合【建築物混凝土結構設計規範（112 年版）】（以下簡稱規範）相關要項簡要論述如下：

（一）混凝土保護層：混凝土可保護鋼筋抵禦氣候與其他因子侵蝕，規範依結構材之類型而有不同規定，並考量混凝土暴露環境狀況，在腐蝕環境或暴露於其他極端條件下（外在氯鹽環境，如去冰鹽、鹽水、海水或含這些氯鹽的霧氣環境），保護層應適度提高。另外在配比、澆置與養護上有較佳之控制下，保護層厚度之要求可較少，如預鑄混凝土或可被控制如預鑄場內等級時。參照規範 20.5.1 內容。

（二）非預力之塗布鋼筋：熱浸鍍鋅鋼筋、環氧樹脂塗布鋼筋和鍍鋅與環氧樹脂雙層塗布鋼筋常被應用於須特別考量鋼筋腐蝕防治之工程中，如停車場結構、橋梁結構和其他具高腐蝕環境下之工程。參照規範 20.5.2 內容。

（三）混凝土耐久性要求：混凝土結構物耐久性主要與混凝土中有害物質進出移動有關。如果結構物有裂縫及孔隙，且周圍環境提供充足之有害物質，則結構物必然產生混凝土異常劣化及鋼筋腐蝕等影響耐久性問題。混凝土之裂縫及孔隙與拌和用水量及養護品質有密切關係。硫酸根離子之存在、海水及鹽霧、酸雨、溫濕變化、強風烈日等外界環境；或混凝土配比材料所含之氯鹽、活性粒料及鋼筋等內在因素均與有害物質移動有關，但最重要者仍以混凝土配比中所含「水量」多寡為主，所以限制水量為維護耐久性之重要策略。一般在工程規劃設計階段，宜事先調查工程構造物附近現況，進行環境區分，並檢討與混凝土接觸之地下水所含有害鹽類，如硫酸鹽、氯化物之含量及濃度等資料，於設計圖說中規定有關混凝土配比應注意事項。當混凝土結構在使用過程中可能暴露於外在氯鹽環境時，則混凝土宜經配比設計以滿足規範第十九章中適用暴露等級之要求，包括最大水膠比（w/cm）、普通混凝土及輕質混凝土之最低強度及混凝土中最高的氯離子含量。參照規範 19.3 及 20.5.1.4.1 內容。

112年 特種考試地方政府公務人員考試試題／建築設計

一、請試述永續建築設計（sustainable building design）的設計目標，並列舉 3 項適用於臺灣本土環境的設計策略說明之。（20 分）

二、某綠能工程科技公司於其綠能園區興建小型研發辦公室，其設計目標為提供可彈性使用之研發辦公空間，以及研發產品的展示場所。建築立面同時可作為公司研發之預製帷幕單元的產品展示，能夠不定期的更換。該公司以研發能夠滿足臺灣本土氣候高日照、強風、多雨之條件，具節能永續特色之外牆帷幕單元為其特色產品。（80 分）

基地概述：位於濱海之綠能園區內某處基地，長方形基地長 40 公尺，寬 20 公尺，西南側為長向，面朝臺灣海峽，距海岸 100 公尺，臨園區 10 公尺道路，請參考右圖。

空間需求：

名稱	面積	數量	需求
辦公與研究空間	800 m^2	1	可分不同樓層配置，以彈性使用為原則
展示空間	200 m^2	1	位於地面層，可以彈性使用
電動車充電車位	適量	4	位於地面層有遮蔽之空間供展示用
入口、動線及服務空間	適量		廁所、清潔、管線、茶水間、走道、樓梯、電梯……

立面設計：選擇最適當模矩尺寸作立面分割，以能夠安裝公司研發之預製帷幕單元產品為主，單元版片厚度以 25 cm 為標準規格，長寬尺寸需以適當模矩規格化，可懸掛於結構系統之外側，並考慮公路運輸的尺寸限制。可外加遮陽及其他裝飾性或功能性構造。

圖面需求：

1. 配置圖：以適當比例繪製建築量體與基地環境，標註北向、比例尺、車道、步道、植栽、鋪面，以陰影呈現建築量體的高度。
2. 平面圖：選擇適當比例尺繪製地面層與 2 層平面圖。2 層以上平面圖不需繪製，也不予計分。需繪製柱、牆、門窗、樓板、樓電梯、廁所與服務空間的隔間及內部設施。需標註結構網格尺寸、方位及比例尺，若有需要請注意上層樓板投影線、當層樓板挑空區域的標示。

3. 立面圖：以適當比例繪製主要朝向之立面圖，須標示預製帷幕單元的分割、外牆開口、門窗、遮陽、屋頂，並標註樓層高度。
4. 帷幕單元設計圖：挑選具代表性之一種帷幕單元繪製概念設計圖，以適當比例與圖面標示出帷幕單元外觀完成面材質、開口、遮陽等設計即可，如能繪製剖面圖表現出帷幕單元內部構造尤佳。

基地示意圖

參考題解

請參見附件四 A、附件四 B。

5 地方特考四等

單元

112年 特種考試地方政府公務人員考試試題／營建法規概要

> 一、依建築技術規則規定，私設通路在那種情形下，應設置汽車迴車道？（5 分）迴車道視為該通路之一部分，其設置標準為何？（15 分）在什麼情形下，得免設迴車道？（5 分）

參考題解

建築技術規則建築設計施工編§3-1

私設通路為單向出口，且長度超過三十五公尺者，應設置汽車迴車道；迴車道視為該通路之一部份，其設置標準依左列規定：

一、迴車道可採用圓形、方形或丁形。

二、通路與迴車道交叉口截角長度為四公尺，未達四公尺者以其最大截角長度為準。

三、截角為三角形，應為等腰三角形；截角為圓弧，其截角長度即為該弧之切線長。

前項私設通路寬度在九公尺以上，或通路確因地形無法供車輛通行者，得免設迴車道。

> 二、依都市計畫法規定，都市計畫經發布實施後，不得隨時任意變更。但擬定計畫之機關多久至少應通盤檢討一次？（5 分）然若遇到那些情況，當地直轄市、縣（市）政府或鄉、鎮、縣轄市公所，應視實際情形迅行變更？（20 分）

參考題解

都市計畫之變更方式及時機：（都計-24、26、27、63；通盤檢討-2、13、14）

（一）土地權利關係人為促進其土地利用，得配合當地分區發展計畫，自行擬定或變更細部計畫。

（二）通盤檢討

1. 擬定計畫之機關每三年內或五年內至少應通盤檢討一次。依據發展情況，並參考人民建議作必要之變更。
2. 都市計畫依法辦理迅行或逕為變更致原計畫無法配合者。
3. 區域計畫公告實施後，原已發布實施之都市計畫不能配合者。
4. 都市計畫實施地區之行政界線重新調整，而原計畫無法配合者。
5. 經內政部指示為配合都市計畫地區實際發展需要應即辦理通盤檢討者。
6. 合併辦理通盤檢討者。

7. 辦理細部計畫通盤檢討時，涉及主要計畫部分需一併檢討者。
8. 都市計畫發布實施滿二年，除有前條規定之情事外，得辦理通盤檢討變更。

（三）個案變更（迅行變更、逕為變更）
1. 因戰爭、地震、水災、風災、火災或其他重大事變遭受損壞時。
2. 為避免重大災害之發生時。
3. 為適應國防或經濟發展之需要時。
4. 為配合中央、直轄市或縣（市）興建之重大設施時。

（四）都市更新：重建地區得變更其土地使用性質或使用密度。

三、起造人申請建造執照或雜項執照時，應備具申請書、土地權利證明文件、工程圖樣及說明書。請依建築法規定，說明「工程圖樣及說明書」應包括那些項目？（25 分）

參考題解

申請建造執照或雜項執照應備文件：（建築法-24、30、31、32）
一般建築：起造人申請建造執照或雜項執照時，應備具

（一）申請書（應載明下列事項）
1. 起造人之姓名、年齡、住址。起造人為法人者，其名稱及事務所。
2. 設計人之姓名、住址、所領證書字號及簽章。
3. 建築地址。
4. 基地面積、建築面積、基地面積與建築面積之百分比。
5. 建築物用途。
6. 工程概算。
7. 建築期限。

（二）土地權利證明文件
1. 土地登記簿謄本。
2. 地籍圖謄本。
3. 土地使用同意書（限土地非自有者）。

（三）工程圖樣及說明書
1. 基地位置圖。
2. 地盤圖，其比例尺不得小於一千二百分之一。
3. 建築物之平面、立面、剖面圖，其比例尺不得小於二百分之一。
4. 建築物各部之尺寸構造及材料，其比例尺不得小於三十分之一。

5. 直轄市、縣（市）主管建築機關規定之必要結構計算書。
6. 直轄市、縣（市）主管建築機關規定之必要建築物設備圖說及設備計算書。
7. 新舊溝渠與出水方向。
8. 施工說明書。

四、請依營造業法、政府採購法及都市更新條例等相關法規，說明下列名詞之定義：（每小題 5 分，共 25 分）
（一）營繕工程
（二）更新單元
（三）統包
（四）廠商
（五）勞務

參考題解

（一）營繕工程（營造業法§）
營繕工程：係指土木、建築工程及其相關業務。

（二）更新單元（都市更新條例§3）
更新單元：指可單獨實施都市更新事業之範圍。

（三）統包（營造業法§3）
統包：係指基於工程特性，將工程規劃、設計、施工及安裝等部分或全部合併辦理招標。

（四）廠商（政府採購法§8）
本法所稱廠商，指公司、合夥或獨資之工商行號及其他得提供各機關工程、財物、勞務之自然人、法人、機構或團體。

（五）勞務（政府採購法§7）
本法所稱勞務，指專業服務、技術服務、資訊服務、研究發展、營運管理、維修、訓練、勞力及其他經主管機關認定之勞務。

112年 特種考試地方政府公務人員考試試題／施工與估價概要

一、近年來在全球暖化課題益發嚴峻的環境下，朝向淨零碳排目標的相關舉措紛紛上路，我國目前也正規劃「低碳（低蘊含碳）建築」的相關評估系統及相關制度。請問何謂建築物的「蘊含碳排」（Embodied Carbon）？何謂「低蘊含碳」建築？在建築物的規劃設計策略上如何朝向「低蘊含碳」建築規劃？請具體舉出其策略。（25 分）

參考題解

【參考九華講義-構造與施工 第 1 章 構造概論】

（一）蘊含碳排（Embodied Carbon）

依「低碳（低蘊含碳）建築評估手冊」，提出的低碳建築評估系統之認定機制。其目的是對建築市場之再利用、再循環、再生等循環建材或構件進行減碳量之認定，作為減碳評估之依據，並公布於指定評定機構公開。

（二）規劃設計策略利用更多再利用、再循環、再生等循環建材或構件，促進營建產業的低碳化。

（三）具體策略

築減碳設計的重點指引如下：

1. 合理的結構系統設計是建築減碳設計最大的影響因子，其中尤其是均勻跨距結構系統是最有效的建築減碳設計策略，它最大約有 12.7～13.0%的減碳效益，這有賴設計者對合理結構與建築平面機能的整合協調才能達成。
2. 反之，不規則平面、長寬比太大是造成地震力集中而必須增加鋼筋水泥用量補強之原因，它最大會增加約 6.0～10.0%的總碳足跡，這是與均勻跨距結構設計因子相反的不利因子，提請注意。
3. 低碳混凝土設計是以膠結材料配比與攪拌技術所達成的減碳技術，是很多材料專家可發揮的有潛力減碳策略，目前最大約可達 10.0%的減碳率，是目前最常被申請的有效減碳策略。
4. 針對外牆外裝、外窗、帷幕牆、內隔間、室內地坪、室外地坪等六項非 結構工法，選用較低碳構件的減碳設計最多約有 11.3～20.6%的總減碳潛力，設計者可自附錄二中選用較低碳的構件設計之，有時因商業或美學 考量無法用盡最大減碳之利，但其中一半以上的減碳選項常是合乎設計需求且隨所可得之利。

5. 採用鋼構造結構因為輕量化因素可減少鋼筋水泥用量，在 LEBR 計算中立即有 10% 的減碳率之優惠計算，但它依然必須再導入前述部分減碳設計才能獲得最高 1^+ 等級的評估。
6. 眾所皆知，採用 SRC 構造會增加鋼筋水泥用量，在 LEBR 計算中會增加約 5.0%的總碳足跡，是一不利因素，這因素有賴投入前述諸多減碳設計來彌補才能獲得較高等級的評估，提請注意。
7. 木構造建築與輕鋼構建築先天就是很好的低碳建築，在 LEBR 計算中均自然取得最高 1^+ 等級的評估。

參考來源：低碳（低蘊含碳）建築評估手冊（聯盟試行版）。

二、何謂鋼骨鋼筋混凝土（SRC）構造？請繪出其柱斷面說明其構法之組成，並說明 SRC 構造之優點及缺點、施工中應特別留意之事項。（25 分）

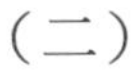

參考題解

【參考九華講義-構造與施工 第 14 章 鋼骨鋼筋混凝土】

（一）鋼骨鋼筋混凝土構造指使用鋼骨（型鋼）之梁柱架構，在其外部綁紮鋼筋、澆置混凝土之構造形式，具有相當防火性能。

（二）

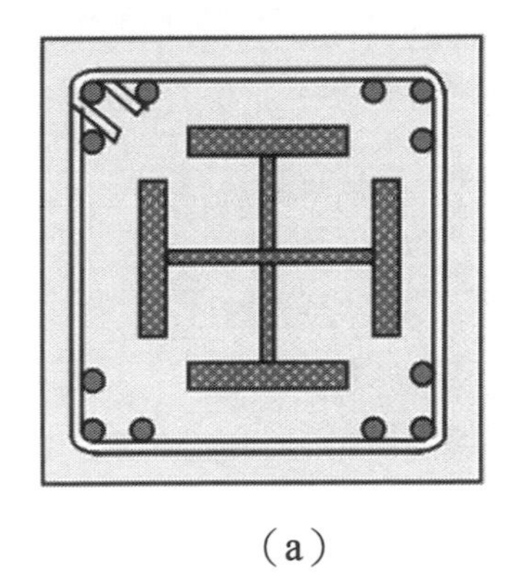

（a）　　（b）

柱斷面

一般而言，矩形斷面之 SRC 柱以在斷面的每個角落配置三根主筋為原則，如圖所示。SRC 柱之主筋集中分佈在斷面的四個角落上，主要是為了避免主筋在梁柱接頭處受到 SRC 梁內之鋼骨阻擋而 無法連續通過梁柱接頭。

設計者在配置 SRC 柱之主筋時，尚應注意柱中相鄰主筋之間距。若 SRC 柱中相鄰主筋的間距大於 300 mm 時，由於鋼筋對混凝土的圍束效果將會明顯減弱，故應如下圖所示，在 SRC 柱之長向增加配置 D13 以上之補助筋。一般而言，補助筋在梁柱接頭處常受到 SRC 梁內之鋼骨阻擋而無法連續通過梁柱接頭，故不計其對 SRC 柱強度之貢獻。

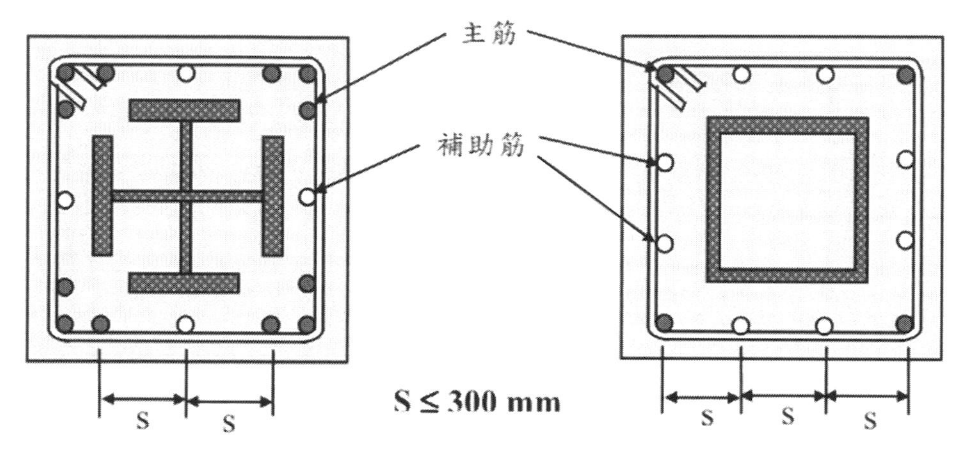

SRC 柱之補助筋與間距要求

SRC 鋼骨鋼筋混凝土兼具鋼骨及鋼筋混凝土之優點，其缺點為建造成本較高。

（三）注意事項

1. 配筋基本原則：

   SRC 構造因同時有鋼骨與 RC 存在，若完全依照一般鋼構造或 RC 構造來設計，將可能導致部分地方無法施工或達不到預期之設計目標。例如在 SRC 構造中若考慮到鋼骨周圍之主筋、箍筋等因素，則鋼骨之混凝土保護層常須達 100 mm 以上。在 SRC 梁柱接頭處，鋼骨的存 在使得鋼筋的配置更形複雜，而鋼骨之存在也衍生出混凝土填充性等問題。

2. 施工可行性：

   為確保 SRC 構造之施工可行性，設計者應針對構材續接處、梁柱接 頭等較複雜處繪製詳圖，以檢核鋼筋配置及混凝土澆置是否有困難。

參考來源：鋼骨鋼筋混凝土構造設計規範與解說。

三、請針對混凝土工程中出現之施工縫，說明其定義、設置原因種類、設置位置之擇定原則。另請繪圖說明，若於版或梁上需設置施工縫時，其位置應設置於何處？（25 分）

參考題解

【參考九華講義-構造與施工 第 25 章 樓地版】

（一）定義

施工縫（construction joints）：配合施工計畫，為施工之需要而設置；其接縫間設為容許剪力及其他力連續存在。

（二）設置原因種類

施工縫乃是為施工之需要所設置之接面。通常係由於工程之混凝土澆置量太大，無法一次連續澆置完成施工，中間需要停頓，混凝土澆置雖然停頓，但若能使前後兩次澆置之混凝土接面黏結良好時，並不致妨害結構之一體性，故可以容許混凝土施工暫停，但其先決條件為，對接面處理良好，達不妨害構 材應具之性能或行為，該接面即稱為施工縫。按工程之施工情況可分為預定施工縫及非預定施工縫兩大類：

1. 預定施工縫：

工程在設計或施工計畫時已預定在施工時分次澆置混凝土，適當地設置施工縫於每一澆置升層之頂面及側面、澆置完一部份、或完成一天工作量之處。混凝土分層澆置者有水平施工縫；分段或分區澆置 有垂直施工縫。前者如牆或柱之施工縫，後者如版、梁等之施工縫。

2. 非預定施工縫：

施工中若因意外停工（如傾盆大雨引致）、混凝土輸送不及或其他施工問題都會使混凝土之澆置中斷於非預定之施工縫位置，而須設置非預定施工縫。故承包商與監造者須充分了解施工縫設置之原則，一旦須設置非預定施工縫時，使施工縫之設置位置適當，不致影響結構行為或安全。

（三）設置位置

1. 施工縫的位置及施工縫之施作須使其不致減損結構的強度。剪力與其他內力皆須能透過施工縫傳遞，故選擇施工縫之位置，最好是在結構中不致產生過多弱化之處。例如撓曲構件中央區域由於重力載重產生之剪力不甚大，只需一個簡單的垂直施工縫即可。抵抗側力設計則需特殊之設計及處理。剪力榫（shear keys）、中間剪力榫（intermiten shear keys）、斜向插接筋（diagonal dowels）、或其他如剪力摩擦設計等剪力傳遞方法都可作為內力之傳遞方式。

2. 豎向支承構件（如柱或牆）中之混凝土已不具可塑性後才可澆置梁或版之混凝土。如此稍為延遲支承於柱與牆上各構件混凝土之澆置，可避免版與柱（或牆）間介面之裂紋發生，此種裂紋乃因支承構件（柱或牆）之浮水及沉陷而造成，

（四）版或梁上需設置施工縫

版或梁之施工縫應設置於其跨度中央三分之一範圍內。若大梁跨度中央與梁相交時，則大梁上之施工縫應設置於至少離跨度中央兩倍梁寬之處。

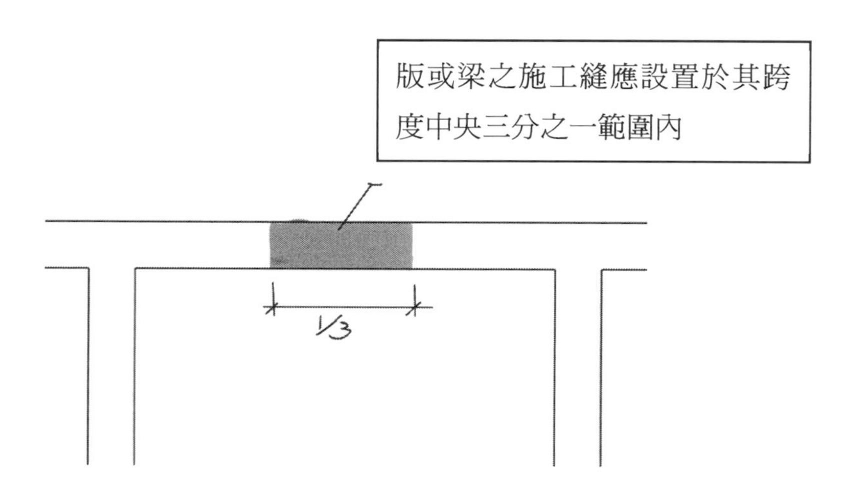

參考來源：建築技術規則。

四、近年來建築物基礎工程之深開挖施工，常因地質不良或施工不當導致施工災害，故基礎開挖時應適時導入相關安全監測系統，以維護開挖工程及鄰近構造物之安全；請舉出 5 種常見的安全監測系統項目，分別說明其使用之設備、裝設之位置、所量測之資訊種類、觀測之重點。（25 分）

參考題解

【參考九華講義-構造與施工 第 6 章 連續壁】

監測系統	使用之設備	裝設之位置	量測之資訊種類	觀測之重點
擋土結構	傾度管	擋土壁體內、或擋土壁外側	變形量	每階段開挖前後及支撐（地錨）施加預壓力前後，每週至少兩次
支撐系統	中間柱隆起觀測點	垂直支撐柱上方	中間柱	每階段開挖前後及支撐（地錨）施加預壓力前後，每週至少兩次。
開挖面	隆起桿	垂直支撐柱上方或開挖面	底面隆起	開挖或抽水期間，每週至少兩次。
周邊地盤	沉陷觀測點	開挖周邊地面	沉陷量	每週至少兩次
基礎底版上浮（沉陷）	基礎底版水壓計	基礎底版下之透水層（需密封）	基礎底版下水壓	地下層構築期間每週一次，地上每層澆築混凝土後需測量一次

參考來源：建築物基礎構造設計規範。

特種考試地方政府公務人員考試試題／建築圖學概要

一、請依下列透視圖繪製：（40 分）

（一）上視圖、前視圖、右側視圖、左側視圖。

（二）請於透視圖上繪製陰影，太陽位於透視圖面左上角，角度如圖示，陰影位置範圍以斜線方式表達，建築物體各點陰影並須拉投影線，投影線以虛線方式表達。

註：本建築物體沿屋脊線前後對稱（圖面繪製尺寸及比例請自訂）

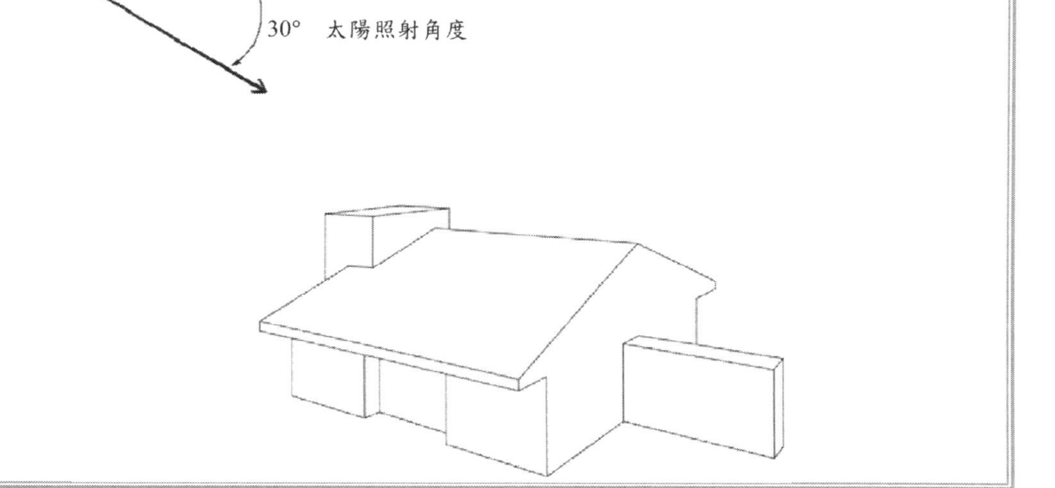

參考題解

（一）

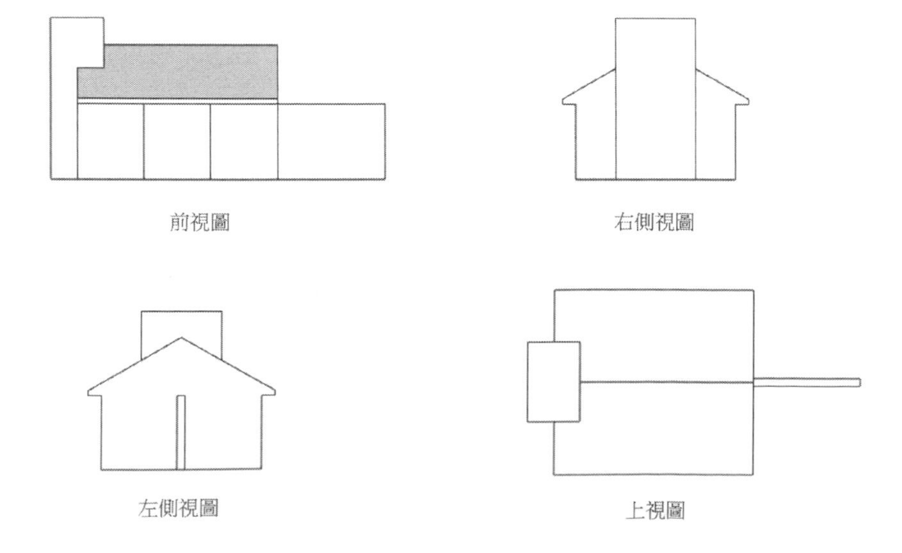

（二）太陽位於透視圖面左上角陰影

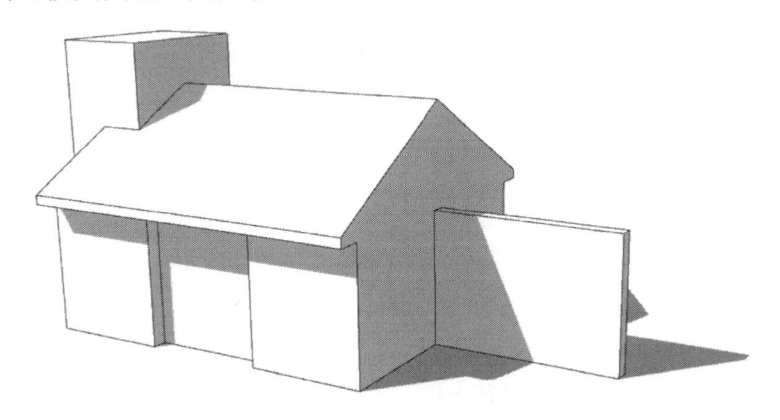

二、請依照下列男廁所平面圖及女廁所平面圖繪製 3 處廁所剖面詳圖，廁所設置有防水天花板，3 處剖面線如圖示，比例尺請以 1/30 繪製，須標示尺寸及材料，請依國家標準（CNS）建築製圖符號繪製。（40 分）

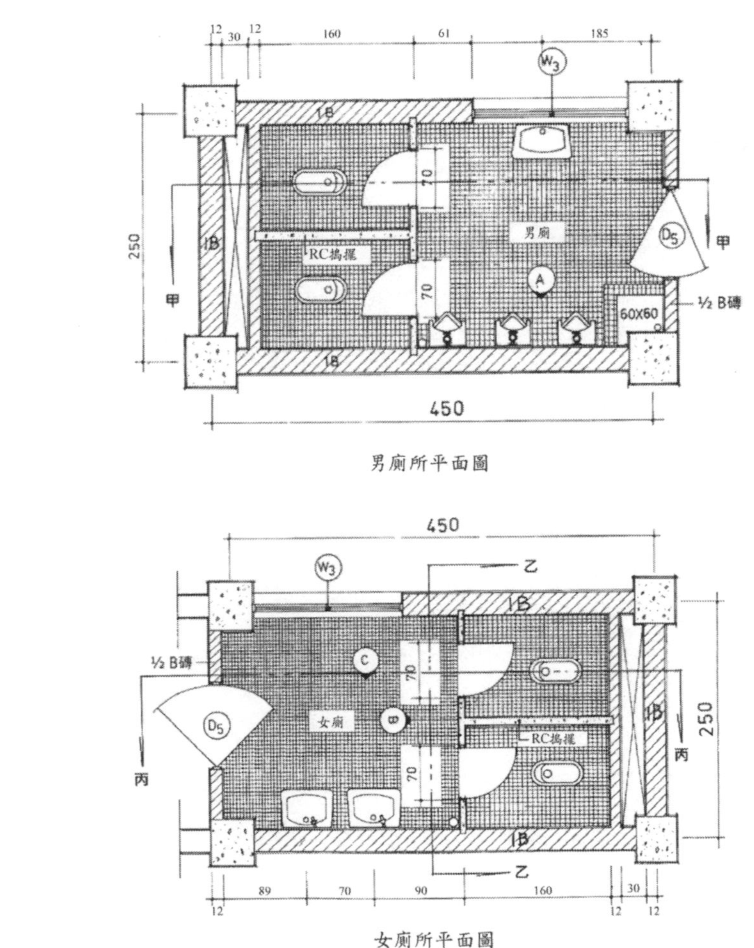

男廁所平面圖

女廁所平面圖

參考題解

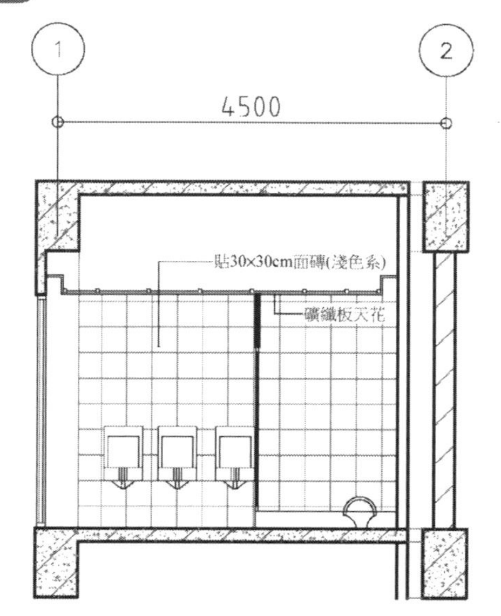

甲剖面圖 S : A3 = 1/60

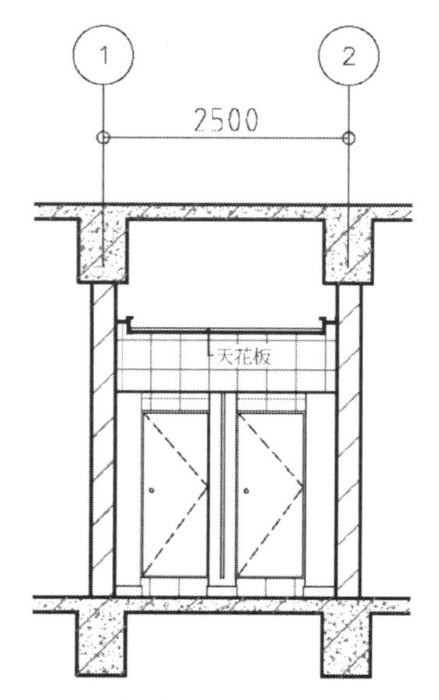

乙剖面圖 S : A3 = 1/60

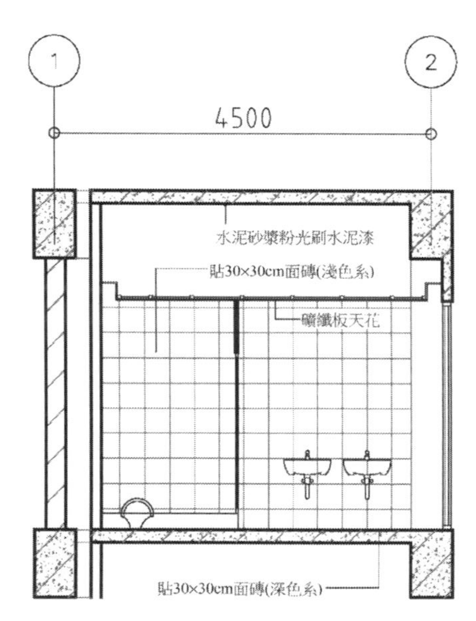

丙剖面圖 S : A3 = 1/60

三、為因應地球暖化氣候變遷之影響，近年來很多設計師以屋頂綠化來為建築物降溫，請以屋頂種植小喬木、灌木及草花為例，繪製屋頂綠化剖面大樣圖（比例尺為 1/20），圖面須涵蓋女兒牆、樓板及屋頂排水，覆土高度自訂（一般在 50 公分以內），須註明各部分材料及尺寸。（20 分）

參考題解

屋頂綠化剖面大樣圖 S : A3 = 1/40

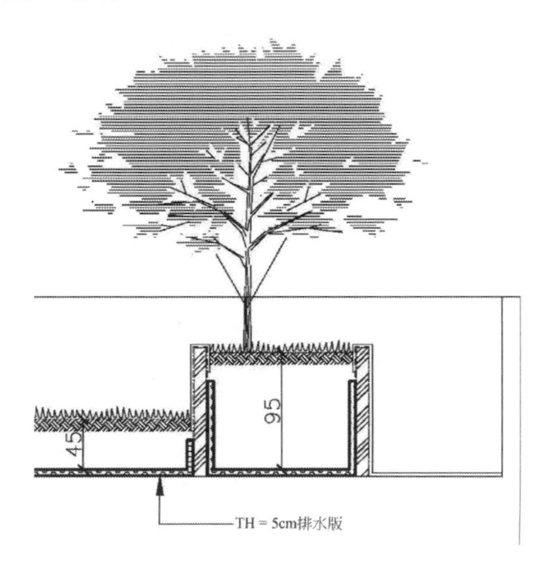

112年 特種考試地方政府公務人員考試試題／工程力學概要

一、如圖所示構件，a 點為滾支承，e 點為鉸支承。求 e 點鉸支承之水平與垂直方向的反力、a 點滾支承垂直方向反力，及梁桿件在 c 點的彎矩。（25 分）

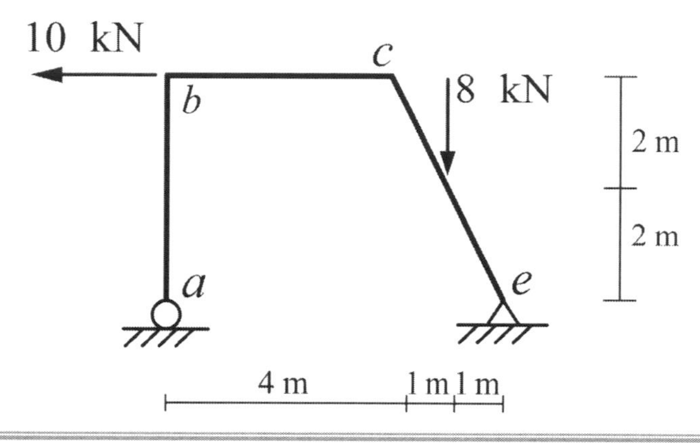

參考題解

（一）計算支承反力

1. $\sum M_e = 0$，$R_a \times 6 = 10 \times 4 + 8 \times 1$ $\therefore R_a = 8\ kN(\uparrow)$

2. $\sum F_y = 0$，$R_a^{8} + R_e = 8$ $\therefore R_e = 0$

3. $\sum F_x = 0$，$H_e = 10\ kN\ (\rightarrow)$

（二）c 點彎矩 $M_c \Rightarrow$ 切開 c 點，取出 abc 自由體

$\sum M_c = 0$，$R_a^{8} \times 4 = M_c$ $\therefore M_c = 32\ kN-m$

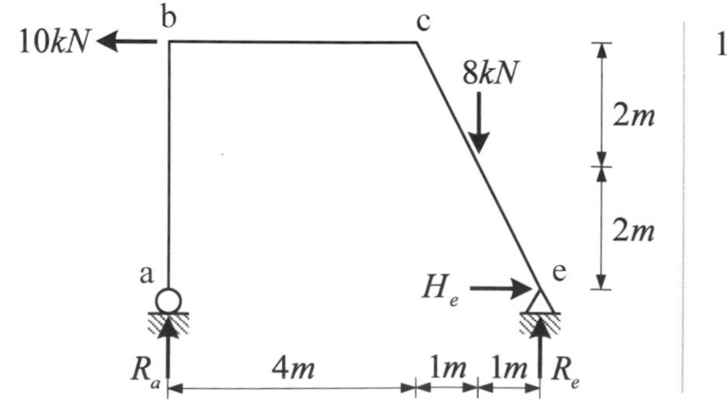

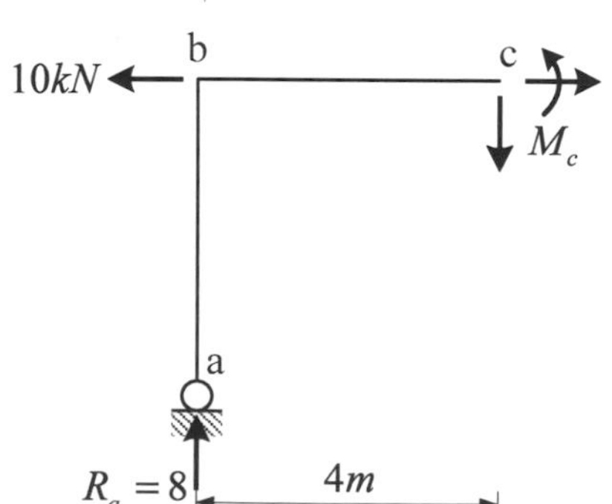

二、如圖所示梁桿件，b 點為鉸支承，c 點為滾支承。求 b 點、c 點支承之垂直方向反力，及繪製梁桿件剪力圖及彎矩圖。（25 分）

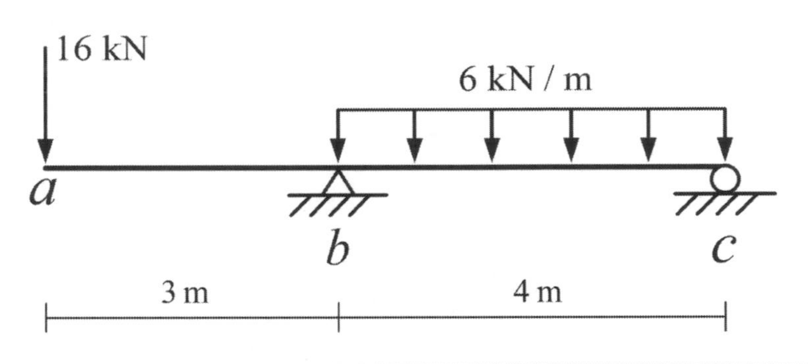

參考題解

（一）計算支承反力

$\sum M_c = 0$，$R_b \times 4 = 16 \times 7 + (6 \times 4) \times 2$　$\therefore R_b = 40\ kN$

$\sum F_y = 0$，$R_b^{40} + R_c = 16 + 6 \times 4$　$\therefore R_c = 0$

（二）繪製剪力彎矩圖如下

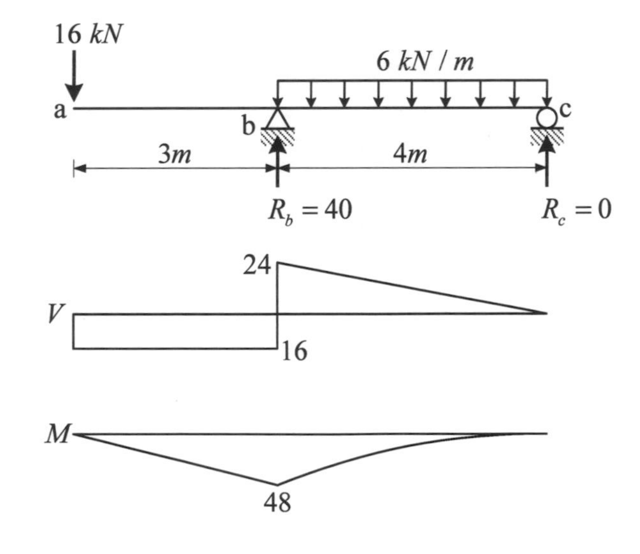

三、如圖所示桁架結構，*a* 點為鉸支承，*d* 點為滾支承。求 *a* 點、*d* 點之支承反力，及 *ab* 桿件、*bc* 桿件的軸力。（25 分）

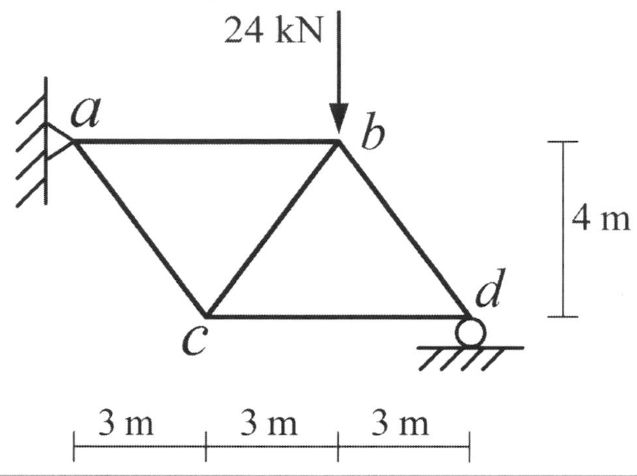

參考題解

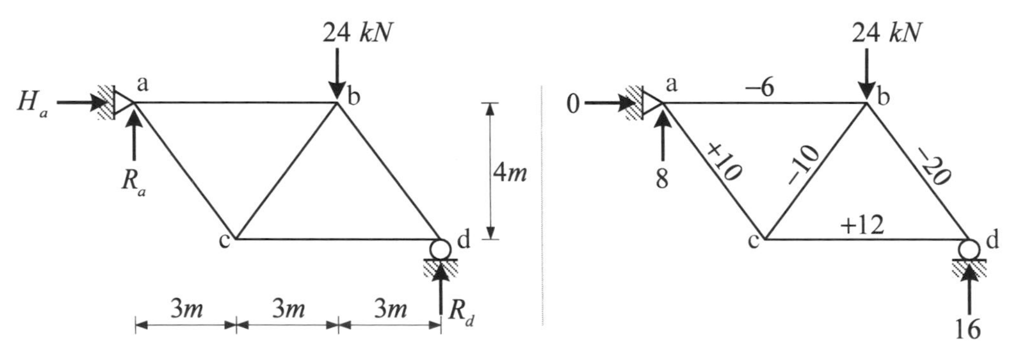

（一）支承反力

1. $\Sigma M_a = 0$，$24 \times 6 = R_d \times 9$ $\therefore R_d = 16\ kN(\uparrow)$

2. $\Sigma F_y = 0$，$R_a + R_d^{16} = 24$ $\therefore R_a = 8\ kN(\uparrow)$

3. $\Sigma F_x = 0$，$H_a = 0$

（二）以節點法可得各桿內力（如圖所示）

可得 $S_{ab} = -6\ kN$（壓力）、$S_{bc} = -10\ kN$（壓力）

四、如下圖所示正方形斷面軸向桿件，無外力作用桿件未變形軸向長度 $L = 1500$ mm、正方形斷面邊長 $h = 40$ mm、材料彈性模數 $E = 250$ GPa、波桑比 $\nu = 0.25$。當桿件承受軸拉力 $P = 800$ kN，求此時桿件軸向應力 σ_x、正向應變 ε_x、軸向伸長量 Δ 及變形後正方形斷面的邊長。（25 分）

參考公式：$1\ \text{GPa} = 1\ \text{kN/mm}^2$

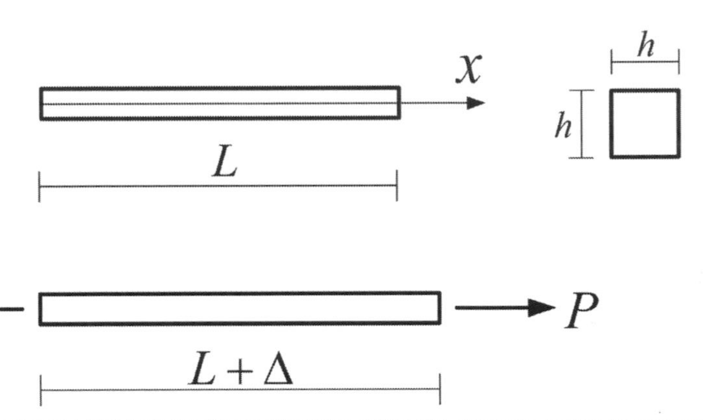

參考題解

（一）軸向應力：$\sigma_x = \dfrac{P}{A} = \dfrac{800\times10^3}{40\times40} = 500\ MPa$

（二）正向應變：$\varepsilon_x = \dfrac{\sigma_x}{E} = \dfrac{500}{250\times10^3} = 0.002$

（三）軸向伸長量：$\Delta = \dfrac{PL}{EA} = \dfrac{(800\times10^3)(1500)}{(250\times10^3)(40\times40)} = 3\ mm$

（四）變形後正方形邊長

1. 邊長應變：$\varepsilon_h = -\nu\varepsilon_x = -0.25(0.002) = -0.0005$
2. 變形後正方形邊長：$h_{變形後} = h(1+\varepsilon_h) = 40(1-0.0005) = 39.98\ mm$

6
鐵路特考員級
單元

112年 特種考試交通事業鐵路人員考試試題／工程力學概要

一、下圖之梁受到三集中力之平面力系作用，將此平面力系化為在 B 點之等效合力（equivalent force）$\vec{F}_R$及力矩 M_B，求$\vec{F}_R$及 M_B之大小及方向。（25 分）

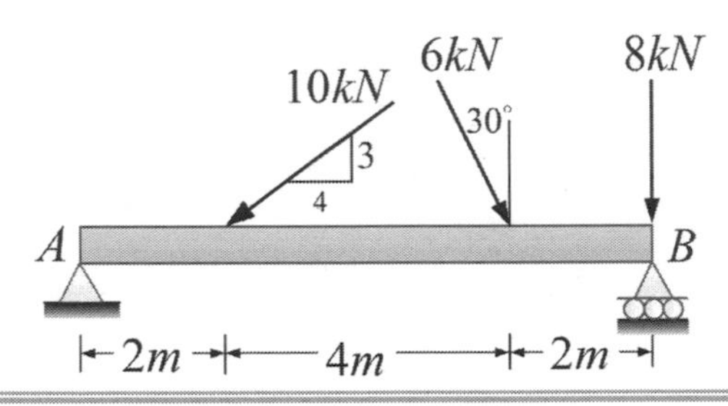

參考題解

（一）$\overrightarrow{F_R}$大小與方向θ

1. $6+6\cos 30°+8=19.2\ kN$
2. $8-6\sin 30°=5\ kN$
3. $\overrightarrow{F_R}=\sqrt{19.2^2+5^2}=19.84\ kN$
4. $\tan\theta=\dfrac{19.2}{5}\quad \therefore\theta=75.4°$

（二）$\overrightarrow{M}=6\times 6+(6\cos 30°)\times 2$

$=46.39\ kN-m(\curvearrowleft)$

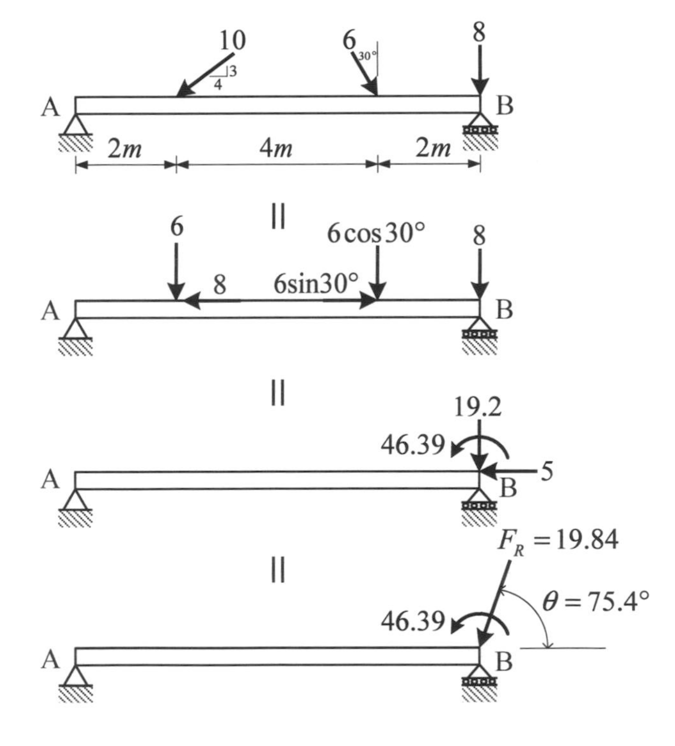

二、下圖之桁架 ABCD 用來懸吊重為 80 *kg* 之圓柱。繩索跨過半徑為 100 *mm* 之無摩擦滑輪 B 及滑輪 C 將圓柱懸吊起來。略去桁架、繩索及滑輪的重量，求 A 點及 D 點水平及垂直反力：A_x, A_y, D_x, D_y。（25 分）

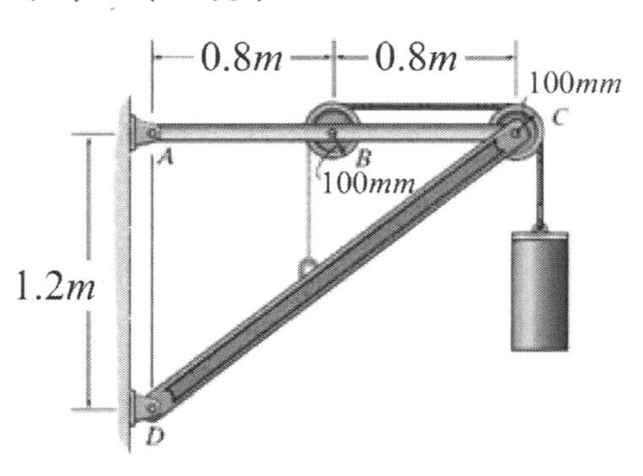

參考題解

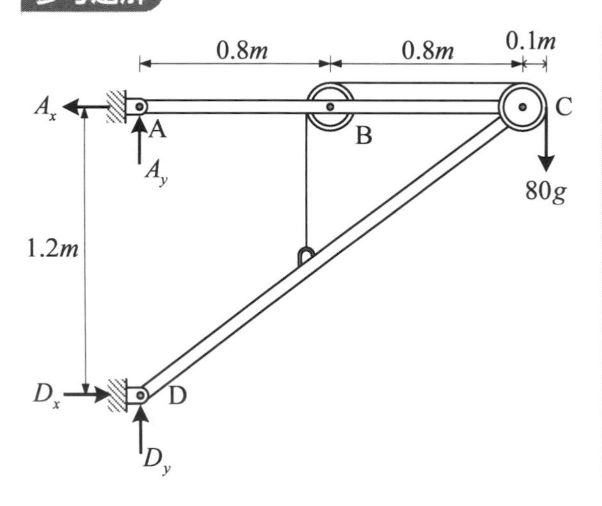

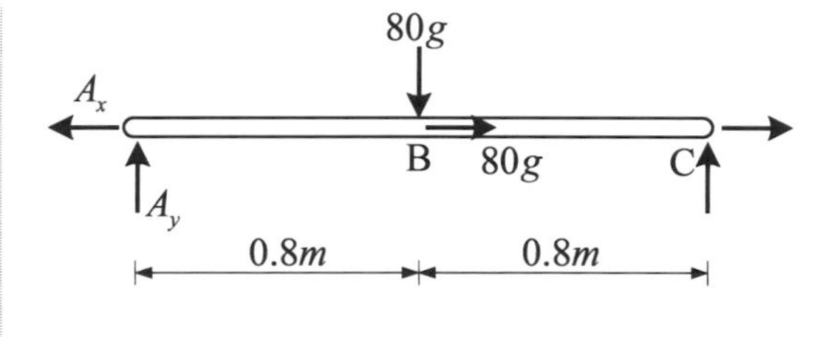

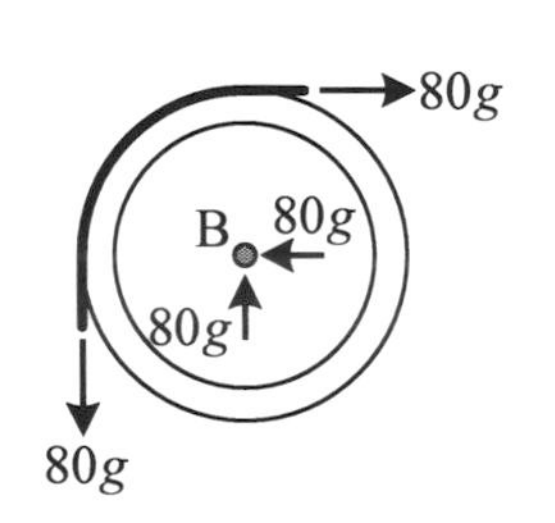

（一）ABC 自由體（圖右上）

$\sum M_C = 0$，$80g \times 0.8 = A_y \times 1.6 \;\; \therefore A_y = 40g = 392.4\ N$

（二）整體垂直力平衡（圖左）

1. $A_y^{\,40g} + D_y = 80g \;\; \therefore D_y = 40g = 392.4\ N$

2. $\sum M_D = 0$，$A_x \times 1.2 = 80g \times 1.7 \;\Rightarrow A_x \approx 113.3g \approx 1111\ N$

3. $\sum F_x = 0$，$A_x^{\,1111} = D_x \;\; \therefore D_x = 1111\ N$

三、下圖之梁 ABCD 受到分布載重作用：

（一）求最大彎矩 M_{max} 及其位置。（15 分）

（二）若$(V_B)_右$為緊鄰 B 點右邊的剪力；$(V_C)_左$為緊鄰 C 點左邊的剪力，求$(V_C)_左-(V_B)_右$之值。（5 分）

（三）在 E 點（距 A 點 1m），剪力圖上的斜率＝？彎矩圖上的斜率＝？（5 分）

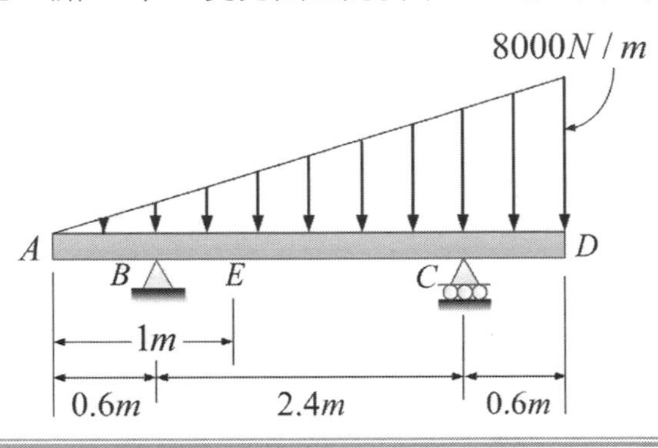

參考題解

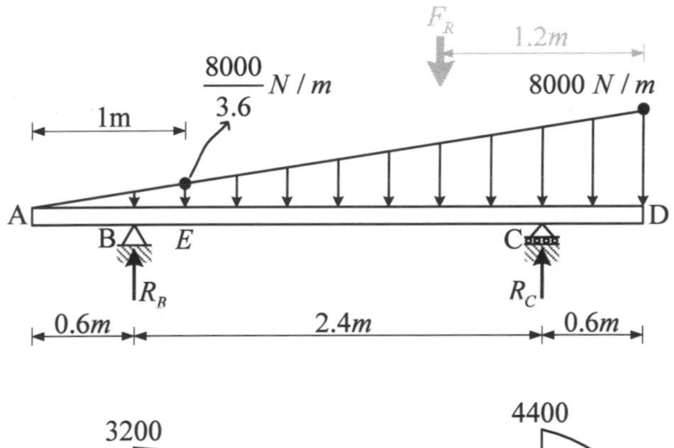

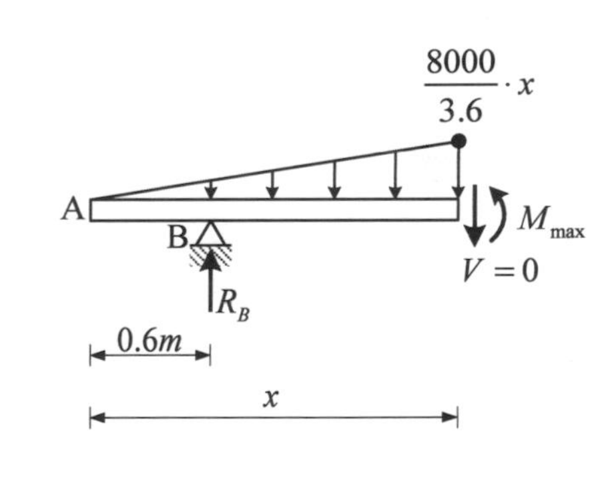

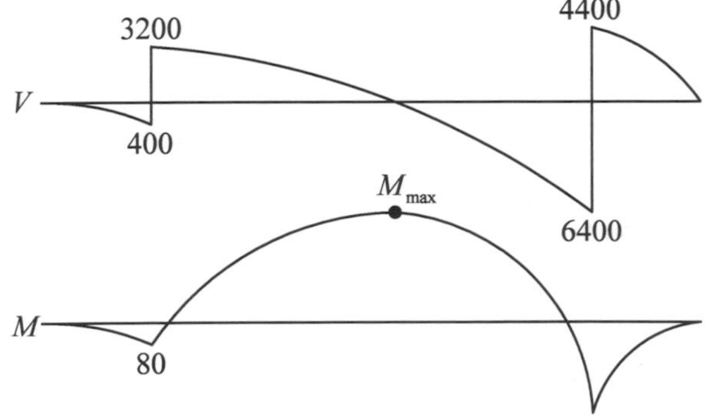

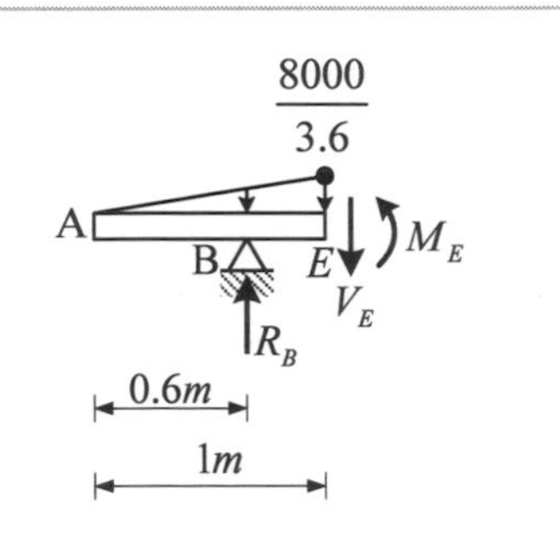

（一）最大彎矩 M_{max} 的大小與位置

1. 計算支承反力

$$\sum M_C = 0\text{ , } R_B \times 2.4 = \left(\frac{1}{2} \times 3.6 \times 8000\right) \times 0.6 \ \therefore R_B = 3600\ N(\uparrow)$$

$$\sum F_x = 0\text{ , } \cancel{R_B}^{3600} + R_C = \frac{1}{2} \times 8000 \times 3.6 \ \therefore R_C = 10800\ N(\uparrow)$$

2. 圖右上，假設 M_{max} 的位置發生在距離 A 點 x 處（該處斷面剪力為 0）

（1）$\frac{1}{2} \times \left(\frac{8000}{3.6} x\right) \times x = \cancel{R_B}^{3600} \quad \therefore x = 1.8m$

（2）$\sum M_A = 0\text{ , } M_{max} + R_B \times 0.6 = \left[\frac{1}{2} \times \left(\frac{8000}{3.6} x\right) \times x\right] \times \frac{2}{3} x$

$$\Rightarrow M_{max} + 3600 \times 0.6 = \frac{8000}{10.8}\left(\cancel{x}^{1.8}\right)^3 \quad \therefore M_{max} = 2160\ N - m$$

（二）$(V_C)_{左} - (V_B)_{右}$

由剪力彎矩圖可得知，$(V_C)_{左} = 6400\ N$、$(V_B)_{右} = 3200\ N$

$\therefore (V_C)_{左} - (V_B)_{右} = 6400 - 3200 = 3200N$

（三）E 點的剪力圖斜率與彎矩圖斜率

1. 剪力圖斜率 t_V 大小 = 該處均佈負載大小 = $\frac{8000}{3.6}$

$t_V = \frac{8000}{3.6} = 2222.2$（為負斜率）

2. 彎矩圖斜率 t_m 大小 = 該處剪力值大小

（1）圖右下，E 點剪力：$\sum F_y = 0\text{ , } V_E + \frac{1}{2}\left(\frac{8000}{3.6} \times 1\right) \times 1 = \cancel{R_B}^{3600} \quad \therefore V_E = 2488.9$

（2）$t_m = V_E = 2488.9$（為正斜率）

四、長度 $L = 1m$ 之 I 型截面簡支梁，承受均佈載重 $q = 40\ N/m$ 之作用，如圖(a)及圖(b)所示。求在 A-A 截面上之最大剪應力 τ_{max} 大小，及 A-A 截面 B 點之水平剪應力 τ_B 大小。（25 分）

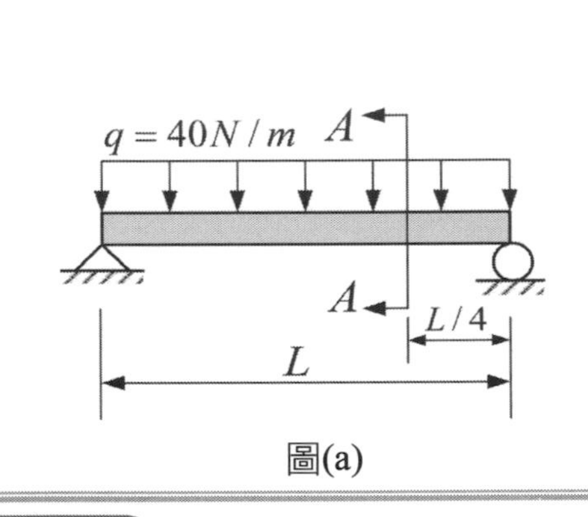

圖(a)

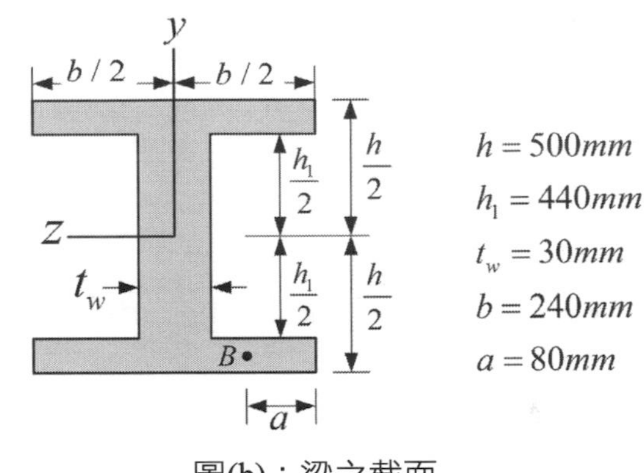

圖(b)：梁之截面

參考題解

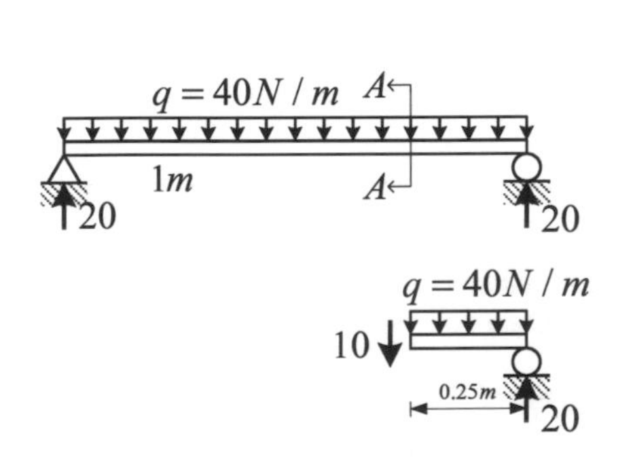

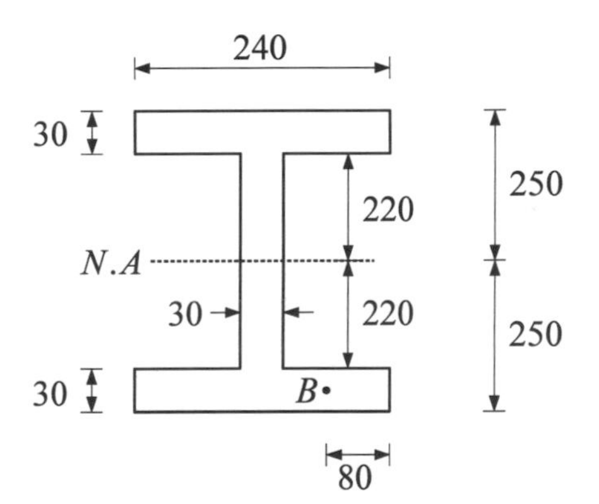

（一）A-A 處斷面受到的剪力 $V = 10\ N$

（二）$I = \frac{1}{12} \times 240 \times 500^3 - \frac{1}{12} \times 210 \times 440^3 = 1009280000\ mm^4$

（三）A-A 處斷面受到的最大剪應力 τ_{max} ⇒ 中性軸處的剪應力

$$Q = (240 \times 30)(220 + 15) + (220 \times 30)(110) = 2418000\ mm^3$$

$$\tau_{max} = \frac{VQ}{Ib} = \frac{10 \times 2418000}{1009280000(30)} = 0.000799\ MPa = 799\ Pa$$

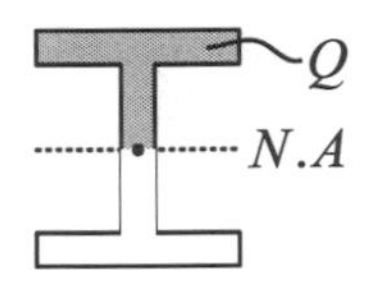

（四）A-A 處斷面 B 點的剪應力 τ_B

$$Q_B = (80 \times 30)(220 + 15) = 564000\ mm^3$$

$$\tau_{max} = \frac{VQ_B}{Ib} = \frac{10 \times 564000}{1009280000(30)} = 0.000186\ MPa = 186\ Pa$$

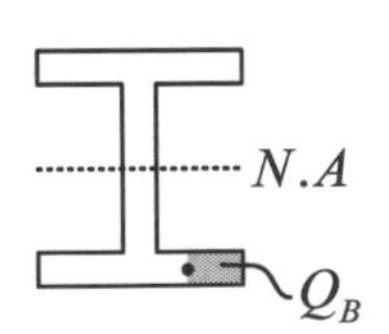

112年 特種考試交通事業鐵路人員考試試題／施工與估價概要

一、一般常見輕隔間牆之構法中，可分為乾式施作及濕式施作兩種類型，請繪圖說明其中屬濕式作法之輕質灌漿牆構法，並說明其常見用來灌漿用之輕質材質組成成分、施工程序及灌漿作業時應注意要點。（25 分）

參考題解

【參考九華講義-構造與施工 第 26 章 牆面】

濕式作法之輕質灌漿牆構法

施工程序	內容	注意要點
輕隔間工程	1. 現場放樣。 2. 輕隔間上下槽裝設。 3. 輕隔間骨架裝設。 4. 隔間封版。	1. 骨架厚度應較乾式工法為厚。 2. 封板材料應選用適當抗張材料，如纖維水泥板。 3. 應先封單側板材，俟相關管線開關等配置完成，再封另一側板材。 4. 預先考量未來重物吊掛位置，增加版片（鋼板）補強。
灌漿工程	1. 輕隔間視高度，於適當位置開設灌漿孔。（一般取中央及上部） 2. 機具工料進場。 3. 灌漿用輕質砂將拌合。 4. 灌漿作業。	1. 輕質灌漿材料由：砂＋水泥＋建築用保麗龍及水拌合而成。 2. 拌和作業應視場地條件，考量室內或室外拌合。 3. 為避免灌漿壓力過大，應適當增加輕隔間之加強骨架支撐。
牆表面修飾	依表面飾材做修飾： 1. 表面批土油漆。 2. 表面貼磁磚。 3. 表面貼壁紙、壁布等。	輕隔間板材接縫應以彈性批土及抗張網施作 2～3 道以上。

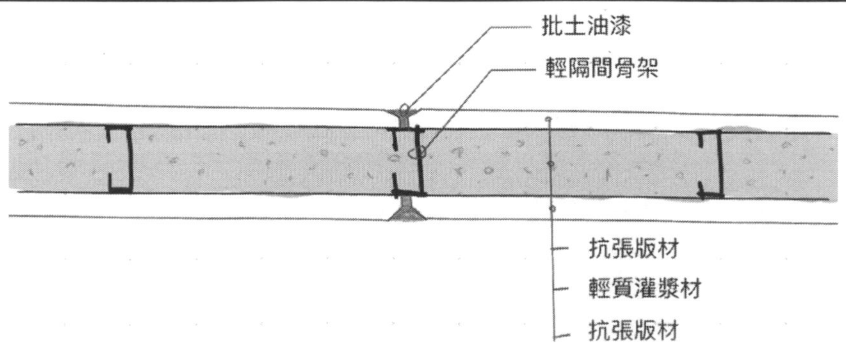

二、既有鋼筋混凝土建築物進行結構補強時，針對牆壁的補強方法有增設剪力牆與增設翼牆等方式，請繪圖說明增設翼牆之方法，並說明此補強方法之適用對象及使用此法時應注意事項。（25 分）

參考題解

【參考九華講義-構造與施工 第 11 章 鋼筋混凝土破壞及補強】

補強方法	內容	補強效益
增加翼牆補強	1. 建築物強度不足，於結構柱兩側增加鋼性牆體（剪力牆）改善增設牆體方向之耐震能力，應注意開口、開窗等問題，補強構件與主結構之配合，避免構件變形或二次應力造成破壞，並注意使用需求，局部保留開口部。 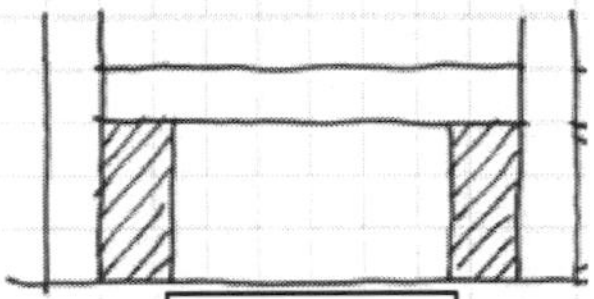 翼牆補強 2. 優點：較不影響使用空間（仍可保留適當窗戶開口）以及走廊通行空間、新增牆面可有效利用 3. 缺點： （1）植筋品質不易控制 （2）混凝土強度過低、鋼筋過密或邊距不足等問題，不適合採用翼牆方式補強。 （3）新舊界面及頂層易產生漏水問題。 4. 應注意事項： （1）翼牆補強將使原跨距所短，應避免破壞效應轉為短良效應，降低建築物耐震能力。 （2）既有結構柱體弱強度較低，將使植筋效果降低，降低翼牆補強效果，或原柱體箍筋間距過大，與翼牆水平主筋差異太大，造成剪力牆度不同，受二次應力擠壓，造成破壞介面集中於柱體。 （3）避免過度植筋，應考量植筋效果與材料間之差異，減少實際耐震能力與預估分析值迴異。	增加構架之強度與勁度

三、目前營建業缺工情形嚴重，營建成本攀升，為了縮短工期及減少現場人力使用，業界開始採用營建自動化工法，導入工業化構法材料設備等措施來作為因應，請舉出五種符合上述說明之營建自動化工法，並逐一說明其內容及特點。（25 分）

參考題解

【參考九華講義-構造與施工 第 18 章 預力、預鑄】

（一）營建自動化工法

1. 自動化：指於工程生命週期中，就規劃設計、施工技術、施工機具、營建管理、營建材料等面向，採用 代替、減輕人力或簡化程序之方 式、技術或產品，以增進效率、效 能，進而提升生產力。
2. 預鑄化：指透過事前規劃設計，將整體或部分構造拆分為個別構件，於工廠製作生產後運送至工地現場 進行組裝。

（二）內容及特點

1. 預鑄 RC 構造
（1）建築法及建築技術規則建築構造編。
（2）建築物耐震設計規範及解說。
（3）建築物耐風設計規範及解說。
（4）混凝土結構設計規範。
預鑄 RC 工法應於設計規劃階段導入，針對模矩、單元形式、接合方式等綜合考量。
2. 鋼構造
（1）建築技術規則建築構造編。
（2）鋼構造建築物鋼結構設計技術規範。
（3）行政院公共工程委員會共通性工項施工綱要規範第 05124 建築鋼結構、05125 結構用鋼材等章。
3. 帷幕牆
（1）建築技術規則建築設計施工編第 1 條第 26 款、第 79 條、第 79 條之 3、第 308 條之 2。
（2）含防火、耐風壓、層間位移吸收、水密性、氣密性、隔熱性、隔音性等設計。
4. 輕隔間牆系統
（1）建築技術規則設計施工編第 46 條（隔音）、第 70 條至第 74 條（防火）、建築構造編第 15 條（牆壁重量）規定。
（2）建築新技術新工法新設備及新材料認可申請要點。

（3）共通性工項施工綱要規範第 09250 石膏板、09260 石膏板組裝等章。

5. 預製浴廁單元

（1）建築技術規則建築設計施工編第 47 條至第 51 條。

（2）建築技術規則建築設備編，第 2 章 給水排水系統及衛生設備相關條文。

（3）建築物給水排水設備設計技術規範。

（4）建築物污水處理設施設計技術規範。

（5）共通性工項施工綱要規範第 10801 浴廁附屬配件、15105 管材、15110 閥、15151 污水管路系統。

參考來源：公共工程採用自動化及預鑄化之規劃設計參考指引。

四、何謂隔震工法？請繪圖説明一般常見隔震裝置（橡膠隔震墊）的材料構成，並說明應用在既有建築物中，基礎隔震跟中間層隔震這兩種不同隔震層位置的配置方式。（25分）

參考題解

【參考九華講義-構造與施工 第 11 章 鋼筋混凝土破壞】

（一）隔震與制震為常用降低地震對建築物損之工法，其中隔震工法為將地震力由隔震墊吸收，建物受地震荔之擺動轉變為相對為地面之橫向移動。

（二）簡圖

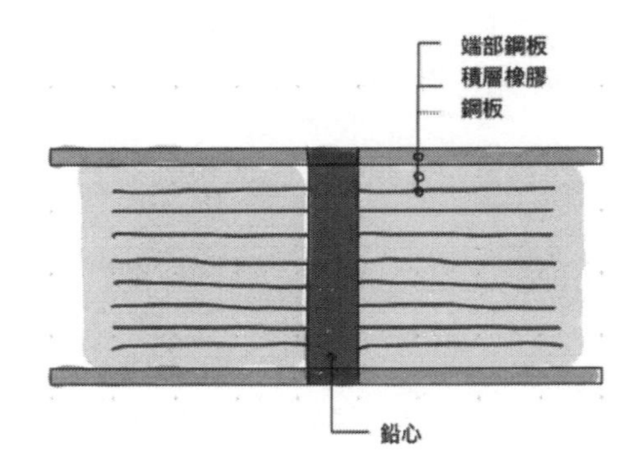

項目	基礎隔震	中間層隔震
配置方式	設置於地下基礎層	設置於地面層以上
優點	建物日常使用機能較不受限。	地面層無須留設碰撞空間、伸縮縫，工程技術較為簡易，對於受鄰房條件限制較少，另外對於排水等處理相對簡易。
缺點	排水、通風等條件需另外考量，施工較困難。	對於建物日常生活機能設備引響較大，電梯、管線等需額外考量變形、探性之設計。

112年 特種考試交通事業鐵路人員考試試題／建築圖學概要

一、某一行政單位希望在行政辦公室入口處增設一遮雨棚，同時解決入口無障礙坡道的需求。行政辦公室為 3 層樓鋼筋混凝土構造建築，主要出入口面朝南，目前大門入口處淨寬 5 公尺，入口玄關內縮深度 2.5 公尺，大門為兩門 4 扇；入口高度為地面高 25 公分，入口淨高度 3.5 公尺（如簡圖所示）。

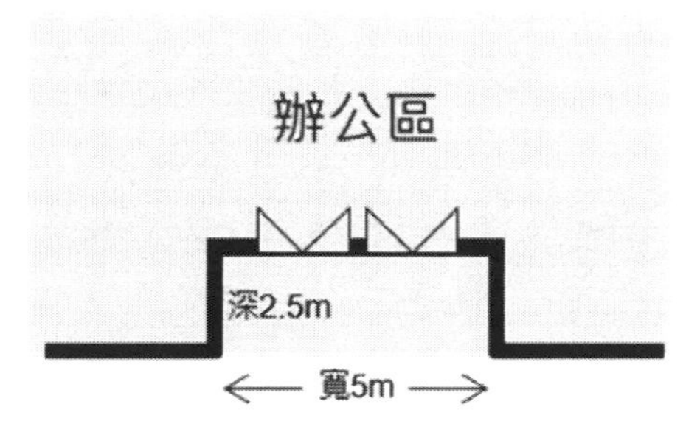

行政單位預計規劃設計之遮雨棚為 4 柱支撐輕鋼架構造的單坡斜屋頂，柱結構及基礎均採用鋼筋混凝土。柱心距離面寬方向為 6 公尺，進深方向為 3 公尺。遮雨棚之地面高度與辦公室入口的高度相同，均為地面高 25 公分。此外，為解決入口的高差，必須設置無障礙室外通路坡道。請依據前述需求提出合理的建議，進行分析、設計，並依據中華民國國家標準（CNS）建築製圖繪製圖面：

（一）針對 1.相關法規、2.構造及結構，進行說明與分析設計時需考慮的重點，必要時可增加簡圖或以圖示輔助說明。（20 分）

（二）建築圖面繪製：

1. 以 1:20 比例，繪製平面圖、兩向立面圖、屋頂平面、剖面圖（需包含基礎）。（40 分）
2. 以 1：10 比例，繪製屋頂與柱面及辦公室入口銜接細部圖（須標示材質及尺寸）。（20 分）
3. 以 1：5 比例，繪製無障礙室外通路坡道之細部圖。（20 分）

參考題解

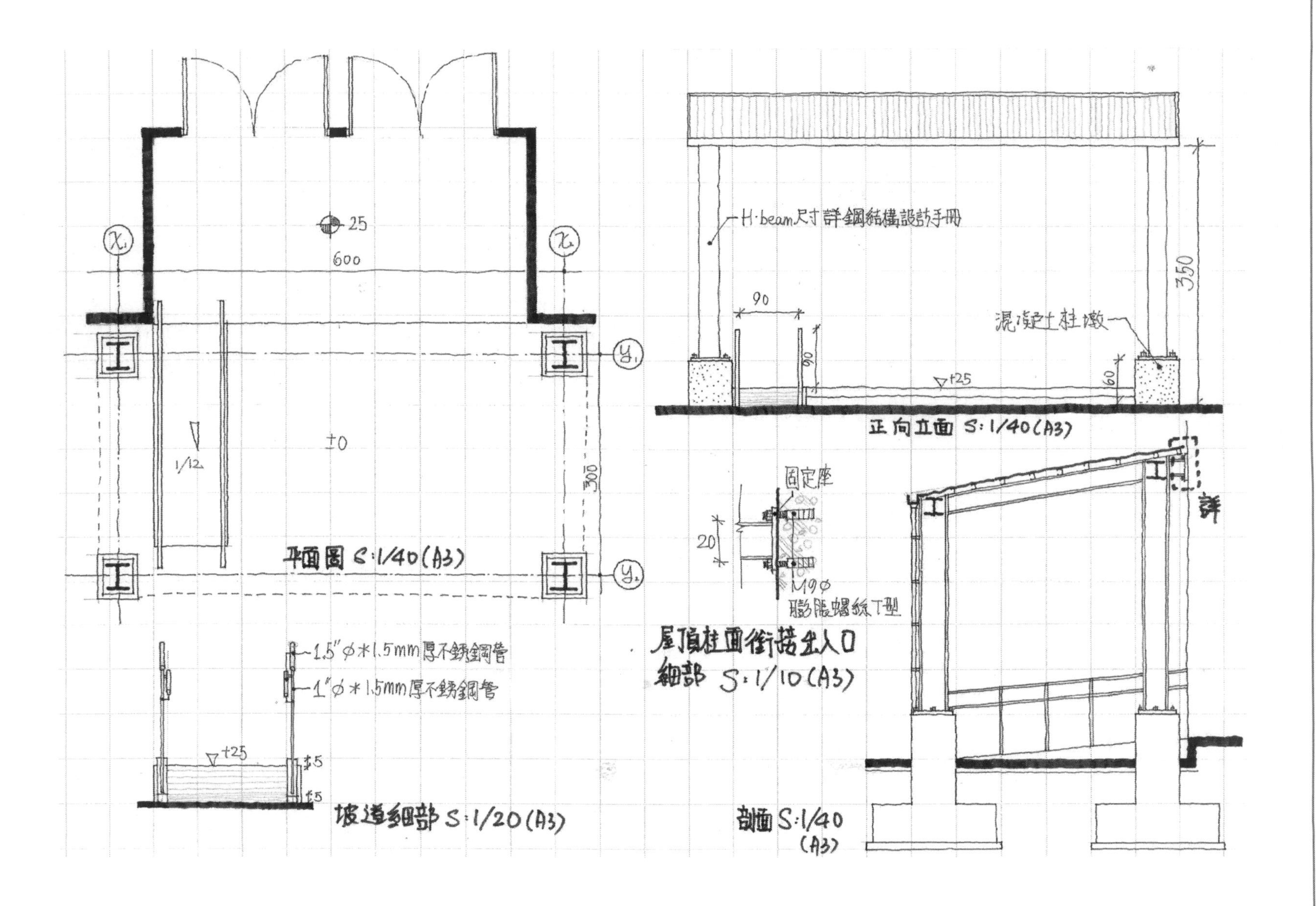

25
600
±0
1/12
300
平面圖 S:1/40(A3)
1.5"φ*1.5mm厚不銹鋼管
1"φ*1.5mm厚不銹鋼管
▽+25
±5
坡道細部 S:1/20(A3)
H·beam尺寸詳鋼結構設計手冊
350
90
混凝土柱墩
▽+25
60
正向立面 S:1/40(A3)
固定座
20
M9φ
膨脹螺絲T型
屋頂柱面銜接出入口
細部 S:1/10(A3)
詳
剖面 S:1/40
(A3)

112年 特種考試交通事業鐵路人員考試試題／營建法規概要

一、請依都市計畫法規定，說明制定都市計畫法之目的，並說明都市計畫公共設施用地劃設之原則與公共設施保留地之取得方式。（25 分）

參考題解

（一）制定都市計畫法之目的

都市計畫法§1

為改善居民生活環境，並促進市、鎮、鄉街有計畫之均衡發展，特制定本法。

（二）都市計畫公共設施用地劃設之原則

1. 公共設施用地種類：（都計-42）

（1）道路、公園、綠地、廣場、兒童遊樂場、民用航空站、停車場所、河道及港埠用地。

（2）學校、社教機構、體育場所、市場、醫療衛生機構及機關用地。

（3）上下水道、郵政、電信、變電所及其他公用事業用地。

（4）其他公共設施用地。（加油站、警所、消防、防空、屠宰場、垃圾處理場、殯儀館、火葬場、公墓、污水處理廠、煤氣廠等）

2. 公共設施用地規劃原則：（都計-43）

應就人口、土地使用、交通等現狀及未來發展趨勢，決定其項目、位置與面積。

（三）都市計畫法有關公共設施用地取得方式之規定：（都計-48、50、50-2、52、53、56）

1. 公部門：

（1）公共設施保留地：

①公共設施保留地供公用事業設施之用者：由各該事業機構依法予以徵收或購買。

②其餘公共設施保留地由該管政府或鄉、鎮、縣轄市公所依下列方式取得：

A. 徵收。

B. 區段徵收。

C. 市地重劃。

③私有公共設施保留地得申請與公有非公用土地辦理交換，不受土地法、國有財產法及各級政府財產管理法令相關規定之限制；劃設逾二十五年未經政府取得者，得優先辦理交換。公共設施保留地在未取得前，得申請為臨

時建築使用。

（2）公有土地：撥用。

（3）私人或團體自願將自行興建公共設施及土地捐獻政府者。

2. 私部門（獲准投資辦理都市計畫事業之私人或團體，其所需用之公共設施用地）：

（1）公有土地：得申請該公地之管理機關租用。

（2）私有土地：

①協議收購。

②無法協議收購者，應備妥價款，申請該管直轄市、縣（市）（局）政府代為收買之。

二、某縣政府擬就原閒置不用之國民小學禮堂，拆除並興建一全新之健康中心建築物，供縣民運動健身。請依建築法規定，在此建築物從拆除至興建完工使用過程中，需要申請那些建築執照，並繳交那些執照規費或工本費？（25分）

參考題解

（一）建築物從拆除至興建完工使用過程中，需要申請那些建築執照

1. 建築執照分左列四種：（建築法-28）

（1）建造執照：建築物之新建、增建、改建及修建，應請領建造執照。

（2）雜項執照：雜項工作物之建築，應請領雜項執照。

（3）使用執照：建築物建造完成後之使用或變更使用，應請領使用執照。

（4）拆除執照：建築物之拆除，應請領拆除執照。

2. 流程順序

（1）原閒置不用之國民小學禮堂需先請領拆除執照。

（2）興建全新之健康中心建築物請領建造執照。

（3）新建建築物附屬之雜項工作物需請領雜項執照。

（4）竣工後請領使用執照。

（二）繳交那些執照規費或工本費（建築法-29）

1. 建造執照及雜項執照：按建築物造價或雜項工作物造價收取千分之一以下之規費。變更設計時，應按變更部分收取千分之一以下之規費。

2. 使用執照：收取執照工本費。

3. 拆除執照：免費發給。

三、某建設公司擬新建一 20 層之住宅大樓，請依建築技術規則規定，說明該大樓是否屬「高層建築」？並說明其施工時應注意之施工安全措施通則。（25 分）

參考題解

（一）高層建築定義

建築技術規則設計施工編§227

本章所稱高層建築物，係指高度在五十公尺或樓層在十六層以上之建築物。

20 層之住宅大樓屬「高層建築」。

（二）施工安全措施通則

依建築技術規則設計施工編 CH.8 施工安全措施

§150（施工場所之安全預防措施）

凡從事建築物之新建、增建、改建、修建及拆除等行為時，應於其施工場所設置適當之防護圍籬、擋土設備、施工架等安全措施，以預防人命之意外傷亡、地層下陷、建築物之倒塌等而危及公共安全。

§153（墜落物體之防護）

為防止高處墜落物體發生危害，應依左列規定設置適當防護措施：

一、自地面高度三公尺以上投下垃圾或其他容易飛散之物體時，應用垃圾導管或其他防止飛散之有效設施。

二、本法第六十六條所稱之適當圍籬應為設在施工架周圍以鐵絲網或帆布或其他適當材料等設置覆蓋物以防止墜落物體所造成之傷害。

§154（擋土設備）

凡進行挖土、鑽井及沉箱等工程時，應依左列規定採取必要安全措施：

一、應設法防止損壞地下埋設物如瓦斯管、電纜，自來水管及下水道管渠等。

二、應依據地層分布及地下水位等資料所計算繪製之施工圖施工。

三、靠近鄰房挖土，深度超過其基礎時，應依本規則建築構造編中有關規定辦理。

四、挖土深度在一・五公尺以上者，除地質良好，不致發生崩塌或其周圍狀況無安全之慮者外，應有適當之擋土設備，並符合本規則建築構造編中有關規定設置。

五、施工中應隨時檢查擋土設備，觀察周圍地盤之變化及時予以補強，並採取適當之排水方法，以保持穩定狀態。

六、拔取板樁時，應採取適當之措施以防止周圍地盤之沉陷。

§155（施工架之設置）

建築工程之施工架應依左列規定：

一、施工架、工作台、走道、梯子等，其所用材料品質應良好，不得有裂紋，腐蝕及其他可能影響其強度之缺點。

二、施工架等之容許載重量，應按所用材料分別核算，懸吊工作架（台）所使用鋼索、鋼線之安全係數不得小於十，其他吊鎖等附件不得小於五。

三、施工架等不得以油漆或作其他處理，致將其缺點隱蔽。

四、不得使用鑄鐵所製鐵件及曾和酸類或其他腐蝕性物質接觸之繩索。

五、施工架之立柱應使用墊板、鐵件或採用埋設等方法予以固定，以防止滑動或下陷。

六、施工架應以斜撐加強固定，其與建築物間應各在牆面垂直方向及水平方向適當距離內妥實連結固定。

七、施工架使用鋼管時，其接合處應以零件緊結固定；接近架空電線時，應將鋼管或電線覆以絕緣體等，並防止與架空電線接觸。

四、請依中央法規標準法、及政府採購法、建築技術規則等相關法規回答下列問題：

（一）請說明制定建築技術規則之程序。（10 分）

（二）請說明「綠建築」評估指標可分成那四大類？（5 分）

（三）請說明「分包」與「轉包」有何異同。（10 分）

參考題解

（一）制定建築技術規則之程序

中央法規-2、3

1. 命令：係各機關發布之命令，得依其性質，稱規程、規則、細則、辦法、綱要、標準或準則。各機關依其法定職權或基於法律授權訂定之命令，應視其性質分別下達或發布，並即送立法院。
2. 規則：屬於應行遵守辦理之事項，如建築技術規則。

（二）「綠建築」評估指標可分成四大類

1. 生態

（1）生物多樣性指標。

（2）綠化量指標。

（3）基地保水指標。

2. 節能

（1）日常節能指標。

3. 減廢

（1）二氧化碳減量指標。

（2）廢棄物減量指標。

4. 健康

（1）室內環境指標。

（2）水資源指標。

（3）污水垃圾改善指標。

（三）「分包」與「轉包」異同

轉包及分包（採購法-65、66、67；採購法細則-87、89）

1. 轉包：

（1）定義：指將原契約中應自行履行之全部或其主要部分，由其他廠商代為履行。（※所稱主要部分，指招標文件標示為主要部分或應由得標廠商自行履行之部分。）

（2）得標廠商應自行履行工程、勞務契約，不得轉包。

（3）轉包之處置：

①得標廠商違反規定轉包其他廠商時，機關得解除契約、終止契約或沒收保證金，並得要求損害賠償。

②轉包廠商與得標廠商對機關負連帶履行及賠償責任。再轉包者，亦同。

2. 分包：

（1）定義：謂非轉包而將契約之部分由其他廠商代為履行。

（2）得標廠商得將採購分包予其他廠商。

（3）機關得視需要於招標文件中訂明得標廠商應將專業部分或達一定數量或金額之分包情形送機關備查。

（4）分包契約報備於採購機關，並經得標廠商就分包部分設定權利質權予分包廠商者，民法第五百十三條之抵押權及第八百十六條因添附而生之請求權，及於得標廠商對於機關之價金或報酬請求權。分包廠商就其分包部分，與得標廠商連帶負瑕疵擔保責任。

參考書目

一、全國法規資料庫　法務部

二、公共工程技術資料庫　公共工程委員會

三、中國國家標準　標準檢驗局

四、建築結構系統　鄭茂川　桂冠出版社

五、建築結構力學　鄭茂川　台隆書店

六、營造法與施工（上冊、下冊）吳卓夫等　茂榮書局

七、營造與施工實務（上冊、下冊）　石正義　詹氏書局

八、建築工程估價投標　王玨　詹氏書局

九、建築圖學（設計與製圖）崔光大　巨流圖書公司

十、建築製圖　黃清榮　詹氏書局

十一、綠建材解說與評估手冊　內政部建築研究所

十二、綠建築解說與評估手冊　內政部建築研究所

十三、綠建築設計技術彙編　內政部建築研究所

十四、建築設備概論　莊嘉文　詹氏書局

十五、建築設備（環境控制系統）周鼎金　茂榮圖書有限公司

十六、圖解建築物理概論　吳啟哲　胡氏圖書

十七、圖解建築設備學概論　詹肇裕　胡氏圖書

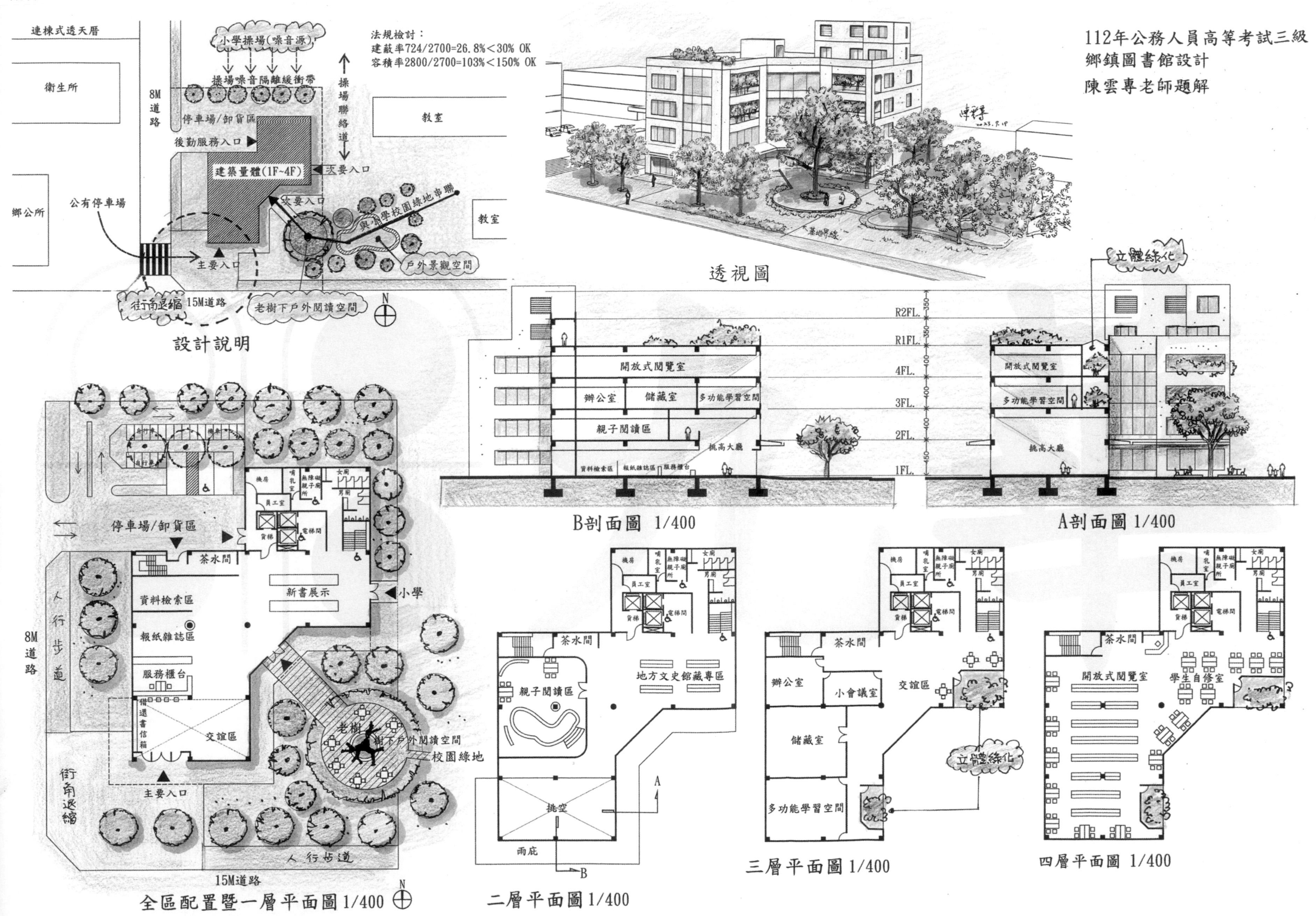
連棟式透天厝
衛生所
鄉公所
公有停車場
小學操場(噪音源)
操場噪音隔離緩衝帶
操場聯絡道
8M道路
停車場/卸貨區
後勤服務入口
建築量體(1F~4F)
次要入口
教室
與小學校園綠地串聯
主要入口
戶外景觀空間
街角退縮
15M道路
老樹下戶外閱讀空間
設計說明
法規檢討：
建蔽率724/2700=26.8%<30% OK
容積率2800/2700=103%<150% OK
透視圖
112年公務人員高等考試三級
鄉鎮圖書館設計
陳雲專老師題解
立體綠化
R2FL.
R1FL.
4FL.
3FL.
2FL.
1FL.
開放式閱覽室
辦公室
儲藏室
多功能學習空間
親子閱讀區
挑高大廳
資料檢索區
報紙雜誌區
服務櫃台
B剖面圖 1/400
A剖面圖 1/400
停車場/卸貨區
茶水間
新書展示
小學
資料檢索區
報紙雜誌區
服務櫃台
還書信箱
交誼區
老樹
樹下戶外閱讀空間
校園綠地
主要入口
人行步道
8M道路
街角退縮
15M道路
全區配置暨一層平面圖 1/400
機房
哺乳室
無障礙親子廁所
女廁
男廁
員工室
貨梯
電梯間
親子閱讀區
地方文史館藏專區
挑空
雨庇
二層平面圖 1/400
辦公室
小會議室
交誼區
儲藏室
多功能學習空間
三層平面圖 1/400
開放式閱覽室
學生自修室
四層平面圖 1/400

版權所有・翻印必究

附件一 B

鄉鎮圖書館

基地與環境關聯性

連棟式透天厝
衛生所
操場
小學
教室
60M×115M
鄉公所
公有停車場
校園綠地
8M
15M
連棟式透天厝
連棟式透天厝

使用者類型需求的空間關聯性

操場
青少年
兒童
小學
老人
新樹
老樹
綠地

重新連結校園與社區
並創造新的學習場域

規劃設計目標

呈現地方特色：

建物呼應地區特色以下一代幸福為目標
圖書館辦公室建構成一處生活求助中心
整裝修減少在生命週期裡的建物維護

啟發民眾知識：

因地制宜方式推廣閱讀行動圖書車打造偏遠圖書館的春天
閱讀是生活態度更是一種生活習慣圖書館變成日常生活之必須場域
戶外迷你 Book Box、story pod、book van(募書)讓知識無所不在的流通起來

進行社會教育：

推廣親子活動開設免費多元課程吸引居民入館
志工圖書館工作推行為一種社區服務的行動
服務從小到老都是受用的在圖書館裡工作或閱讀是一件很幸福的事

傳承地方文化：

建構復興傳統文化的氛圍來串聯地方可提供的資源
感受偏鄉文化也造就出偏鄉圖書館各自有其不可替代性
藉著圖書館做社區營造工作

凝聚地方意識：

偏遠造成學習的弱勢鄉鎮圖書館員更扮演開創造人才的核藝責任
人員與經費不足透過推展終身學習提升閱讀風氣無後更要籌募資
未來國力決定於圖書館創造一個社區中心生活的目的地

沉入水中的盒子

短向剖面圖 SCALE 1:200

北向自然天光
光線柔和
看著兒童操場
面向未來與希望

多孔隙的建築表情
善於不斷吸收熱情
係是轉化為實構築

西北向建築透視

內部空間強調整
的盒子像水側量體
與面側小鎮的
閱讀靈魂

圖書館的功能可能
會隨著時間推移而
演變但是自然融合
是永恆的設計語言

閉水接壤
從而與綠地建立
理想的聯結關係

雨水滯留
滲透廣場

開放的氛圍
數據化
在光線充足的空間裡
流連忘返

開放閱覽區 500m²

新增無礙出入口

除了無障礙車位可以
兼做裝卸位外
其他所需汽機車位以
繳納代金方式
集中興建停車場
讓校園和圖書館
有完整的適應空間

行動圖書車

雨水花園

辦公室 45m²

廁所男女
親子廁所
哺乳室

機房
儲藏室 90m²

一本書或一座自然
能夠讓孩子們的
未來那麼值得了

透過一樓的土丘
生態林相
強化地方生活型態
達成社會教育目的

書亭
漫漫分享站

流動圖書箱
自行車停放位

基地配置圖 SCALE 1:200

藉由設計
體現美好的世界
今日知識世界已
變得開放而且快速
設計成一種
無邊界的環境

圖書館融入在校
森林之中藉由樹群
與細枝林的過濾手法
模糊內部外部之間
的界限

小分樓的量體
與小巷的通風廊

用閱讀來改變人生
有了好的生活
才是地方創生的核心

大型挑空區
100m² 多功能學習空間
60m² 數位自修室
100m² 親子閱讀區
30m² 小型會議室

館藏室 45m²
男女廁所
親子廁所
哺乳室
機房室

戶外健身露台

通路往林間室外閱讀區

二層平面設計圖 SCALE 1:200

自然光透過水面
進入室內
營造出寧靜的氛圍

室內閱讀空間透視圖

機械手臂取書選書系統
平板電腦桌面檢索系統

介入的外表是謙虛的
用常見普通材料
將建物放在熟悉的紋理

南向立面圖 SCALE 1:400

房子被一個屏風纖條
包裹著最終將被覆蓋著
攀爬的植物

利用新建築來提升
對自然景觀品質的
重視與破壞力

西向立面圖 SCALE 1:300

抽象的堆疊的書塊
分區塊分量體
讓功能性明確

如果你有一座森林
和圖書館
你便擁有一切
rewrite by Cicero

建構一座微型書林
來改善鄉鎮環境

長向剖面圖 SCALE 1:300

2FL
1FL

2023 Jul 20

版權所有・翻印必究

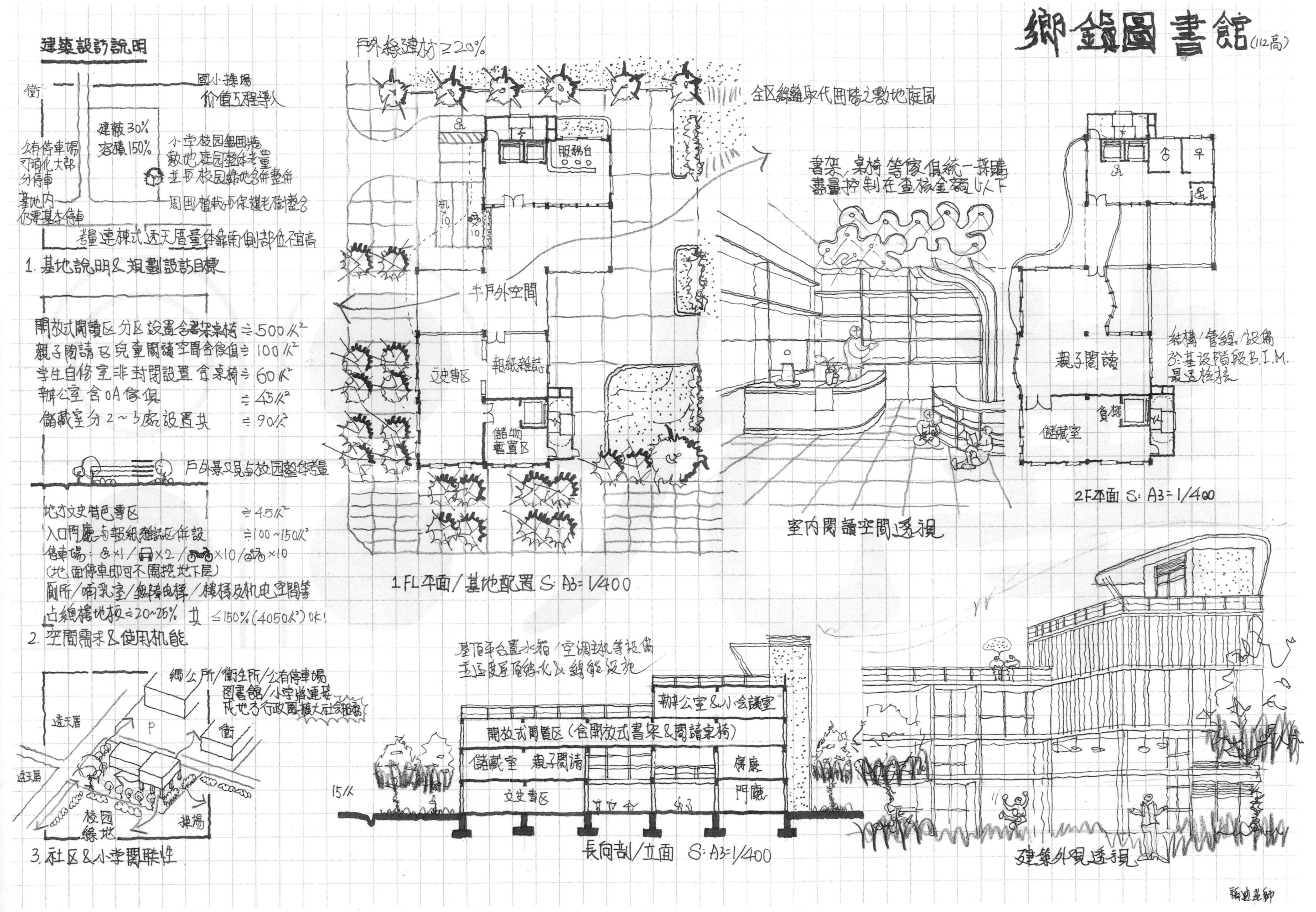
鄉鎮圖書館(112高)
建築設計說明
1. 基地說明&規劃設計目標
開放式閱讀区分区設置含書架桌椅 ≒ 500㎡
親子閱讀区兒童閱讀空間含傢俱 ≒ 100㎡
學生自修室非封閉設置含桌椅 ≒ 60㎡
辦公室含OA傢俱 ≒ 45㎡
儲藏室分2~3處設置共 ≒ 90㎡
2. 空間需求&使用机能
3. 社区&小学関联性
1FL平面/基地配置 S: A3=1/400
服務台
半戶外空間
文史專区
報紙雜誌
室內閱讀空間透視
書架、桌椅等傢俱統一採購
儘量控制在查核金額以下
2F平面 S: A3=1/400
親子閱讀
儲藏室
長向剖/立面 S: A3=1/400
開放式閱覽区(含開放式書架&閱讀桌椅)
辦公室&小会議室
儲藏室 親子閱讀
文史專区
門廳
建築外觀透視

版權所有・翻印必究

附件二 A

112年建築師專技高考敷地計畫與都市設計 【公益教育研修中心】 陳雲專老師 題解 2024.01.11

申論題

基地調查非屬可量化之社會、歷史、文化、記憶之分析項目分析方法及取得資訊管道

因素	分析項目	分析方法	取得資訊管道
社會	人口分布／經濟／學歷／族群／學歷／性別／年齡層	統計學	現勘／觀察／工作站／座談／公聽會／問卷
歷史	族群族裔／古蹟／古樹／水圳	時間序列	文獻／訪問地方耆老
文化	民俗文物／民俗活動／圖騰／信仰	SWOT 分析	文獻／報告／觀察
記憶	／聚落遺址	深度訪談	訪問地方耆老

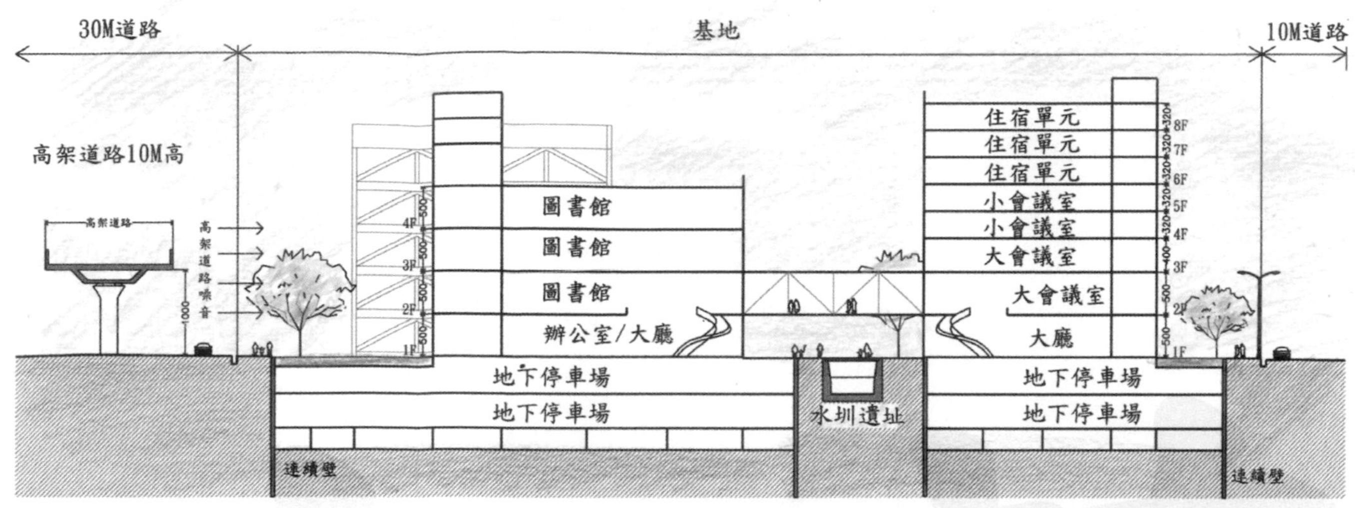

A剖面圖 1/700

規劃說明

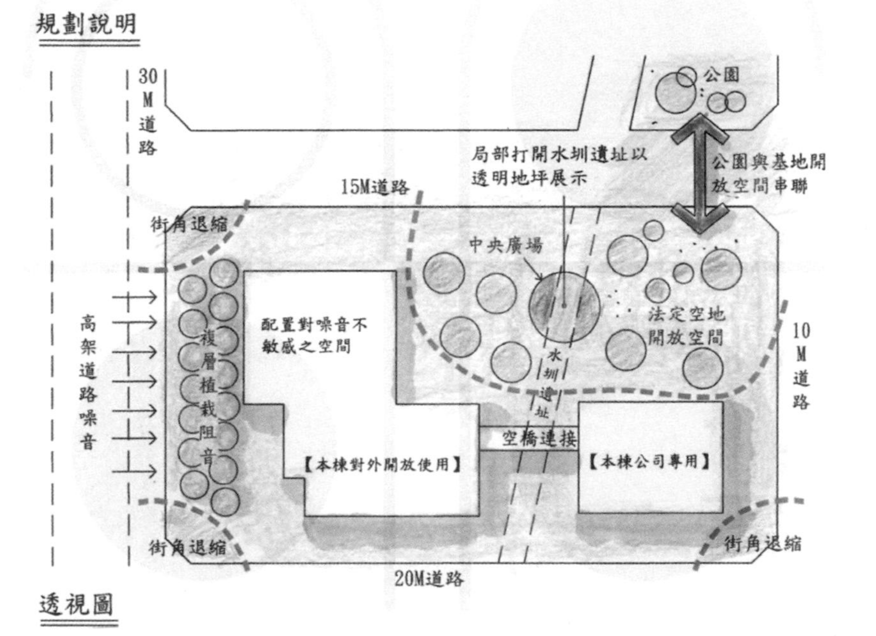

透視圖

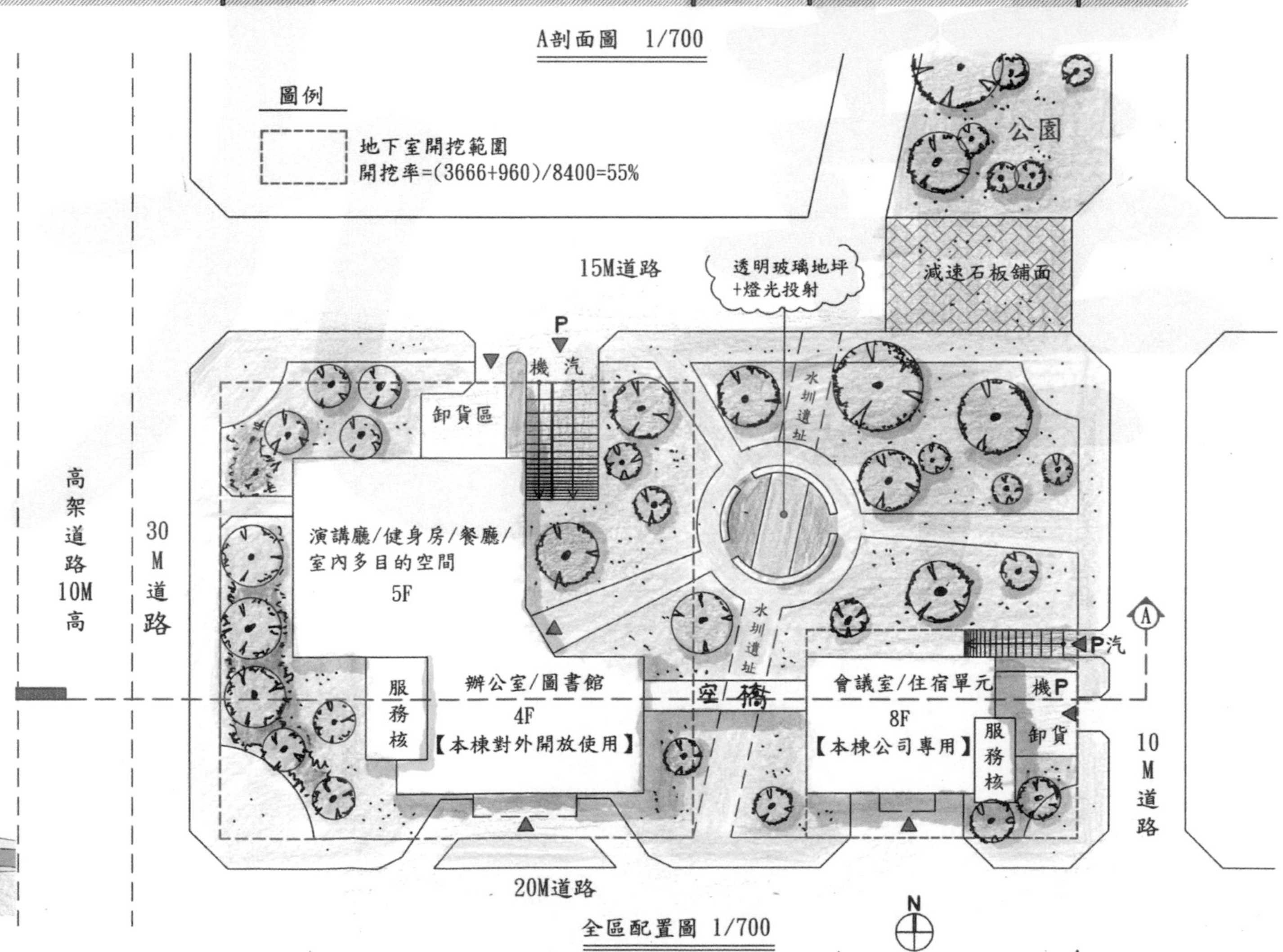

全區配置圖 1/700

A3 1/700

版權所有・翻印必究

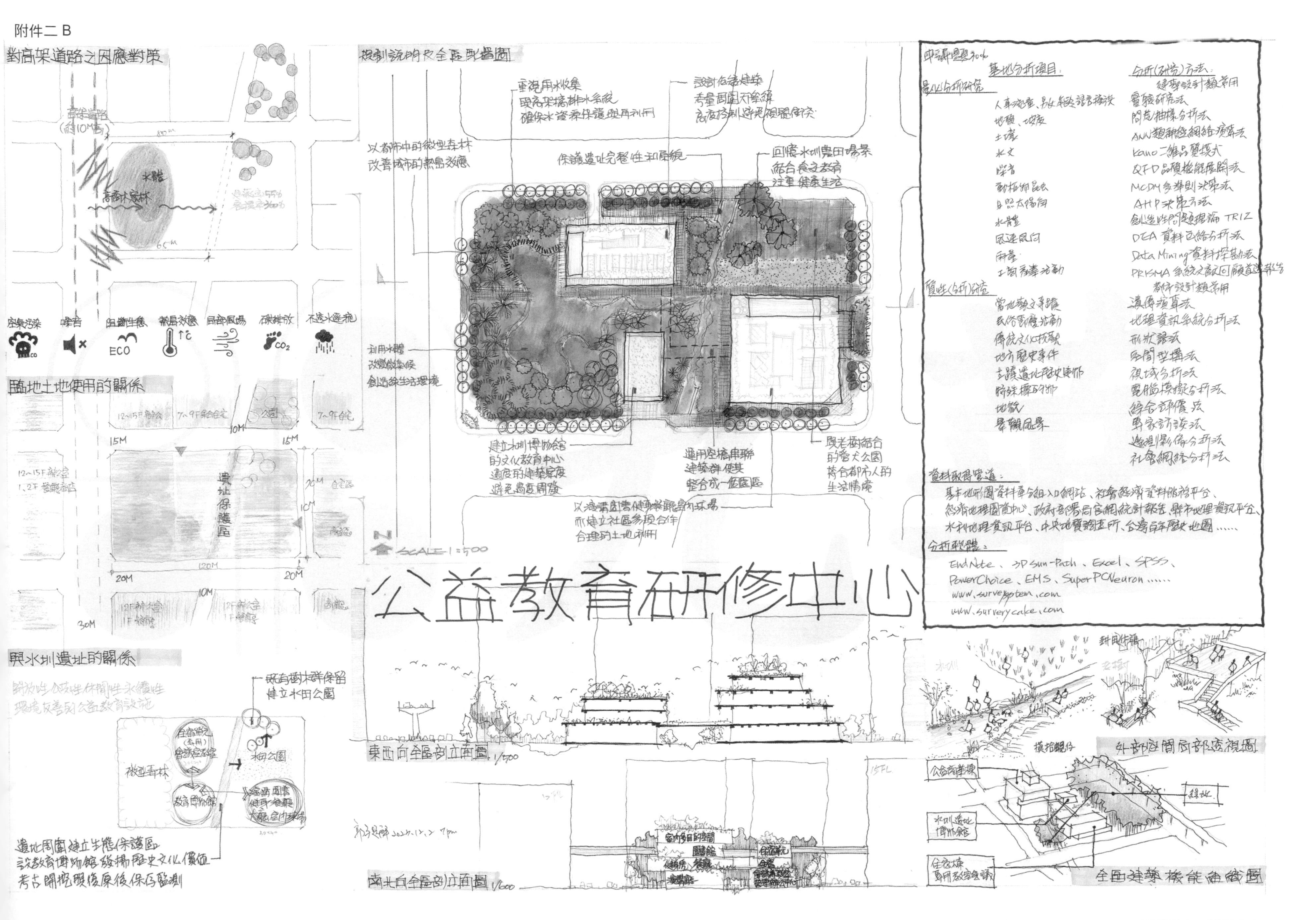

對高架道路之因應對策
規劃說明及全區配置圖
公益教育研修中心
臨地土地使用的關係
與水圳遺址的關係
遺址保護區
東西向全區剖立面圖 1/500
南北向全區剖立面圖 1/500
外部空間局部透視圖
全區建築機能鳥瞰圖
SCALE 1:500
重視雨水收集
設計低樓建築
以都市中的微型森林
改善城市的熱島效應
保護遺址完整性和原貌
回憶水圳農田場景
結合食農教育
注重健康生活
利用水體
改變微氣候
創造綠生活環境
建立水圳博物館
的文化教育中心
避免過度開發
運用空橋串聯
建築群使其
整合成一個園區
與老樹結合
的街犬公園
以邊讀圖書健身餐廳室內球場
而建立社區多元合作
合理的土地利用
遺址周圍建立生態保護區
設教育博物館發揚歷史文化價值
考古開挖與恢復後保存監測
空氣污染
噪音
生態生態
熱島效應
局部風場
碳排放
ECO
CO_2
既有樹木群保留
建立水田公園
水田公園
微型森林
基地分析項目
分析方法
量化分析研究
質性分析研究
資料取得管道
分析軟體
雨量研究法
AHP決策方法
TRIZ
DEA資料包絡分析法
Data Mining資料探勘法
PRISMA系統文獻回顧與統合分析
遺傳演算法
地理資訊系統分析法
形狀語法
空間型構法
視域分析法
電腦模擬分析法
綜合評價法
專家訪談法
社會網絡分析法
EndNote、3D Sun-Path、Excel、SPSS、
PowerChoice、EMS、SuperPCNeuron……
www.surveysystem.com
www.surveycake.com
日照太陽角
風速風向
地質
景觀風景

版權所有・翻印必究

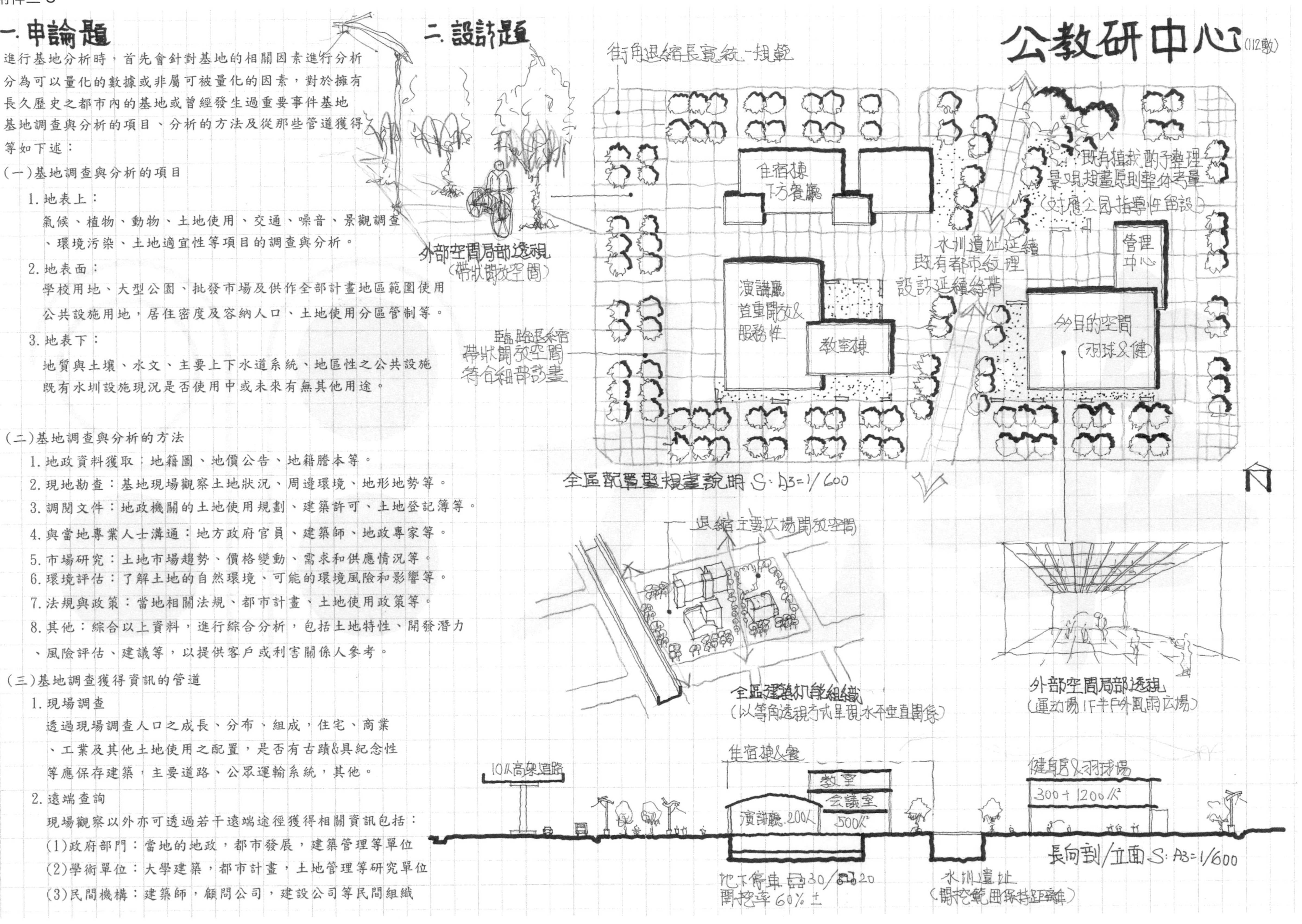

一.申論題

進行基地分析時，首先會針對基地的相關因素進行分析分為可以量化的數據或非屬可被量化的因素，對於擁有長久歷史之都市內的基地或曾經發生過重要事件基地基地調查與分析的項目、分析的方法及從那些管道獲得等如下述：

(一)基地調查與分析的項目

1.地表上：

氣候、植物、動物、土地使用、交通、噪音、景觀調查、環境污染、土地適宜性等項目的調查與分析。

2.地表面：

學校用地、大型公園、批發市場及供作全部計畫地區範圍使用公共設施用地，居住密度及容納人口、土地使用分區管制等。

3.地表下：

地質與土壤、水文、主要上下水道系統、地區性之公共設施既有水圳設施現況是否使用中或未來有無其他用途。

(二)基地調查與分析的方法

1.地政資料獲取：地籍圖、地價公告、地籍謄本等。

2.現地勘查：基地現場觀察土地狀況、周邊環境、地形地勢等。

3.調閱文件：地政機關的土地使用規劃、建築許可、土地登記簿等。

4.與當地專業人士溝通：地方政府官員、建築師、地政專家等。

5.市場研究：土地市場趨勢、價格變動、需求和供應情況等。

6.環境評估：了解土地的自然環境、可能的環境風險和影響等。

7.法規與政策：當地相關法規、都市計畫、土地使用政策等。

8.其他：綜合以上資料，進行綜合分析，包括土地特性、開發潛力、風險評估、建議等，以提供客戶或利害關係人參考。

(三)基地調查獲得資訊的管道

1.現場調查

透過現場調查人口之成長、分布、組成，住宅、商業、工業及其他土地使用之配置，是否有古蹟&具紀念性等應保存建築，主要道路、公眾運輸系統，其他。

2.遠端查詢

現場觀察以外亦可透過若干遠端途徑獲得相關資訊包括：

(1)政府部門：當地的地政，都市發展，建築管理等單位

(2)學術單位：大學建築，都市計畫，土地管理等研究單位

(3)民間機構：建築師，顧問公司，建設公司等民間組織

版權所有・翻印必究

附件三 A

設計說明

12M

18M

6M

小學公共設施開放區

校園私設道路

N

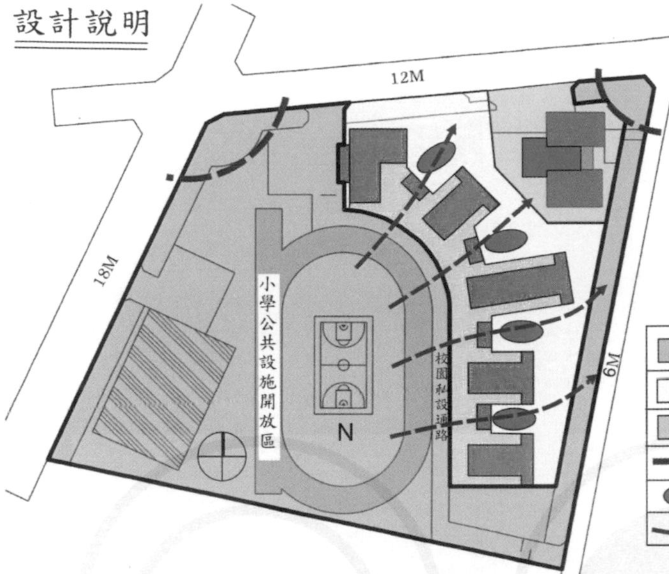

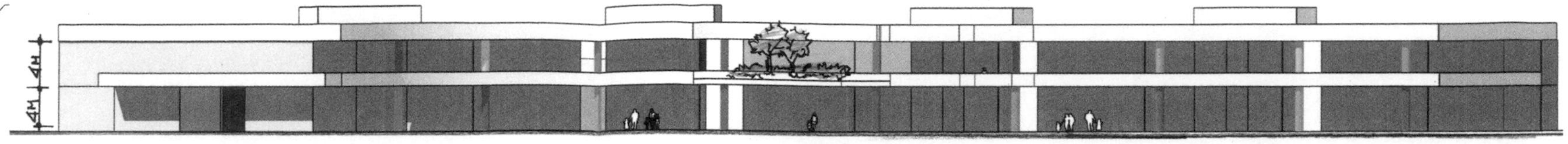

正立面圖 1/500

圖例

圖例	說明
▭	小學公共設施開放區
▭	小學教室群範圍
▭	幼兒園範圍
▬ ▬	街角退縮
⬭	各年級遊憩區
➜	西南季風引進

法規檢討

建築名稱	建築面積㎡	容積樓地板面積㎡	檢討結果
活動中心	1,320	2,640	
小學教室群	3,069	5,550	
幼兒園	462	462	
合計	4,851	8,652	
基地面積	22,000	22,000	
實設建蔽率%	22.05		<40%，OK
實設容積率%		39.33	<120%，OK

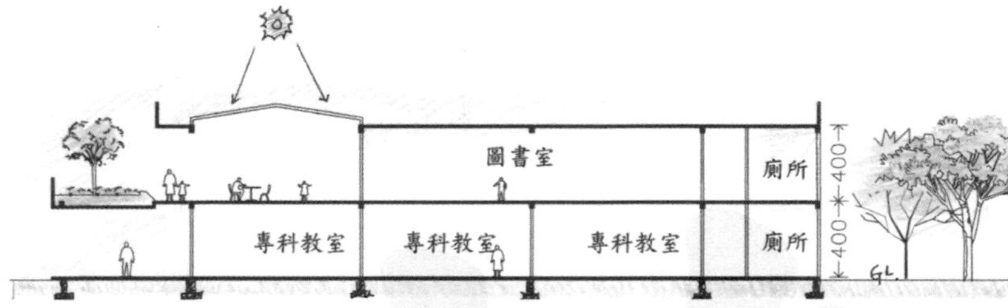

圖書室

廁所

專科教室

專科教室

專科教室

廁所

400

400

GL

A剖面圖 1/400

透視圖

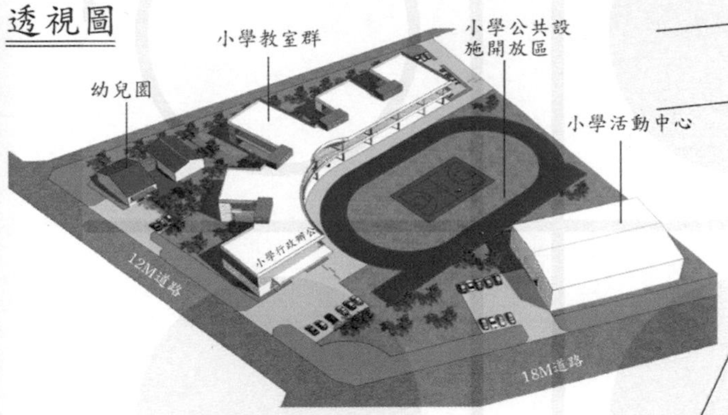

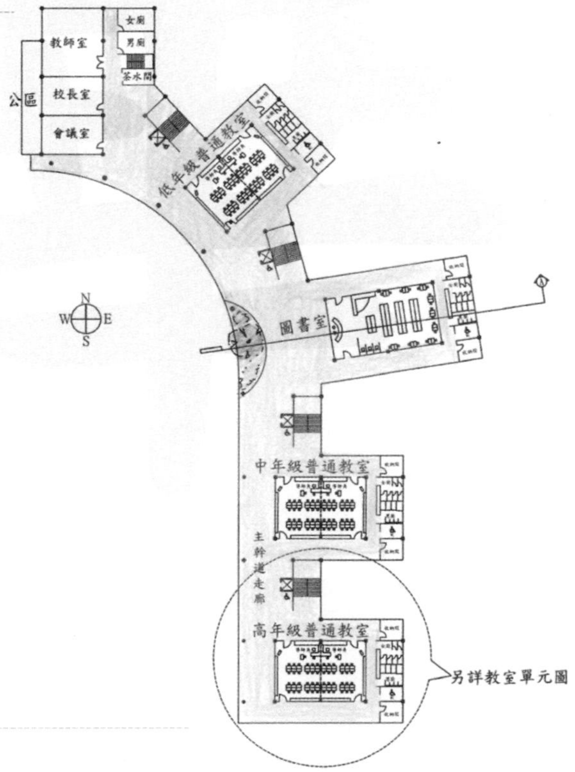

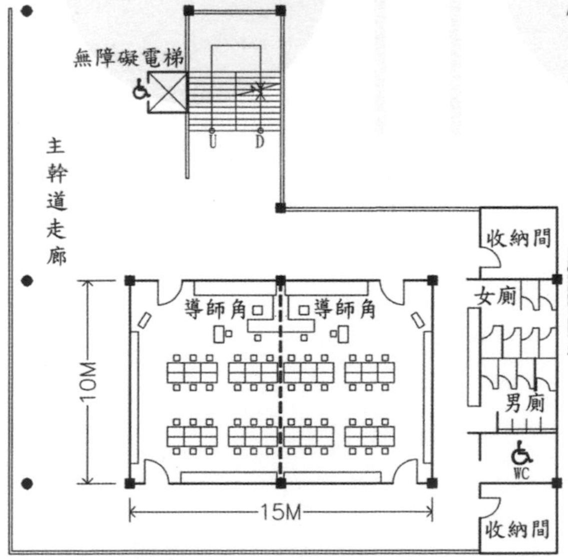

小學教室群

小學公共設施開放區

幼兒園

小學活動中心

12M道路

18M道路

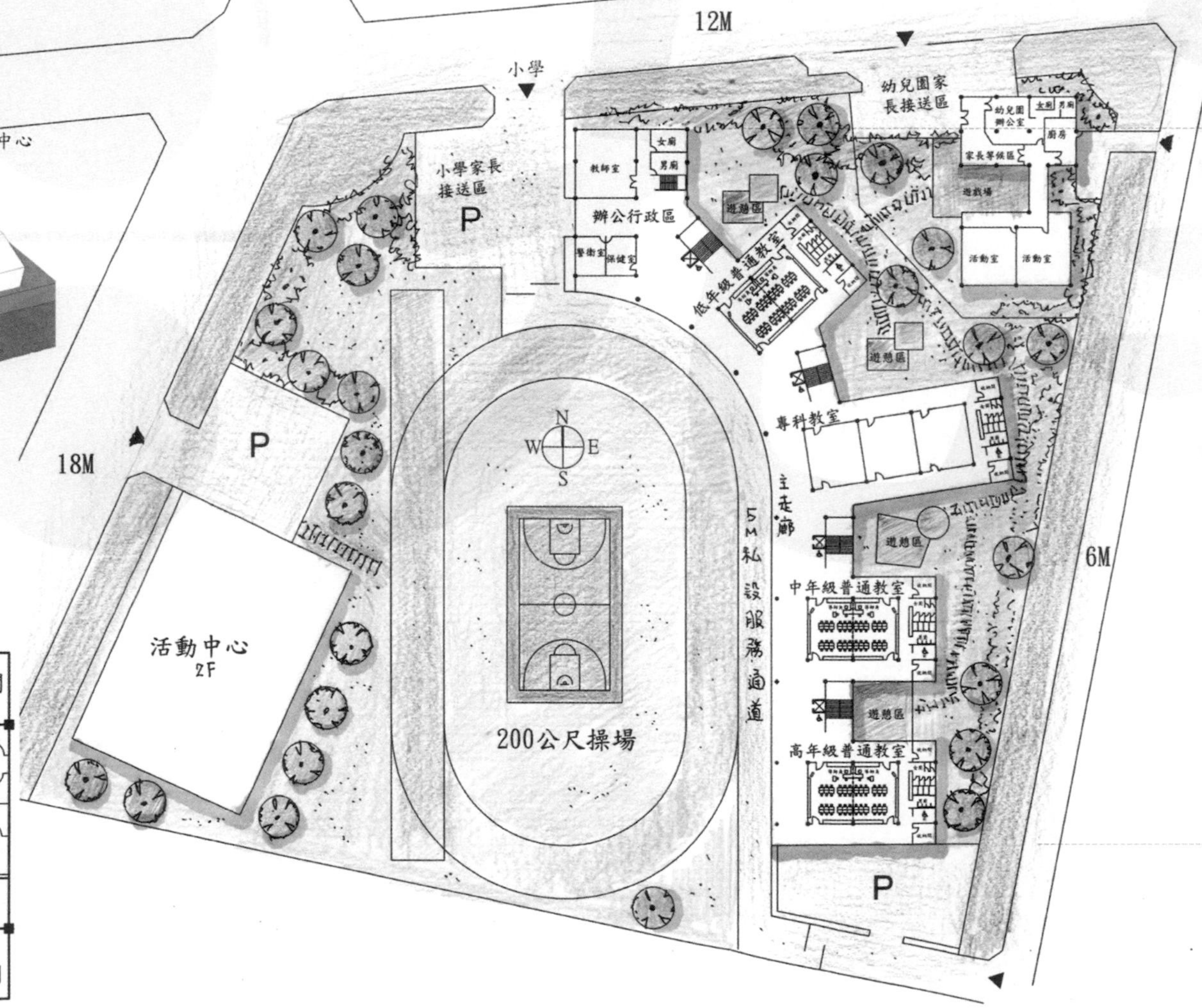

無障礙電梯

主幹道走廊

導師角

導師角

10M

15M

收納間

女廁

男廁

WC

收納間

教室單元圖 1/300

12M

小學

小學家長接送區

幼兒園家長接送區

辦公行政區

教師室

女廁

男廁

警衛室

保健室

幼兒園辦公室

家長等候區

廚房

遊戲場

活動室

活動室

低年級普通教室

遊憩區

遊憩區

專科教室

主走廊

5M私設服務通道

中年級普通教室

遊憩區

高年級普通教室

P

P

P

18M

6M

活動中心 2F

200公尺操場

全區配置暨1樓平面圖 1/1000

公區

教師室

校長室

會議室

女廁

男廁

茶水間

低年級普通教室

圖書室

中年級普通教室

主幹道走廊

高年級普通教室

另詳教室單元圖

2樓平面圖 1/1000

版權所有・翻印必究

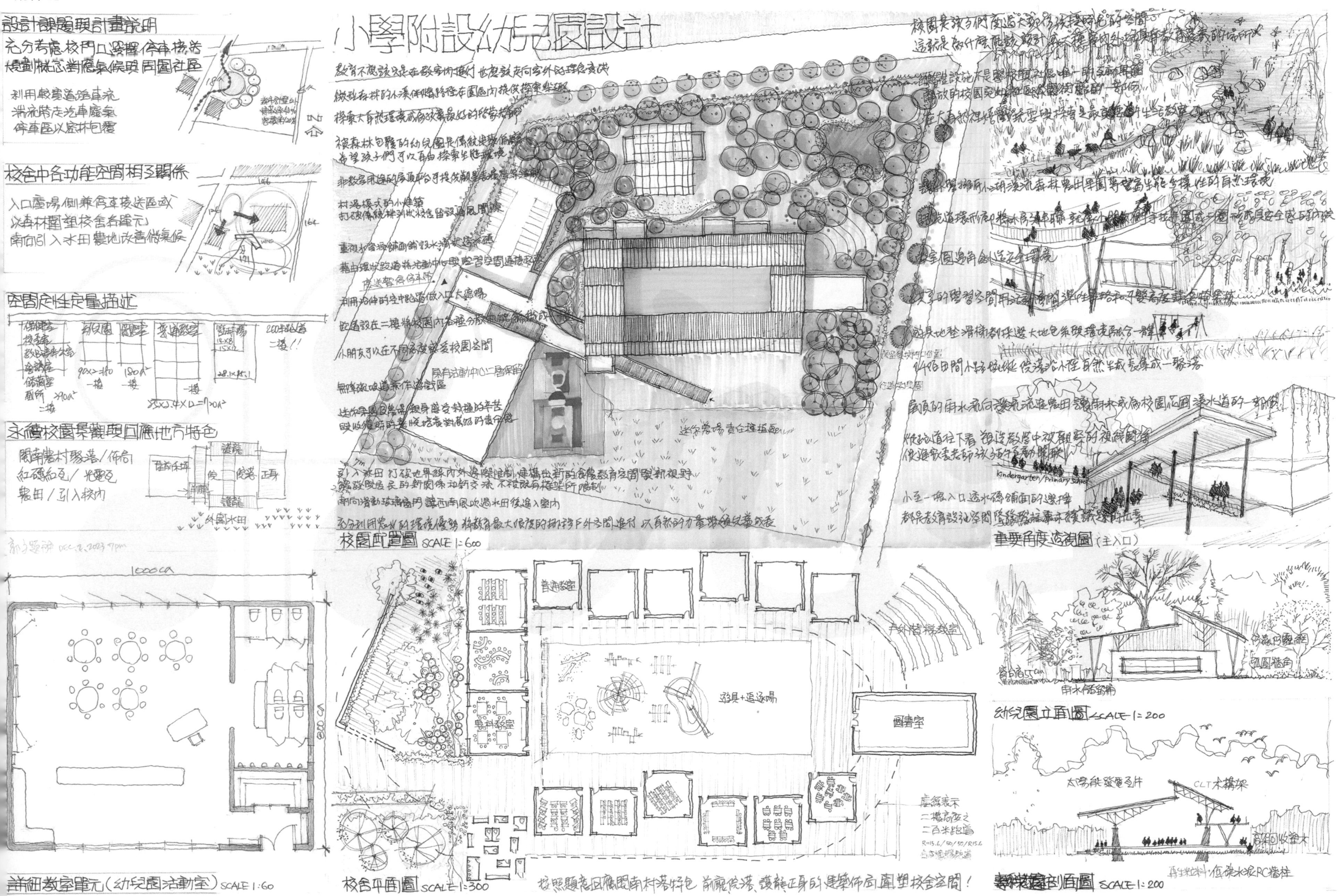

設計課題與計畫說明
校舍中各功能空間相互關係
空間定性定量描述
永續校園景觀與回應地方特色
小學附設幼兒園設計
校園配置圖 SCALE 1:600
重要角度透視圖(主入口)
1000 cm
圖書室
普通教室
遊具+遊戲場
kindergarten/primary school
幼兒園立面圖 SCALE 1:200
太陽能發電元件
CLT木構架
詳細教室單元(幼兒園活動室) SCALE 1:60
校舍平面圖 SCALE 1:300
SCALE 1:200

版權所有・翻印必究

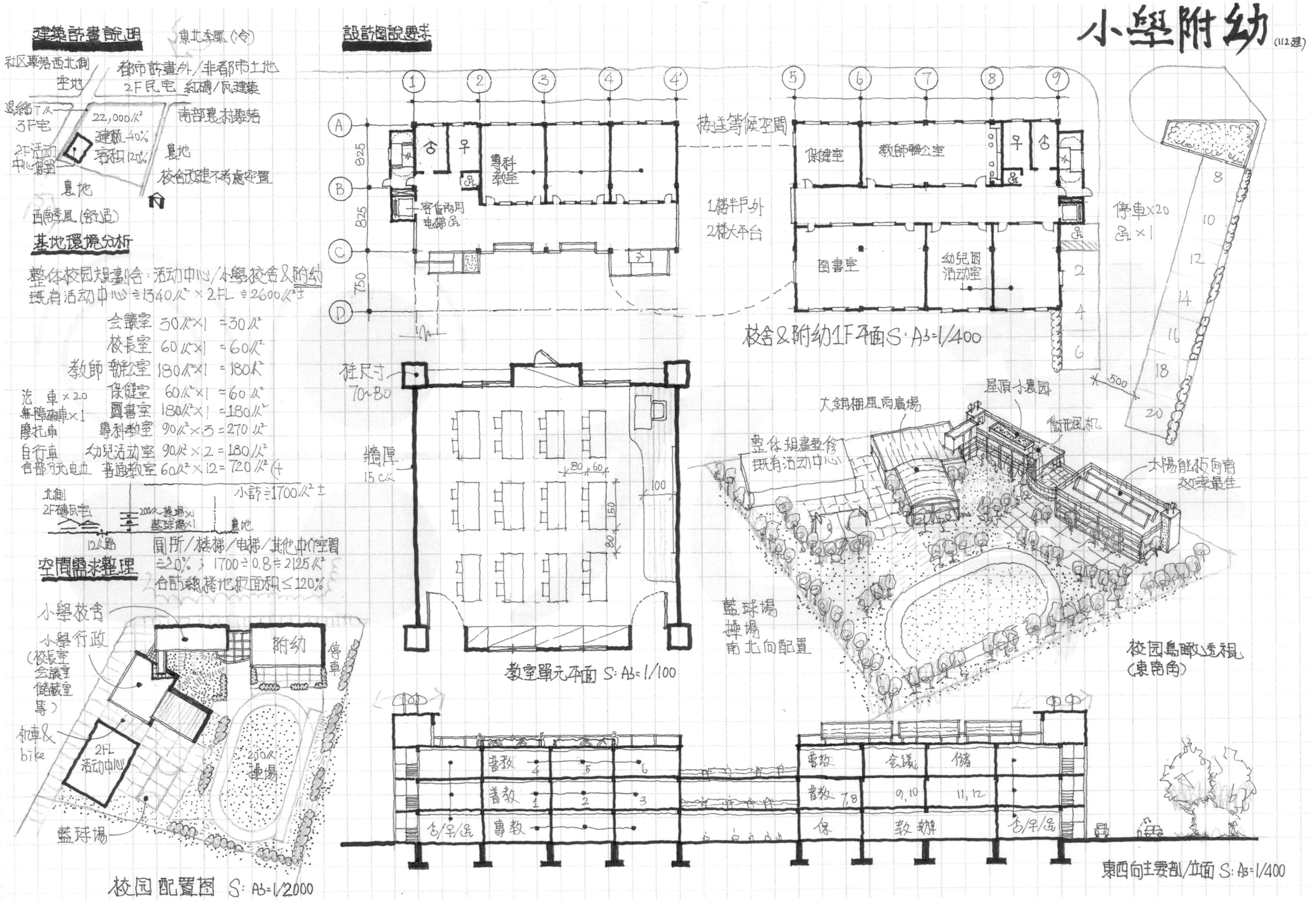
小學附幼 (112建)
建築計畫說明
設計圖說要求
基地環境分析
空間需求整理
校舍&附幼1F平面 S: A3=1/400
教室單元平面 S: A3=1/100
校園鳥瞰透視 (東南角)
校园配置图 S: A3=1/2000
東西向主要剖立面 S: A3=1/400

版權所有・翻印必究

112年公務人員特種考試建築設計 ｜綠能園區小型研發辦公室設計｜ 陳雲專老師題解 2024.01.15 申論題

1.永續建築設計的設計目標
ANS生態平衡、保育、物種多樣化、資源回收再利用、再生能源及節能等設計目標。

2.例舉三項適用於臺灣本土環境的設計策略說明
ANS
一、透過建築自然通風、自然採光的被動式設計手法，良好的自然通風，就可降低空調的使用量，足夠的自然採光，相對照明的耗電量也會降低，呼應基地的條件並考量季節風的路徑，才不會因為興建的建築物阻擋了城市風場，造成都市熱島效應的加劇。透過風場模擬分析，進行環境和風向的模擬，作為該項建築基地設計的參考。

二、從設計開始就可以實踐，將建築空間模矩化、建築元件模組化、預鑄化，建築工法組裝化，更值得一提的是，該案場的每個建築元件都有自己的「建材護照」並存在「建築銀行」裡，記錄規格生命週期，以建物修繕和拆除之後再利用，跨過多個生命週期。

三、用台灣模式來打造屬於本土的近零碳建築，期望整個建築沒有廢棄物，以終為始。建築營運採用各式再生能源及與中水回收再利用所有的建材最終不是到廢棄場，而是透過再利用回到不同的建築物，無限循環且生生不息。

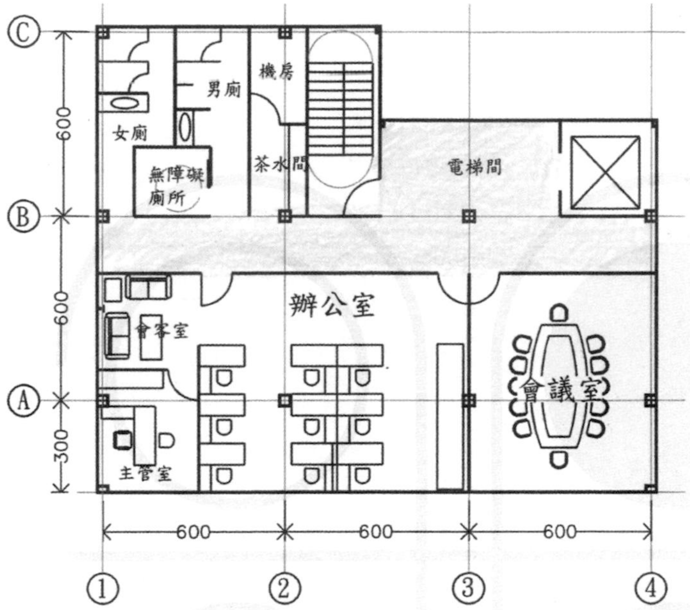

二樓平面圖 1/200

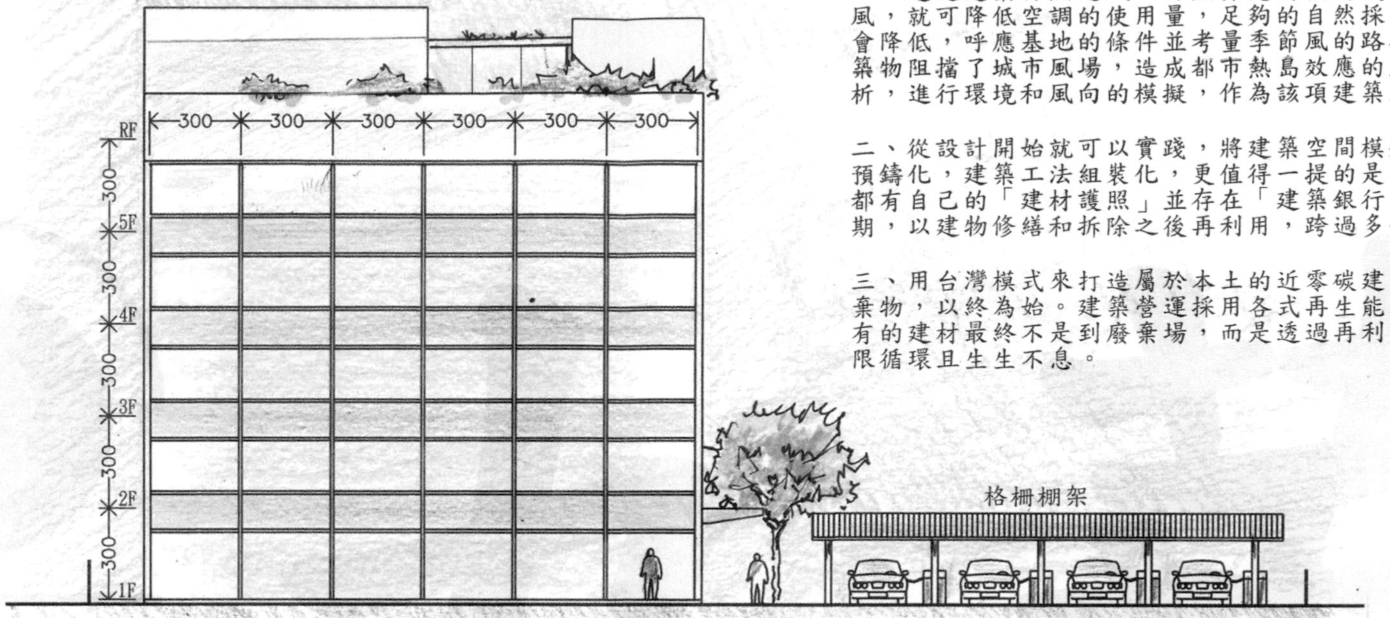

正立面圖 1/200

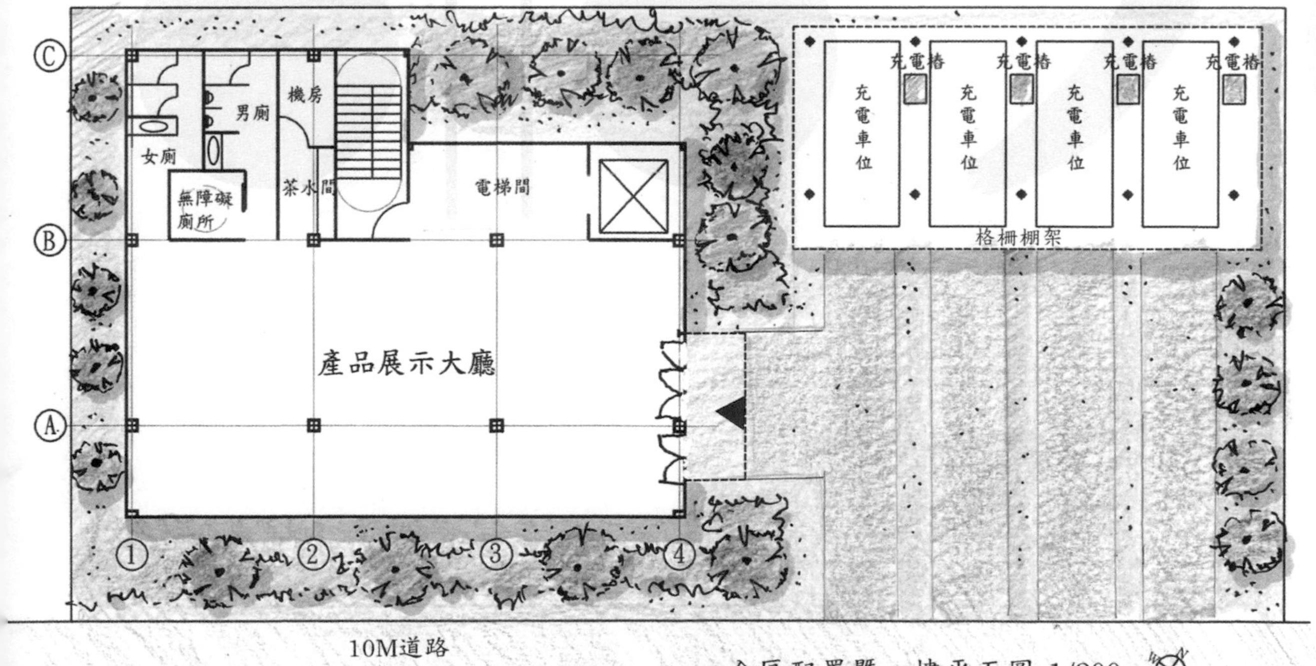

全區配置暨一樓平面圖 1/200

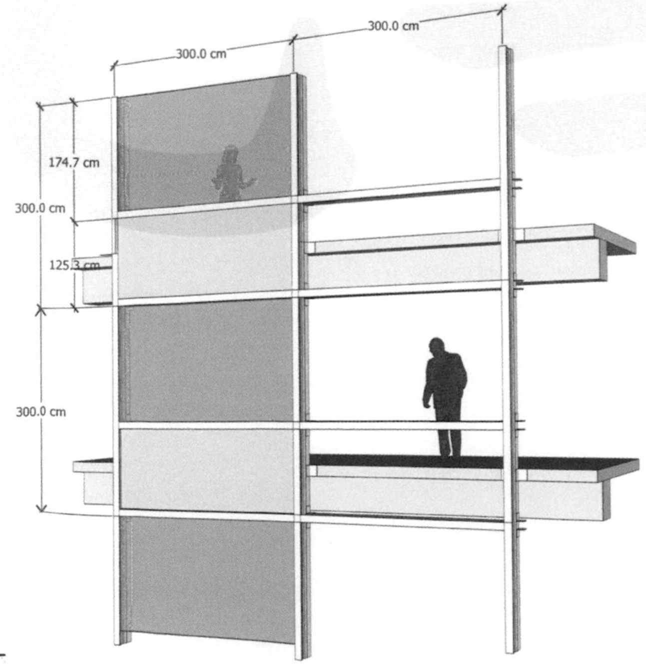

帷幕單元透視圖

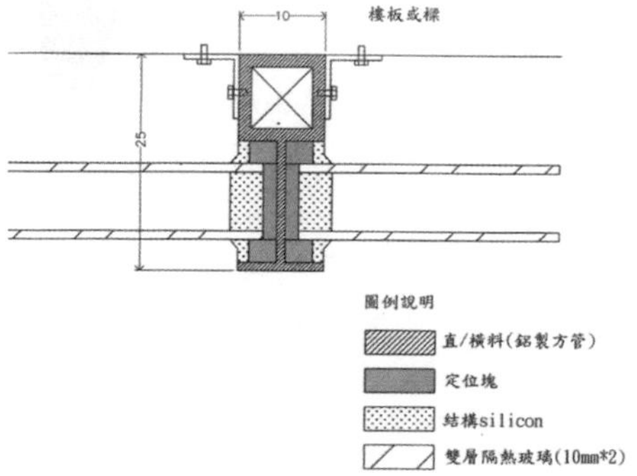

帷幕單元上視剖面圖 1/100

版權所有．翻印必究

一、設計策略

綠能園区內將建小型研発辦公室預定地
研発/展示/建築樣式即主題
日照
10M道路
面朝台灣海峽
海風
永續特色
氣候考量
基地概述

永續建築設計目標原則
生態/綠/健康
EEWH/LEED/ESG/SDGs
辦公&研究空間 800M²
展示空間 200M²
入口服務動線空間
电动車充电位 ×4
台海
空間需求

濱海基地抗鹽害/防風
外牆安裝公司研発預製帷幕
辦公&研究空間分层配置
充电車位地面層有遮蔽做展示
量体計畫

二、圖面需求

後門接園区
保留車通行
充电車位×4
225X560
1F展示空間
入口半戶外空間
客/貨
350
1F平面配置 A3:1/200

構件/层間塞/材料等規格統一&不得鋸特規
帷幕單元包括玻璃/鋁窗/金屬包板牆等
單元版片厚25cm標準!
帷幕單元設計

RF
2F
1F
280
340
380
長向剖/立面 A3:1/200

A B C D E F
1 2 3
600 600 600 600 600
800 600
結構網格尺寸

帷幕&雨遮+太陽能板

綠能科技辦公研發 (112特)

版權所有・翻印必究

建築國考題型整理系列

考試必備

博客來. 金石堂. 誠品網路書店及全國各大書局均有販賣

精編題型分類 考題一網打盡

☑ 分科收錄

術科：

- 107~110年建築設計國考考題
- 90~109年敷地計畫與都市設計國考考題

學科：

- 105~109年營建法規、建築環境控制國考考題
- 105~111年建築構造與施工、建築結構國考考題
- 101~105年建築結構國考考題

☑ 同類型題目集中收錄，按章節分門別類

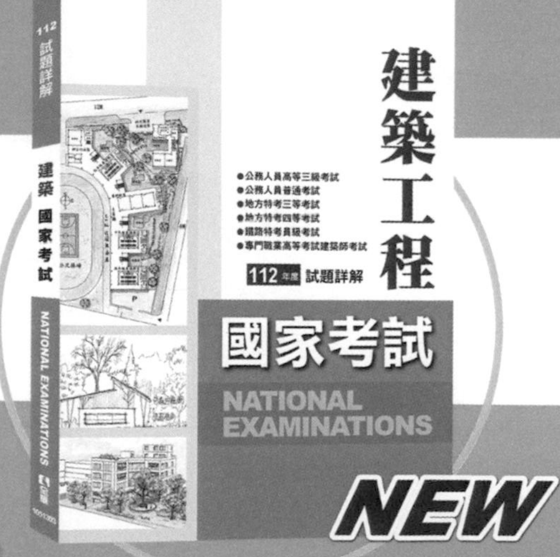

購書專線：02-23517261~4

銀行名稱：永豐銀行-南門分行（銀行代號807-1077）

帳　　號：107-001-0019686-9

戶　　名：九樺出版社

售價請洽櫃枱

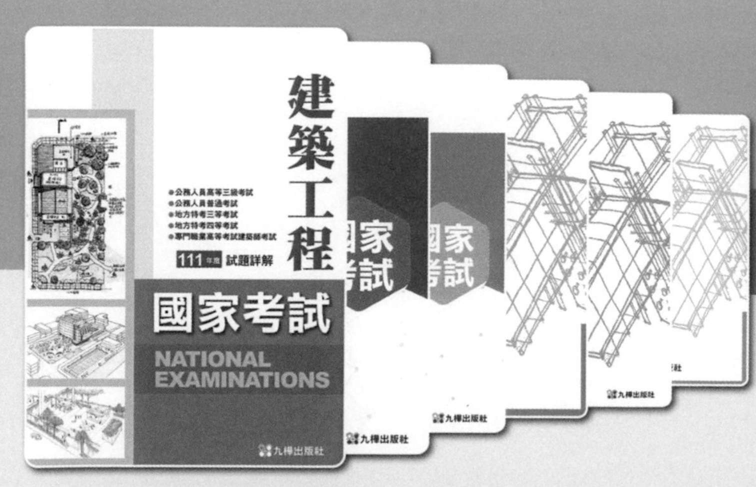

年度題解系列

106~111年題解

讀者回函卡

年　　月　　日

※ 請寄回讀者回函卡。讀者如考上國家相關考試，**我們會頒發恭賀獎金。**

讀者姓名：

手機：　　　　　　　　　　　　市話：

地址：　　　　　　　　　　　　E-mail：

學歷：□高中　□專科　□大學　□研究所以上

職業：□學生　□工　□商　□服務業　□軍警公教　□營造業　□自由業　□其他________

購買書名：

您從何種方式得知本書消息？

□九華網站　□粉絲頁　□報章雜誌　□親友推薦　□其他________

您對本書的意見：

內　容	□非常滿意	□滿意	□普通	□不滿意	□非常不滿意
版面編排	□非常滿意	□滿意	□普通	□不滿意	□非常不滿意
封面設計	□非常滿意	□滿意	□普通	□不滿意	□非常不滿意
印刷品質	□非常滿意	□滿意	□普通	□不滿意	□非常不滿意

※讀者如考上國家相關考試，**我們會頒發恭賀獎金**。如有新書上架也盡快通知。

謝謝！

□□□-□□

廣告回信
台北郵局登記證
台北廣字第04586號

1 0 0 - 7 8

台北市中正區南昌路一段161號2樓

台北市私立九華土木建築
工商短期職業補習班

收

112 建築國家考試試題詳解

編 著 者：九華土木建築補習班
發 行 者：九樺出版社
地　　址：台北市南昌路一段 161 號 2 樓
網　　址：http://www.johwa.com.tw
電　　話：(02) 2351－7261~4
傳　　真：(02) 2391－0926
定　　價：新台幣　800　元
I S B N　：978-626-97884-2-2
出版日期：中華民國一一三年五月出版
官方客服：LINE ID：@johwa
總 經 銷：全華圖書股份有限公司
地　　址：23671 新北市土城區忠義路 21 號
電　　話：(02) 2262-5666
傳　　真：(02) 6637-3695、6637-3696
郵政帳號：0100836-1 號
全華圖書：http://www.chwa.com.tw
全華網路書店：http://www.opentech.com.tw

版權所有　翻印必究